全国高等院校仪器仪表及自动化类"十二五"规划教材

信号与系统

张国强　主　编
靳　鸿　郗　涛　副主编
杨红丽　参　编
段哲民　主　审

电子工业出版社
Publishing House of Electronics Industry
北京·BEIJING

内 容 简 介

本书系统论述了确定性信号与线性时不变系统的基本概念、基本理论和基本方法。研究对象涉及连续和离散信号与系统，研究方法包括时域法和变换域法，重点是变换域法。

本书分为 6 章，主要内容包括信号与系统的基本概念、系统的时域分析、连续信号与系统的频域分析、离散信号与系统的频域分析、连续信号与系统的复频域分析和离散信号与系统的 z 域分析。本书结构合理，内容通俗易懂，便于自学。注重理论联系实际，各章均有精选的不同层次例题和习题。

本书可作为高等学校电类专业"信号与系统"课程的本科生教材，也可供有关科研和工程技术人员参考。

未经许可，不得以任何方式复制或抄袭本书之部分或全部内容。
版权所有，侵权必究。

图书在版编目（CIP）数据

信号与系统/张国强主编. —北京：电子工业出版社，2016.1
全国高等院校仪器仪表及自动化类"十二五"规划教材
ISBN 978-7-121-27608-8

Ⅰ.①信… Ⅱ.①张… Ⅲ.①信号系统－高等学校－教材 Ⅳ.①TN911.6

中国版本图书馆 CIP 数据核字(2015)第 277348 号

策划编辑：郭穗娟
责任编辑：郭穗娟　　文字编辑：孙志明
印　　刷：三河市鑫金马印装有限公司
装　　订：三河市鑫金马印装有限公司
出版发行：电子工业出版社
　　　　　北京市海淀区万寿路 173 信箱　邮编　100036
开　　本：787×1 092　1/16　印张：13.5　字数：346 千字
版　　次：2016 年 1 月第 1 版
印　　次：2016 年 1 月第 1 次印刷
定　　价：45.00 元

凡所购买电子工业出版社图书有缺损问题，请向购买书店调换。若书店售缺，请与本社发行部联系，联系及邮购电话：(010)88254888。
质量投诉请发邮件至 zlts@phei.com.cn，盗版侵权举报请发邮件至 dbqq@phei.com.cn。
服务热线：(010)88258888。

全国高等院校仪器仪表及自动化类"十二五"规划教材

编 委 会

主 任 委 员：许贤泽

副主任委员：谭跃刚　刘波峰　郝晓剑　杨述斌　付　华

委　　　员：赵　燕　黄安贻　郭斯羽　武洪涛

　　　　　　靳　鸿　陶晓杰　戴　蓉　李建勇

　　　　　　秦　斌　王　欣　黎水平　孙士平

　　　　　　冯先成　白福忠　张国强　王后能

　　　　　　张雪飞　谭保华　周　晓　王　敏

前　言

信号与系统课程是高等院校电子信息工程、通信工程、自动化、测控技术与仪器、电子科学与技术、计算机科学与技术等专业的一门重要技术基础课程。它主要研究信号与系统的基本理论与分析方法，不仅在课程教学计划中起着承前启后的作用，在实际中也有着广泛应用。

本书主要研究确定性信号和线性时不变系统的基本理论和方法。为学习本课程，读者应有一定的数学基础和电路分析基础，涉及的数学知识主要包括微积分、微分方程、差分方程、级数、复变函数、积分变换和线性代数等，在运用这些数学工具时注重解决工程问题，注重物理概念与数学概念的统一。本课程与电路分析基础、数字信号处理、自动控制原理等课程联系紧密，有些内容甚至重复和交叉，但要解决的问题有所不同，分析问题的角度也有所不同。例如，电路分析基础课程主要研究在直流、单一频率的交流或非正弦周期电压电流激励下，如何分析电路和求解电路响应（电压、电流）问题，分析中出现的物理量一般是以时间为自变量的连续时间信号，而信号与系统研究的信号更宽泛，要解决的问题也不局限于电路问题，从分析方法的角度上也可以采用时域法，但更重视变换域的方法。

本书在内容编排时，从宏观上采取信号与系统并行、连续与离散并行的方法，有利于读者更好地理解信号与系统的基本概念、基本理论和基本分析方法，更好地把握连续系统与离散系统的共性和各自特点，在具体章节安排上，仍采取先信号后系统、先连续后离散、先时域后变换域的体系。在使用本书做教材时，对于各章的顺序、内容的取舍等，请根据实际情况确定，不要受本书的影响。

本书由张国强主编，编写分工如下：第 1 章由张国强和杨红丽编写，第 2 章由张国强编写，第 3 章由靳鸿和张国强编写，第 4 章由张国强编写，第 5 章由张国强编写，第 6 章由张国强和郝涛编写。

西北工业大学段哲民教授审阅了本书，提出了宝贵意见和修改建议，在此表示衷心的感谢。

由于编者水平有限，书中难免存在疏漏和欠妥之处，恳请读者批评指正。

编　者
2015 年 10 月

目　　录

第1章　信号与系统的基本概念 ... 1
1.1　引言 ... 1
1.2　信号的描述和分类 ... 3
1.3　常见信号 ... 7
1.4　信号的时域运算 ... 15
1.5　信号的分解 ... 21
1.6　系统的描述 ... 23
1.7　系统的性质 ... 26
1.8　线性时不变系统的分析方法 ... 29
习题一 ... 29

第2章　系统的时域分析 ... 33
2.1　引言 ... 33
2.2　系统的时域数学模型及其经典解法 ... 33
2.3　零输入响应和零状态响应 ... 36
2.4　卷积运算 ... 41
2.5　反卷积 ... 45
2.6　相关 ... 48
习题二 ... 50

第3章　连续信号与系统的频域分析 ... 54
3.1　引言 ... 54
3.2　正交函数与正交函数集 ... 54
3.3　周期信号的傅里叶级数 ... 56
3.4　非周期信号的傅里叶变换 ... 64
3.5　傅里叶变换的性质 ... 69
3.6　周期信号的傅里叶变换 ... 74
3.7　线性时不变系统的频域分析 ... 76
3.8　傅里叶变换的应用 ... 77
习题三 ... 87

第4章　离散信号与系统的频域分析 ... 91
4.1　引言 ... 91
4.2　周期序列的离散傅里叶级数（DFS） ... 91
4.3　非周期序列的离散时间傅里叶变换（DTFT） ... 93

4.4	非周期序列的离散傅里叶变换（DFT）	97
4.5	离散傅里叶变换的快速算法（FFT）	107
4.6	DFT 的应用	114
习题四		121

第 5 章 连续信号与系统的复频域分析 … 124

5.1	引言	124
5.2	拉普拉斯变换	124
5.3	拉普拉斯变换的性质	127
5.4	拉普拉斯反变换	135
5.5	连续系统的 s 域分析	140
5.6	双边拉普拉斯变换	144
5.7	连续系统的系统函数	148
5.8	连续系统的模拟图、框图、信号流图与 Mason 公式	156
5.9	连续系统的稳定性分析	164
习题五		169

第 6 章 离散信号与系统的 Z 域分析 … 174

6.1	引言	174
6.2	z 变换	174
6.3	z 变换的性质	179
6.4	z 反变换	188
6.5	利用 z 变换求差分方程	192
6.6	z 变换与拉普拉斯变换、傅里叶变换的关系	194
6.7	离散系统的系统函数	195
6.8	离散系统的模拟图、框图、信号流图与 Mason 公式	200
6.9	离散系统的稳定性分析	202
习题六		205

参考文献 … 209

第 1 章 信号与系统的基本概念

本章介绍信号与系统的基本概念、分类、性质和数学描述方法,讨论线性时不变系统的性质和分析方法。

1.1 引　　言

信号与系统几乎无处不在。例如,人们可以通过面对面或者电话进行交流,气流激励声带系统能够产生语音信号,接收和处理语音信号是通过耳朵和大脑的听觉神经系统进行的,在人机对话中,安装词库的自动语音识别系统也可以对语音信号进行处理和识别;人们还可以通过网络进行交流,文字、语音、图像和视频等信息可以通过键盘、话筒、照相机和摄像头等输入设备转化为电信号,通过某种信道进行传输。医生可以通过听诊器聆听病人的心跳和呼吸等信号来诊断病人是否康复。探索太空的飞行器能够向地球的地面雷达天线系统传回含有遥远天体有价值信息的信号,为了研究某个天体,可能需要不同频段的传感器,如雷达传感器、红外传感器、可见和近红外传感器、X 射线传感器,等等,传回的信息可以是描绘天体表面轮廓的雷达图像,也可以是表征天体温度的红外图像等,这类信号往往淹没在背景噪声里,还需专用的滤波器系统将有用信息提取出来或者对图像信号的某些特征进行增强。我国的风云二号气象卫星每天绕地球做同步转动,其上面的传感器可以提供气象云图(图 1-1)、植物覆盖状况及季节性变化和海洋温度分布等非常有价值的信息。

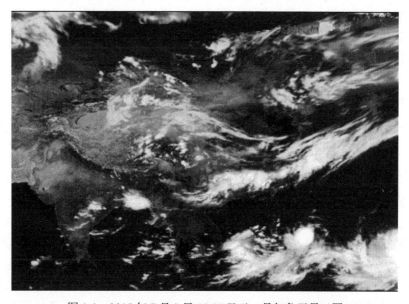

图 1-1　2015 年 7 月 2 日 14:25 风云二号气象卫星云图

现今已经得到广泛应用的"全球定位系统"(Global Position System,GPS),能够测定地球表面任意的目标位置。正在迅速发展的 4G 通信系统，医学中大量使用的 CT 机等这些高科技的通信、控制技术等都与信号和系统有着密切的关系。

　　1977 年美国发射了两个行星探测器——旅行者号（图 1-2）。它们巧妙地利用巨行星的引力作用，使它们适时改变轨道，从而达到同时探测多颗行星及其卫星的目的。1 号行星探测器探测了木星和土星，2 号行星探测器则探测了木星、土星、天王星和海王星，发回约 5 亿个数据，提供了有关木星磁场、磁层、大气、内部结构的可靠资料，还发现了木星极光、木星环和 5 颗新的木星卫星。两个探测器各重 815 千克，结构大体相同，带有宇宙射线传感器、等离子体传感器、磁强计、广角、窄角电视摄像仪、红外干涉仪等 11 种科学仪器。现在探测器上的许多仪器已关闭，正在飞出太阳系进入星际空间，它们都携带有一张特殊的镀金唱片"地球之音"，上面录制了有关人类的各种音像信息：60 个语种向"宇宙人"的问候语、35 种自然界的声音、27 首古典名曲、115 帧照片，预计唱片可在宇宙间保存 10 亿年之久。

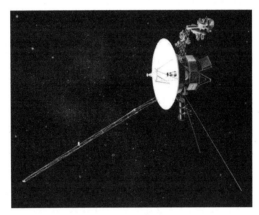

图 1-2　旅行者号

　　不同领域出现的信号与系统的物理性质可以大不相同，但又具备共性，即信号包含了某种物理量或物理现象的信息，而系统总是能在给定的信号激励下做出响应产生另外的信号或期望的特性。例如一个电路系统，在信号源的激励下，会在各条支路上产生响应电压或电流。信号与系统总是密不可分的，系统如果没有信号激励将毫无作为，而信号离开了系统就不能被人们获取到信息。信号与系统之间的关系如图 1-3 所示。

图 1-3　系统的框图表示

　　信号与系统的思想和方法在很多领域起着重要作用，例如在通信、测控、电路设计、航空航天、故障检测、地质学、医学、生物工程等方面。信号理论主要包括信号分析、信号传输和信号处理。信号分析主要研究信号的基本特性，如信号的描述、性质等；信号传输主要研究有用信号如何能无失真的传输问题；信号处理主要包括放大、检测、滤波、变换、谱分析、估计、识别、压缩等，其中滤波的目的是滤除噪声和干扰，变换是将信号从一种形式转换成另一形式以便于分析、处理和特征提取，而在数据压缩中，可以利用信号的某些特征来减小存储或传输这些信号的所需要的资源，一个例子是电影中的一帧图像往往与其前一帧图像很相似，通过处理，我们可以确定图像中的哪些部分变化了，而只记录下变化的部分。系统理论主要包括系统分析和系统设计，系统分析关注某特定系统具有什么样的性质、功能和在给定激励下的所产生的响应大小，系统设计是按照给定的需求和功能设计全新的系统或者对原有系统进行校正以改进性能。信号理论与系统理论联系紧密并互相交叉。

1.2 信号的描述和分类

信号可以描述范围极为广泛的一类物理量或物理现象，如声、光、电、热、力、温度、速度、图像、股票交易记录，等等，我们周围每天有很多信息在交流，但往往我们只将注意力集中在周围环境的某个变化上，例如我们应该都有过这样的经历，在教室上课时，如果课堂纪律不好，开始会觉得比较吵，慢慢适应后便不觉得吵，倘若老师突然停止讲课，同学们会马上安静下来并留意老师接下来的讲话内容，这是我们的感知系统在一堆信号中选择重要信息的一种方法，因此信息往往蕴含在某种变化的信号中，信号是信息的载体。

在数学上，信号可以表示成随一个或多个变量变化的函数。如语音信号可以表示为随时间变化的声压函数，如图1-4（a）所示；黑白图像可以表示为随二维空间变量 x、y 变化的亮度函数（定义域是二维的，值域是一维的），如图1-4（b）所示；电视信号可以看作定义域是三维的（x、y、时间），值域也是三维的（红、绿、蓝）信号，或称之为三通道三维信号。

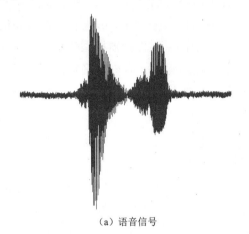

（a）语音信号　　　　　　　　　　　　（b）黑白图像（冥王星）

图1-4

本书只讨论自变量为时间的单值函数的一维信号，尽管在某些应用中自变量未必是时间。例如，在地球物理学中，表示一些物理量如密度、孔隙率和电阻系数的深度的变化的信号被用来学习地球的结构。而随着高度变化的压力，温度和风速的信息在气象研究中极其重要，这并不妨碍我们将自变量均看成时间所带来的方便。如果信号可以用确定的数学表达式表示，就称其为确定性信号，这种信号在任意时刻，都有确定的值。而实际中遇到的大多数信号并不能确定或预知，称之为随机信号，无线电通信系统的接收信号即是随机信号的例子，这个信号既包含了不可预知的载有信息的有用信号，也包含了信道中产生的干扰和接收机产生的不可避免的电噪声，概率论和随机过程理论是研究随机信号的数学工具。尽管如此，研究确定性信号仍然十分重要，一个原因是基于这种理想化模型所建立的理论是研究随机信号的重要基础；再者，一个信号是确定的还是随机的有时并不完全由事物本身决定，而是由人对客观世界的认识能力决定的，如利用现代科技可以解决很多古人无法准确预知和解释的自然现象。本书重点讨论确定性信号。描述信号的方法要根据信号的具体类型而定，按不同的特点，一般可以对信号进行如下分类：

1. 连续时间信号和离散时间信号

按函数自变量取值是否连续，将信号分为连续时间信号和离散时间信号。对于所讨论的时间范围，在任意时刻点（除不连续点外）上，都可以给出确定的函数值，则该信号就是连续时间信号，通常用 $x(t)$ 或 $f(t)$ 来表示。其幅值可以连续，亦可离散，幅值连续的连续时间信号一般称为模拟信号，如麦克风、光电二极管能够分别将声压和光强的变化转换为相应的电压或电流变化。

如果一个信号仅在离散的瞬间才有定义，则该信号可称为离散时间信号，其自变量只取离散的值，一般用 $x(n)$ 或 $f(n)$ 表示离散时间信号。一个离散时间信号可以表示一个自变量本身就是离散的现象，例如一天之内每隔一小时所测得的体温数据，五十年来某地区的年均降水量数据，等等，而信号处理中的离散时间信号往往是通过对连续时间信号进行等间隔采样得到的，这时该离散时间信号代表了一个连续变化的连续时间信号在相应的离散时刻点上的样本值，由于只是采样的序列，并不能从中获得采样频率，因此采样频率需另外存储，如果用 T_s 表示采样周期，则在时刻 $t = nT_s$（$n = 0, \pm 1, \pm 2, \cdots$），对一个连续时间信号 $x(t)$ 进行采样得到采样值 $x(nT_s)$，简记为 $x(n)$，代表不同时刻的样本值。无论离散时间信号来源是什么，离散时间信号（有时也常称序列）$x(n)$ 的自变量 n 只能为整数，因为第 3.5 个或者 $\sqrt{2}$ 个样本等等都是毫无意义的。如图 1-5 所示的采样保持器模型在数字信号处理和数字控制系统中经常遇到，其中的零阶保持器的作用是将前一时刻的采样值保持到下一采样时刻，零阶保持器实现简单，是工程上最常用的一种保持器，步进电动机、数控系统中的寄存器都是零阶保持器的例子。

图 1-5 采样保持器模型

假设采样过程为理想采样，在给定连续时间信号 $x(t)$ 下，可得到离散时间信号 $x(n)$，经过零阶保持器后可恢复时间连续、幅值离散的连续时间信号 $x_h(t)$，如图 1-6 所示。

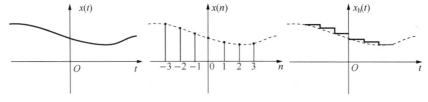

图 1-6 采样保持过程

若将离散时间信号进一步进行量化，令其幅值只取某些量化值，则幅度量化了的离散时间信号可以称为数字信号。

【例 1-1】 连续时间信号 $x(t) = 0.9\sin(50\pi t)$，如果对它按采样间隔 $T_s = 0.005\,\text{s}$ 进行等间隔采样，便可得到离散时间信号 $x(n)$，即

$$x(n) = x(t)\big|_{t=nT_s} = 0.9\sin(50\pi nT_s) = \{\cdots, 0, 0.6364, 0.9, 0.6364, 0, -0.6364, 0.9, \cdots\}$$

如果用四位二进制数（含一位符号位）表示该序列，便可得到相应的数字信号 $x[n]$，即：$x[n] = \{\cdots, 0.000, 0.101, 0.111, 0.101, 0.000, 1.101, 0.111, \cdots\}$。

2. 周期信号和非周期信号

一个信号对于自变量区间 $(-\infty, +\infty)$，若存在最小的常数 T（或最小的整数 N），使得 $x(t) = x(t - kT)$ 或者 $x(n) = x(n - kN)$，其中，$k = 0, \pm 1, \pm 2, \cdots$，则称该信号为周期信号，其中，$T$ 和 N 分别称为连续周期信号 $x(t)$ 和离散时间信号 $x(n)$ 的周期，找不出上述的 T 或 N 的信号就是非周期信号。

实验室中常见的信号源可以近似产生连续的正弦信号 $x(t) = \sin(\Omega t)$，它是最简单的一种周期信号，Ω 为该正弦信号的模拟角频率，周期方波、锯齿波等都是周期信号的例子。对 $x(t) = \sin(\Omega t)$ 进行等间隔采样可得到正弦序列 $x(n) = \sin(\omega n)$，其中 ω 称为正弦序列的数字角频率，单位是弧度（rad），它表示序列变化的速率，或者说表示相邻两个序列值之间相位变化的弧度数。

$$x(n) = x(t)\big|_{t=nT_s} = \sin(\Omega n T_s) = \sin(\omega n) \tag{1-1}$$

由式（1-1）可以看出数字角频率 ω 和模拟角频率 Ω 之间的关系为

$$\omega = \Omega T_s \tag{1-2}$$

对于一般的正弦序列

$$x(n) = A\sin(\omega n + \varphi) = A\sin(\omega n + \varphi + 2k\pi)$$

$$= A\sin\left[\omega\left(n + \frac{2k\pi}{\omega}\right) + \varphi\right], \quad k = 0, \pm 1, \pm 2, \cdots$$

要判断该正弦序列的周期性，令 $N = \frac{2\pi}{\omega} k$，只有整数 k 的取值能保证 N 为最小的正整数时，序列才是以 N 为周期的周期序列。当 $\frac{2\pi}{\omega}$ 为整数时，$k = 1$，此时 $N = \frac{2\pi}{\omega}$；当 $\frac{2\pi}{\omega}$ 为有理数 $\frac{P}{Q}$（P、Q 是互为素数的整数）时，$k = Q$，此时 $N = P$；当 $\frac{2\pi}{\omega}$ 为无理数时，任何整数 k 都不能使 N 为正整数，此时，正弦序列不是周期序列。

【例 1-2】 判断下列序列是否为周期序列，如果是，就确定其周期。

(1) $x_1(n) = \sin\left(\frac{\pi}{8} n + \frac{\pi}{6}\right)$ (2) $x_2(n) = 2\sin\left(\frac{4\pi}{5} n + \frac{\pi}{3}\right)$ (3) $x_3(n) = \cos\left(\frac{1}{2} n + \frac{\pi}{4}\right)$

解：

(1) $\omega = \frac{\pi}{8}$，$\frac{2\pi}{\omega} = 16$，所以 $x_1(n)$ 为周期序列，周期为 16。

(2) $\omega = \frac{4\pi}{5}$，$\frac{2\pi}{\omega} = \frac{5}{2}$ 为有理数，所以 $x_2(n)$ 为周期序列，周期为 5。

(3) $\omega = \frac{1}{2}$，$\frac{2\pi}{\omega} = 4\pi$ 为无理数，所以 $x_3(n)$ 不是周期序列。

需要说明的是，在工程实际中很难产生无限重复的周期信号，不过像信号源、整流器的输出电压或者人体心电信号（如图 1-7 所示），将其看作周期信号进行分析往往能使实际问题得到简化。

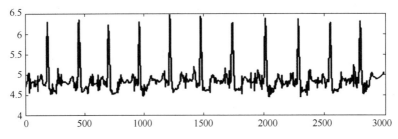

图 1-7　心电信号，来自美国 MIH/BIH 数据库

另外，还有一种称为准周期信号的非周期信号。当若干个周期信号叠加时，若它们的周期最小公倍数不存在，则和信号就不再为周期信号，但它们的频率描述还具有周期信号的特点，这类非周期信号称为准周期信号。

3. 能量信号和功率信号

在电系统中，用 $x(t)$ 既可以表示电压也可以表示电流，如果求 1Ω 电阻所消耗的瞬时功率，不管 $x(t)$ 表示的是加在 1Ω 电阻两端的电压信号，还是流过 1Ω 电阻的电流，瞬时功率 $p(t)$ 均为 $x^2(t)$。在信号分析中，习惯将信号的瞬时功率用统一的形式来表示

$$p(t) = x^2(t) \tag{1-3}$$

在此基础上，定义连续时间信号 $x(t)$ 的总能量为

$$E = \lim_{T \to \infty} \int_{-T/2}^{T/2} x^2(t) \mathrm{d}t = \int_{-\infty}^{+\infty} x^2(t) \mathrm{d}t \tag{1-4}$$

它的时间平均值，即平均功率为

$$P = \lim_{T \to \infty} \frac{1}{T} \int_{-T/2}^{T/2} x^2(t) \mathrm{d}t \tag{1-5}$$

由式（1-5）可以推出周期为 T 的周期信号 $x(t)$ 的平均功率计算公式

$$P = \frac{1}{T} \int_{-T/2}^{T/2} x^2(t) \mathrm{d}t \tag{1-6}$$

对于离散时间信号 $x(n)$，可以用求和的形式代替式（1-4）和式（1-5）中的积分，这样，$x(n)$ 的能量定义为

$$E = \sum_{n=-\infty}^{+\infty} x^2(n) \tag{1-7}$$

$x(n)$ 的平均功率定义为

$$P = \lim_{N \to \infty} \frac{1}{2N+1} \sum_{n=-N}^{N} x^2(n) \tag{1-8}$$

类似的，周期为 N 的周期序列 $x(n)$ 的平均功率为

$$P = \frac{1}{N} \sum_{n=0}^{N-1} x^2(n) \tag{1-9}$$

能量有限的信号称为能量信号，即满足 $0 < E < \infty$；平均功率有限的信号称为功率信号，即满足 $0 < P < \infty$。能量信号与功率信号是互不兼容的，能量信号的平均功率为零，而功率信号的能量为无穷大。当然，若一个信号不能进行平方表示或者其能量和功率均为无穷大，则该信号既非能量信号，亦非功率信号。通常情况下，直流信号、周期信号和随机信号是功率信号，非周期信号一般为能量信号。

4. 因果信号和非因果信号

将 $t \geq 0$ 才接入系统的信号称为因果信号,其在 $t < 0$ 时值为 0。反之,若 $t < 0$ 还有值的信号称为非因果信号,若一个信号只存在 $t < 0$,则该非因果信号也可称为反因果信号。同样,只存在于 $n \geq 0$ 的序列称为因果序列,$n < 0$ 还有值的序列称为非因果序列。实际分析一个物理系统时,往往将激励刚作用于系统的时刻规定为 0 时刻。这样的激励即可看作因果信号,而实际系统响应往往在激励对系统施加作用后才出现,故实际物理系统的响应也可看作因果信号。

1.3 常见信号

在信号与系统的研究中,有几种重要的常见信号,有些本身既可以描述自然界中的实际物理信号,还可以构造出更复杂的信号。

1. 实指数信号

连续的实指数信号表达式为 $x(t) = Ae^{-\alpha t}$,其中,α 为实数,若 $\alpha > 0$,则信号随时间收敛;若 $\alpha < 0$,则信号随时间发散;若 $\alpha = 0$,则信号不随时间变化,称为直流信号。实际中常见的实指数信号一般为单边指数衰减信号,单边指的是该信号为只存在于 $t > 0$ 的因果信号,其波形如图 1-8 所示。

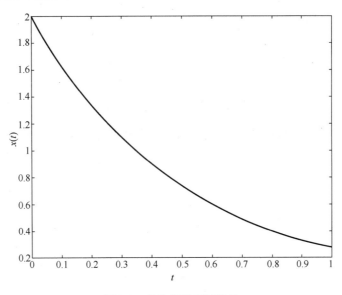

图 1-8 单边指数衰减信号

有阻尼的电路或者机械系统等,其产生的响应模态中往往含有单边指数衰减信号,如图 1-9 所示的一阶 RC 串联电路,若电容在 $t = 0$ 时刻已被充电到 U_0,则 $t \geq 0$ 以后电容两端的电压变化可根据基尔霍夫电压定律由下列方程描述

$$u(t) + i(t)R = 0$$

根据电容的伏安关系 $i(t) = C\dfrac{\mathrm{d}u(t)}{\mathrm{d}t}$,代入上式得

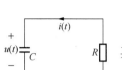

图 1-9 RC 串联电路

$$RC\frac{\mathrm{d}u(t)}{\mathrm{d}t}+u(t)=0$$

其解为

$$u(t)=U_0\mathrm{e}^{-t/RC},\quad t\geqslant 0$$

其中，时间常数 $\tau=RC$ 表明了电压衰减的快慢程度，τ 越大，衰减越慢。

离散的指数信号表达式为 $x(n)=A\alpha^n$，其中，α 为实数，其取不同范围时的离散指数序列如图 1-10 所示。

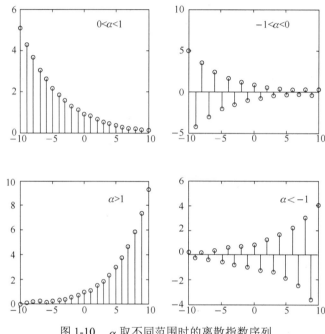

图 1-10 α 取不同范围时的离散指数序列

当 $0<\alpha<1$ 时，信号指数收敛；当 $\alpha>1$ 时，信号指数发散；当 $-1<\alpha<0$ 时，信号振荡收敛；当 $\alpha<-1$ 时，信号振荡发散。在研究按年月日的投资回报或人口变化问题时，可能会碰到此类信号。

2. 正弦信号

连续的正弦信号表达式为 $x(t)=A\cos(\varOmega t+\varphi)$，其中，$A$ 为振幅，$\varOmega$ 为模拟角频率，φ 为初相位。正弦信号可在很多物理过程中找到，如理想的 LC 振荡电路的自由响应、标准音叉产生的音频信号、机械系统的简谐振动等等都是正弦信号。在实际中还经常会碰到单边指数衰减的正弦信号，其表达式为 $x(t)=A\mathrm{e}^{-\alpha t}\cos(\varOmega t+\varphi)$，其中，$t\geqslant 0$，$\alpha>0$，如图 1-11 所示。具有指数衰减振幅的正弦信号常称为阻尼正弦振荡，RLC 电路和包括有阻尼和恢复力的机械系统的响应就是这类信号。

离散的正弦信号表达式为 $x(n)=A\cos(\omega n+\varphi)$，其中，$\omega$ 为数字角频率，正如 1.2 节中提到的，该序列是否为周期信号与 ω 的取值有关，如图 1-12 所示序列为正弦序列 $\sin\left(\dfrac{\pi}{5}n\right)$。

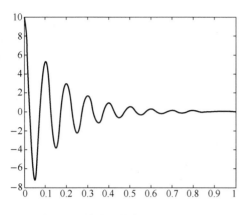
图 1-11　单边指数衰减的正弦信号

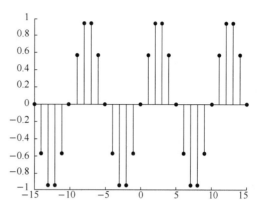
图 1-12　正弦序列

3．抽样信号

抽样信号的表达式为

$$Sa(t) = \frac{\sin t}{t}, \quad t \in R \qquad (1\text{-}10)$$

其波形如图 1-13 所示。抽样信号一般指的是连续时间的信号，抽样信号有如下性质：

（1）$Sa(t)$ 为关于 t 的偶函数；

（2）$\lim\limits_{t \to 0} Sa(t) = 1$；

（3）当 $t = k\pi (k = \pm 1, \pm 2, \cdots)$ 时，$Sa(t) = 0$；

（4）$\int_{-\infty}^{+\infty} Sa(t) \mathrm{d}t = \pi$；

（5）$\lim\limits_{t \to \pm\infty} Sa(t) = 0$。

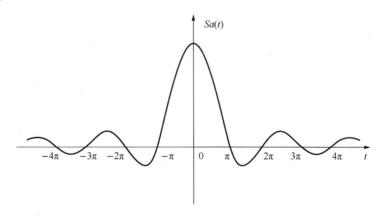

图 1-13　抽样信号 $Sa(t)$

4．阶跃信号

在信号分析中，经常遇到某类信号其本身或其导数与积分具有不连续点的情况，这类信号统称为奇异信号，其中阶跃信号和冲激信号是最典型的奇异信号，它们是很多实际信号的理想化模型。

连续的单位阶跃信号表达式为

$$u(t) = \begin{cases} 1, & t > 0 \\ 0, & t < 0 \end{cases} \tag{1-11}$$

单位阶跃信号 $u(t)$ 如图 1-14 所示。

在 $t=0$ 时刻，$u(t)$ 发生跳变，故 $u(0)$ 本书不做定义。

阶跃信号常用于描述一些开关量，如在 $t=0$ 时刻瞬间接通的直流电源，如图 1-15 所示电路，假设电源、开关、电容、导线均无内阻，电容无初始储能，$t=0$ 时，开关 S 瞬间闭合，电容两端电压将从 $t<0$ 时的 0V 跳变到 $t>0$ 的 1V，这样，电容两端电压就可用单位阶跃信号 $u(t)$ 进行描述了。

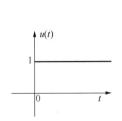

图 1-14 连续时间单位阶跃信号

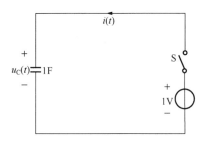

图 1-15 电容充电电路

在控制领域，单位阶跃信号是非常有用的一种测试信号，通过分析控制系统在单位阶跃信号激励下所产生的响应来评价系统的动态性能，另外，利用单位阶跃信号可以方便地表示分段信号，例如单位门信号 $g_\tau(t)$，如图 1-16 所示。

显然有 $g_\tau(t) = u\left(t + \dfrac{\tau}{2}\right) - u\left(t - \dfrac{\tau}{2}\right)$，再如符号函数 $\text{sgn}(t)$，其表达式为

$$\text{sgn}(t) = \begin{cases} 1 & t > 0 \\ -1 & t < 0 \end{cases} \tag{1-12}$$

符号函数 $\text{sgn}(t)$ 如图 1-17 所示，显然有

$$\text{sgn}(t) = 2u(t) - 1$$

离散的单位阶跃序列表达式为

$$u(n) = \begin{cases} 1, & n \geq 0 \\ 0, & n < 0 \end{cases} \tag{1-13}$$

如图 1-18 所示为单位阶跃序列。

注意 $n=0$ 时，$u(0)=1$，故 $u(0)$ 有定义。

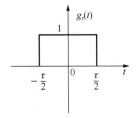

图 1-16 单位门信号

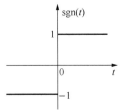

图 1-17 符号函数

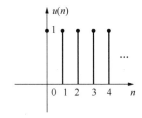

图 1-18 单位阶跃序列

5. 冲激信号

某些物理现象，需用一个存在时间极短但取值极大的函数来描述，如力学中瞬时作用的冲击力，电学中电容器的瞬时充电电流或又窄又强的电脉冲，光学中位于坐标原点的具有单位光功率的点光源、自然界中的电闪雷鸣等等，故需引入冲激函数的概念。

连续的单位冲激信号可定义如下

$$\delta(t)=\begin{cases}\infty, & t=0\\ 0, & t\neq 0\end{cases}，且满足\int_{-\infty}^{+\infty}\delta(t)\mathrm{d}t=\int_{0_-}^{0_+}\delta(t)\mathrm{d}t=1 \tag{1-14}$$

由式（1-14）可以看出，$\delta(t)$ 在除了零以外的点都等于零，而其在整个时间域上（实际上该信号只存在于 $0_-\sim 0_+$ 区间上）的积分面积（即冲激强度）等于 1，该函数也称为狄拉克（Dirac）函数，由英国物理学家 P.A.M.Dirac 于 1947 年在他的著作 *Principle of Quantum Mechanics* 中正式引入，并称它为"奇异函数"或"广义函数"，它不像普通函数那样存在确定的函数值，而是一种极限状态，而且它的极限也和普通函数不同，不是收敛到定值，而是收敛到无穷大。

连续的单位冲激信号如图 1-19 所示，图中标注的（1）表示单位 1 的冲激强度。

离散的单位冲激（脉冲）序列表达式为

$$\delta(n)=\begin{cases}1, & n=0\\ 0, & n\neq 0\end{cases} \tag{1-15}$$

离散的单位冲激序列 $\delta(n)$ 的图形比较直观，如图 1-20 所示，通过对比单位阶跃序列 $u(n)$ 易发现有 $\delta(n)=u(n)-u(n-1)$ 和 $u(n)=\sum\limits_{k=0}^{\infty}\delta(n-k)$，其中，$u(n)-u(n-1)$ 可记为 $\nabla u(n)$，称做一阶后向差分，后者称做累加和。

连续的单位冲激信号 $\delta(t)$ 则不太容易理解，我们重新再看如图 1-15 所示的电容充电电路，若求流过电容的电流，根据电容的伏安关系应该有 $i(t)=C\dfrac{\mathrm{d}u(t)}{\mathrm{d}t}$，在 $t\neq 0$ 时，单位阶跃信号 $u(t)$ 的导数均等于 0，但在 $t=0$ 时，由于 $u(t)$ 发生了跳变，正规来讲，在该间断点上导数不存在，因此电流也无法确定。之所以产生这种现象，是因为电路理想化引起的，实际电路必定存在损耗电阻 R，电路模型如图 1-21 所示。

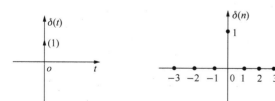

图 1-19 连续的单位冲激信号　　图 1-20 离散的单位冲激序列　　图 1-21 考虑损耗电阻后的电容充电电路

这种情况下，电容上的电压 $u_C(t)$ 在 $t=0$ 时刻就不会发生跳变，根据换路定律，有

$$u_C(0_+)=u_C(0_-)=0\text{V}$$

根据求一阶 RC 串联电路电容电压的三要素公式，得

$$u_C(t)=\{u_C(\infty)-[u_C(\infty)-u_C(0_+)]\mathrm{e}^{-\frac{1}{RC}t}\}u(t)=(1-\mathrm{e}^{-\frac{1}{R}t})u(t)$$

由电容的伏安关系可求出流过电容的电流，

$$i(t) = C\frac{\mathrm{d}u_C(t)}{\mathrm{d}t} = \frac{1}{R}\mathrm{e}^{-\frac{1}{R}t}u(t)$$

现在假定电路的损耗电阻越来越小，则 $u_C(t)$ 将越来越趋于单位阶跃信号 $u(t)$，极限情况下，$R \to 0$，$u_C(t)$ 就变成了单位阶跃信号 $u(t)$，而同时

$$i(t) = \lim_{R \to 0}\frac{1}{R}\mathrm{e}^{-\frac{1}{R}t}u(t) = \begin{cases}\infty, & t=0 \\ 0, & t \neq 0\end{cases},$$

$$\int_{-\infty}^{+\infty}\lim_{R \to 0}\frac{1}{R}\mathrm{e}^{-\frac{1}{R}t}u(t)\mathrm{d}t = \lim_{R \to 0}\frac{1}{R}\int_{0}^{+\infty}\mathrm{e}^{-\frac{1}{R}t}\mathrm{d}t = 1$$

可见，在 $R \to 0$ 即电路理想化以后，电容电流满足了 $\delta(t)$ 的定义，从上述过程还可得出这样的结论，单位阶跃信号 $u(t)$ 的导函数为 $\delta(t)$。

需要说明的是，矩形脉冲、三角形脉冲、高斯脉冲、双边指数脉冲、钟形脉冲、抽样脉冲等很多函数，当宽度无限小而脉冲面积保持不变时也均以 $\delta(t)$ 为极限。

- 矩形脉冲　$\delta(t) = \lim\limits_{\tau \to 0}\dfrac{1}{\tau}\left[u\left(t+\dfrac{\tau}{2}\right) - u\left(t-\dfrac{\tau}{2}\right)\right]$

- 三角形脉冲　$\delta(t) = \lim\limits_{\tau \to 0}\dfrac{1}{\tau}\left(1-\dfrac{|t|}{\tau}\right)[u(t+\tau) - u(t-\tau)]$

- 高斯脉冲　$\delta(t) = \lim\limits_{\sigma \to 0}\left(\dfrac{1}{\sqrt{2\pi}\sigma}\mathrm{e}^{-\frac{t^2}{2\sigma^2}}\right)$

- 双边指数脉冲　$\delta(t) = \lim\limits_{\tau \to 0}\left(\dfrac{1}{2\tau}\mathrm{e}^{-\frac{|t|}{\tau}}\right)$

- 钟形脉冲　$\delta(t) = \lim\limits_{\tau \to 0}\left[\dfrac{1}{\tau}\mathrm{e}^{-\pi\left(\frac{t}{\tau}\right)^2}\right]$

- 抽样脉冲　$\delta(t) = \lim\limits_{a \to \infty}\dfrac{a}{\pi}Sa(at)$

【例 1-3】证明抽样函数 $\dfrac{a}{\pi}Sa(at)$ 的极限 $\lim\limits_{a \to \infty}\dfrac{a}{\pi}Sa(at)$ 为 $\delta(t)$，其中，$a > 0$。

证明：

当 $t = 0$ 时，$\lim\limits_{a \to \infty}\dfrac{a}{\pi}Sa(at) = \lim\limits_{a \to \infty}\dfrac{a}{\pi}\dfrac{\sin(at)}{at} = \lim\limits_{a \to \infty}\dfrac{a}{\pi} = \infty$

当 $t \neq 0$ 时，$Sa(at)$ 以 $\dfrac{2\pi}{a}$ 振荡，振幅随着 $|at|$ 的增大而减小，所以，当 $a \to \infty$ 时，$Sa(at) \to 0$。

查定积分表可知 $\int_{-\infty}^{+\infty}Sa(at)\mathrm{d}t = \dfrac{\pi}{a}$，故有 $\int_{-\infty}^{+\infty}\lim\limits_{a \to \infty}\dfrac{a}{\pi}Sa(at)\mathrm{d}t = \lim\limits_{a \to \infty}\dfrac{a}{\pi}\dfrac{\pi}{a} = 1$

所以，$\lim\limits_{a \to \infty}\dfrac{a}{\pi}Sa(at) = \delta(t)$。

狄拉克函数 $\delta(t)$ 作为一种典型的奇异函数，其本质为泛函，它不具备普通函数值与值之间的对应关系，也不能像普通函数那样进行四则运算和乘幂运算，它在信号与系统理论中的地位和作用主要体现在它的重要性质中。

（1）抽样性。

若有普通函数 $x(t)$ 在 $t=0$ 或 $t=t_0$ 处连续且处处有界，则有
$$x(t)\delta(t) = x(0)\delta(t)$$
$$x(t)\delta(t-t_0) = x(t_0)\delta(t-t_0)$$

进而有

$$\begin{aligned}\int_{-\infty}^{+\infty} x(t)\delta(t)\mathrm{d}t &= \int_{-\infty}^{+\infty} x(0)\delta(t)\mathrm{d}t \\ &= x(0)\int_{-\infty}^{+\infty}\delta(t)\mathrm{d}t \\ &= x(0)\end{aligned} \qquad (1\text{-}16)$$

$$\begin{aligned}\int_{-\infty}^{+\infty} x(t)\delta(t-t_0)\mathrm{d}t &= \int_{-\infty}^{+\infty} x(t_0)\delta(t-t_0)\mathrm{d}t \\ &= x(t_0)\int_{-\infty}^{+\infty}\delta(t-t_0)\mathrm{d}t \\ &= x(t_0)\end{aligned} \qquad (1\text{-}17)$$

式（1-16）和式（1-17）表明了连续时间信号 $x(t)$ 与单位冲激信号 $\delta(t)$ 或 $\delta(t-t_0)$ 相乘，并在 $(-\infty,+\infty)$ 上积分能够将冲激出现时刻的函数值 $x(0)$ 或者 $x(t_0)$ 抽取出来，此即为抽样性。在广义函数理论中，式（1-14）可作为狄拉克函数 $\delta(t)$ 的严格定义，突出了它对普通函数的作用。

（2）$\delta(t)$ 为偶函数，即
$$\delta(t) = \delta(-t)$$

证明：设有任意普通函数 $x(t)$，在 $t=0$ 处连续且处处有界，由式（1-14）有
$$\int_{-\infty}^{+\infty} x(t)\delta(t)\mathrm{d}t = x(0)$$

而

$$\begin{aligned}\int_{-\infty}^{+\infty} x(t)\delta(-t)\mathrm{d}t &\xlongequal{t'=-t} \int_{-\infty}^{+\infty} x(-t')\delta(t')\mathrm{d}t' \\ &= \int_{-\infty}^{+\infty} x(-0)\delta(t')\mathrm{d}t' \\ &= x(0)\int_{-\infty}^{+\infty}\delta(t')\mathrm{d}t' \\ &= x(0)\end{aligned}$$

由于 $x(t)$ 的任意性，所以有 $\delta(t) = \delta(-t)$，得证。

（3）尺度变换。
$$\delta(at) = \frac{1}{|a|}\delta(t) \quad a \neq 0$$

证明：设有任意普通函数 $x(t)$，在 $t=0$ 处连续且处处有界，当

① $a>0$ 时

$$\int_{-\infty}^{+\infty} x(t)\delta(at)\mathrm{d}t \xlongequal{t'=at} \int_{-\infty}^{+\infty} x\left(\frac{t'}{a}\right)\delta(t')\frac{1}{a}\mathrm{d}t' = \frac{1}{a}\int_{-\infty}^{+\infty} x(0)\delta(t')\mathrm{d}t' = \frac{1}{a}x(0)$$

而

$$\int_{-\infty}^{+\infty} x(t)\frac{1}{a}\delta(t)\mathrm{d}t = \frac{1}{a}\int_{-\infty}^{+\infty} x(0)\delta(t)\mathrm{d}t = \frac{1}{a}x(0)$$

由于 $x(t)$ 的任意性，所以有

$$\delta(at) = \frac{1}{a}\delta(t) \quad a > 0$$

② $a < 0$ 时

$$\delta(at) = \delta(-at) \stackrel{b=-a}{=} \delta(bt) \quad b > 0$$

由①结论得

$$\delta(bt) = \frac{1}{b}\delta(t) = \frac{1}{-a}\delta(t) = \frac{1}{|a|}\delta(t)$$

综上得证。

（4）$\delta(t)$ 的积分和微分。

首先看 $\delta(t)$ 的积分，$\int_{-\infty}^{t} \delta(t) \mathrm{d}t = \begin{cases} 1, & t > 0 \\ 0, & t < 0 \end{cases} = u(t)$，即单位冲激函数的积分为单位阶跃函数，反之应有 $\dfrac{\mathrm{d}u(t)}{\mathrm{d}t} = \delta(t)$。若对单位阶跃进行积分，可以得到单位速度函数 $r(t)$，$r(t) = \int_{-\infty}^{t} u(t) \mathrm{d}t = \begin{cases} t, & t > 0 \\ 0, & t < 0 \end{cases} = tu(t)$，而对单位速度函数 $r(t)$ 的积分可得到单位加速度信号 $a(t)$。

$$a(t) = \int_{-\infty}^{t} r(t) \mathrm{d}t = \int_{-\infty}^{t} tu(t) \mathrm{d}t = \begin{cases} \dfrac{1}{2}t^2, & t > 0 \\ 0, & t < 0 \end{cases} = \frac{1}{2}t^2 u(t)$$

再来看 $\delta(t)$ 的微分 $\delta'(t)$，$\delta'(t)$ 也称为单位冲激偶，为了更好地理解 $\delta'(t)$，下面以三角形脉冲的演变为例说明其形成过程，如图 1-22 所示。

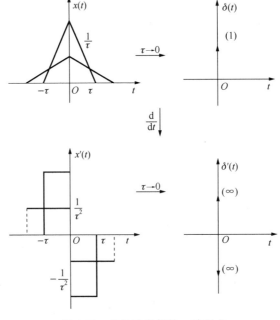

图 1-22 单位冲激偶的一种形成

对称三角形脉冲 $x(t)$ 的底宽为 2τ，高度为 $\dfrac{1}{\tau}$，当 $\tau \to 0$ 时，$x(t)$ 将逐渐过渡为单位冲激函数 $\delta(t)$。再看 $x(t)$ 的导函数演变过程，求导后的 $x(t)$ 变成了两个矩形脉冲，宽度为 τ，高度变成了 $\dfrac{1}{\tau^2}$，面积为 $\dfrac{1}{\tau}$，在 $\tau \to 0$ 的过程中，$x'(t)$ 将逐渐过渡为冲激强度无穷大的正负两个冲激函数，称之为单位冲激偶信号 $\delta'(t)$。

单位冲激偶信号 $\delta'(t)$ 具有下列性质：

① $\delta'(t)$ 为奇函数，即 $\delta'(-t) = -\delta'(t)$。

② $x(t)\delta'(t) = x(0)\delta'(t) - x'(0)\delta(t)$，$\displaystyle\int_{-\infty}^{+\infty} x(t)\delta'(t)\,\mathrm{d}t = -x'(0)$ （1-18）

证明：

$$[x(t)\delta(t)]' = x'(t)\delta(t) + x(t)\delta'(t) \quad \text{分部求导}$$

$$[x(0)\delta(t)]' = x'(0)\delta(t) + x(0)\delta'(t) \quad \delta(t) \text{的抽样性}$$

$$x(0)\delta'(t) = x'(0)\delta(t) + x(t)\delta'(t)$$

$$x(t)\delta'(t) = x(0)\delta'(t) - x'(0)\delta(t)$$

对上式两边积分得

$$\int_{-\infty}^{+\infty} x(t)\delta'(t)\,\mathrm{d}t = \int_{-\infty}^{+\infty} [x(0)\delta'(t) - x'(0)\delta(t)]\,\mathrm{d}t$$

$$= x(0)\int_{-\infty}^{+\infty} \delta'(t)\,\mathrm{d}t - x'(0)\int_{-\infty}^{+\infty} \delta(t)\,\mathrm{d}t$$

$$= -x'(0)$$

得证。

需要说明的是，前面介绍过的 $\dfrac{1}{2}t^2 u(t)$、$tu(t)$、$u(t)$、$\delta(t)$、$\delta'(t)$ 均为奇异信号，它们之间可通过求导或积分建立联系，不允许出现 $u(t)\delta(t)$、$\delta(t)\delta(t)$、$\delta(t)\delta'(t)$ 等交叉相乘项，因为在广义函数中，这些均无定义。

（5）$\delta(t)$ 与 $x(t)$ 的卷积积分（卷积积分的定义见 1.4 节内容）

$$x(t) * \delta(t) = \int_{-\infty}^{+\infty} x(\tau)\delta(t-\tau)\,\mathrm{d}\tau = x(t) \tag{1-19}$$

即任意信号 $x(t)$ 与单位冲激信号 $\delta(t)$ 的卷积积分等于 $x(t)$ 本身，也说明任意信号 $x(t)$ 均可分解为在不同时刻出现的具有不同强度的无穷多个冲激函数的叠加和形式。

1.4 信号的时域运算

信号在时域中的运算主要有加减、相乘、翻褶、平移、尺度变换、微分、差分、积分、累加、卷积、相关等。

1. 加减和相乘

两个信号 $x_1(t)$、$x_2(t)$ 或 $x_1(n)$、$x_2(n)$ 进行加减或相乘，其瞬间值等于两个信号在该瞬时值的代数和或乘积，如图 1-23 所示。即

$$x(t) = x_1(t) \pm x_2(t) \text{ 或 } x(n) = x_1(n) \pm x_2(n)$$

$$x(t) = x_1(t) \cdot x_2(t) \text{ 或 } x(n) = x_1(n) \cdot x_2(n)$$

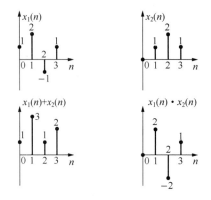

图 1-23　序列的加法和乘法

音乐就是由不同乐器演奏出的声音信号叠加在一起形成的，给电影配上字幕也是信号相加的例子。另外在信号的传输中，不可避免地会遇到有用信号被噪声或干扰叠加的情况，而信号的相乘在调制解调中经常用到。

2. 平移、翻褶和尺度变换

（1）信号的平移是指将信号 $x(t)$ 或 $x(n)$ 沿 t 轴或 n 轴左右平移，波形形状不变。对于连续信号 $x(t)$，若有实常数 $t_0 > 0$，则 $x(t-t_0)$ 表示将 $x(t)$ 右移 t_0 时间，$x(t+t_0)$ 表示将 $x(t)$ 左移 t_0 时间；同样，对于离散信号 $x(n)$，若有整数 $n_0 > 0$，则 $x(n-n_0)$ 表示将 $x(n)$ 向右移序 n_0 单位，$x(n+n_0)$ 表示将 $x(n)$ 向左移序 n_0 单位，如图 1-24 所示。

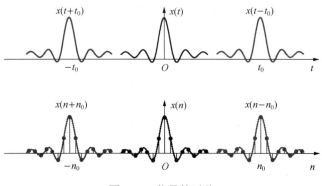

图 1-24　信号的平移

（2）信号的翻褶是指将信号 $x(t)$ 或 $x(n)$ 中的自变量 t 或 n 换为 $-t$ 或 $-n$，可理解为将信号的过去与未来进行置换，一般将信号沿着波形图的纵轴翻转 $180°$ 来进行，如图 1-25 所示。

若 $x(t)$ 表示已录制在磁带上的声音信号，则 $x(-t)$ 表示将磁带倒转播放产生的信号，另外在数字信号处理中，堆栈的先进后出也是翻褶的例子。容易验证，对于偶信号，翻褶后与原信号相同；对于奇信号，翻褶后为原信号取负。

（3）连续信号的尺度变换是将信号 $x(t)$ 中的自变量 t 换为 at，其中，$a > 0$，若 $a > 1$，表示将 $x(t)$ 沿横轴压缩到原来的 $1/a$；若 $0 < a < 1$，则将 $x(t)$ 沿横轴展宽 $1/a$ 倍，连续信号尺度变换如图 1-26（a）所示。

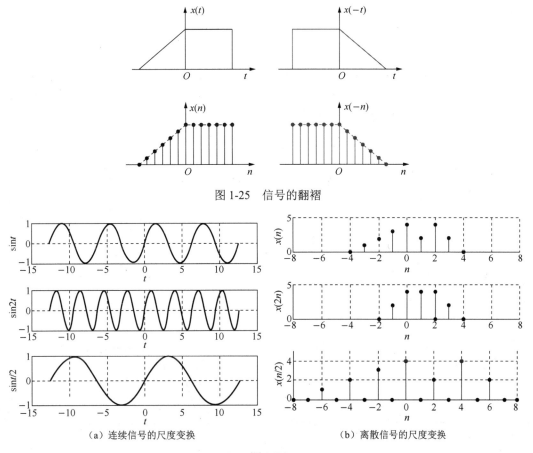

图 1-25 信号的翻褶

（a）连续信号的尺度变换　　　（b）离散信号的尺度变换

图 1-26

离散信号的尺度变换是将 $x(n)$ 中的自变量 n 换为 mn，其中，$m>0$，若 $m>1$，表示对原序列进行抽取，每隔 m 点抽取 1 点，若 $x(n)$ 是对连续时间信号 $x(t)$ 以 T 为采样间隔进行采样所得到的序列，则 $x(mn)$ 相当于将 $x(n)$ 的采样间隔从 T 增加到 mT，采样频率降低至原来的 $1/m$，必将丢失部分信息，如图 1-26（b）所示的 $x(2n)$；若 $0<m<1$，则表示对原序列进行插值，要得到理想的内插数据，按理应先将 $x(n)$ 进行 D/A 转换，得到原来的连续信号 $x(t)$ 后再以更小的采样间隔 mT 进行采样，但这样的内插成本太高，且附加 DAC 和 ADC 也容易对信号产生损害，因此实际中一般采取零值内插的方法，如图 1-26（b）所示的 $x(n/2)$。需要说明的是，只有当 mn 为整数时 $x(mn)$ 才有定义，另外抽取和内插在实际中都是直接在数字域下进行的，抽取和内插在数据压缩、小波分解和语音信号分析等领域有着广泛的应用。

【例 1-4】 已知信号 $x(-\dfrac{1}{2}t)$ 的波形如图 1-27 所示，画出 $y(t)=x(t+1)u(-t)$ 的波形。

求解过程如图 1-28 所示。

【例 1-5】 已知序列 $x(n)$ 的定义如下，试求 $y(n)=x(2n+3)$。

$$x(n)=\begin{cases}1, & n=1,2\\-1, & n=-1,-2\\0, & n=0 \text{和} |n|>2\end{cases}$$

解：根据 $x(n)$ 的表达式画出 $x(n)$ 图形，然后将 $x(n)$ 左移 3 个单

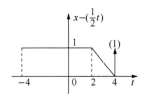

图 1-27　例 1-4 图

位得到 $x(n+3)$，再将 $x(n+3)$ 中的 n 换成 $2n$ 进行抽取，如图 1-29 所示。

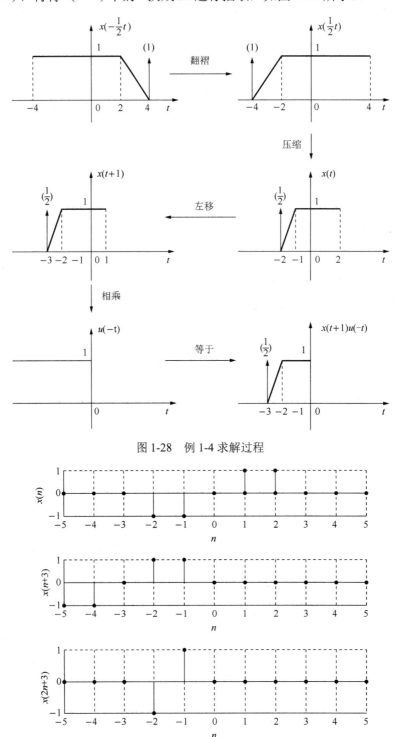

图 1-28　例 1-4 求解过程

图 1-29　例 1-5 求解过程

3. 微分、差分、积分、累加

（1）对连续信号 $x(t)$ 的微分运算表达式为：$y(t) = \dfrac{\mathrm{d}}{\mathrm{d}t}x(t) = x'(t)$。若 $x(t)$ 有间断点，则间断点处的微分将出现很大的脉冲可用冲激函数表示，在 SIMULINK 下搭建如图 1-30 所示的模型进行验证，Step 表示单位阶跃信号，Derivative 模块表示微分环节，Scope 为示波器，运行后微分环节的输入和输出信号如图 1-31 所示。

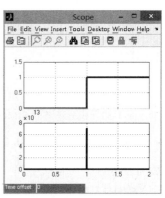

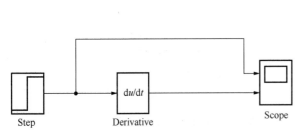

图 1-30 微分环节的 SIMULINK 仿真模型　　　　图 1-31 单位阶跃及其微分信号

【例 1-6】已知 $x(t) = u(-t-1)$，画出 $x(t)$、$x'(t)$ 波形。

解：绘图过程如图 1-32 所示。

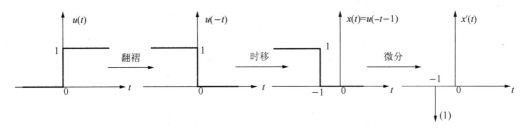

图 1-32 例 1-6 绘图过程

（2）对连续信号 $x(t)$ 的积分运算表达式为 $y(t) = \int_{-\infty}^{t} x(\tau)\mathrm{d}\tau = x^{(-1)}(t)$。$t$ 时刻的输出值等于从 $-\infty$ 到 t 区间内 $x(\tau)$ 与时间轴所包围的面积，信号经过积分环节后一般会使变化部分得到平滑，因此可以用积分环节来消弱有用信号中混入的噪声影响，搭建 SIMULINK 仿真模型如图 1-33 所示，观察示波器输入输出曲线如图 1-34 所示，可以发现混有白噪声的正弦信号经过积分环节后明显消弱了白噪声的影响。

（3）对离散信号 $x(n)$ 的差分有前向差分和后向差分两种，两种运算本质上是一致的。

一阶前向差分定义为

$$\Delta x(n) = x(n+1) - x(n) \tag{1-20}$$

一阶后向差分定义为

$$\nabla x(n) = x(n) - x(n-1) \tag{1-21}$$

二阶前向差分定义为

$$\Delta^2 x(n) = \Delta[\Delta x(n)] = \Delta[x(n+1) - x(n)] = x(n+2) - 2x(n+1) + x(n) \tag{1-22}$$

二阶后向差分定义为

$$\nabla^2 x(n) = \nabla[\nabla x(n)] = \nabla[x(n) - x(n-1)] = x(n) - 2x(n-1) + x(n-2) \quad (1-23)$$

其余阶数的差分以此类推。

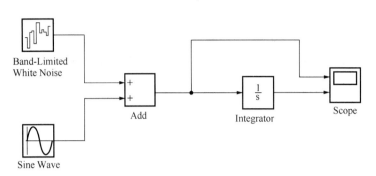

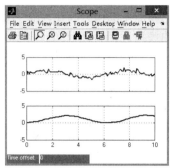

图 1-33　积分环节的 SIMULINK 仿真模型　　　　图 1-34　积分环节的滤波效果

【例 1-7】 已知序列 $x(n) = \{0, 0, 1, 1, 1, 1, 0, 0, \cdots\}$，其中 ↑ 所在的位置表示 $n = 0$ 处，求 $x(n)$ 的一阶后向差分。

解：$\nabla x(n) = x(n) - x(n-1)$，一阶后向差分过程可由图 1-35 说明。

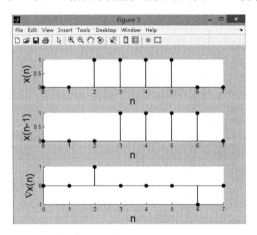

图 1-35　例 1-7 的一阶后向差分过程

工程中，经常用 $\max|\Delta x(n)|$ 或 $\max|\nabla x(n)|$ 来检测信号的突变点位置，如上例所示，信号的突变点位于 $n = 2$ 和 $n = 4$ 的位置。

（4）对离散信号 $x(n)$ 的累加运算表达式为

$$y(n) = \sum_{k=-\infty}^{n} x(k) \quad (1-24)$$

4. 卷积、相关

卷积运算在信号与系统的时域分析中占有重要地位，相关是时域中描述信号特征的常用分析方法。其计算、性质和应用将在后续章节中详细介绍，此处仅介绍其定义。

连续信号 $x(t)$ 和 $h(t)$ 的卷积积分表达式为

$$y(t) = x(t) * h(t) = \int_{-\infty}^{+\infty} x(\tau) h(t - \tau) \mathrm{d}\tau \quad (1-25)$$

离散信号 $x(n)$ 和 $h(n)$ 的卷积和表达式为

$$y(n) = x(n) * h(n) = \sum_{k=-\infty}^{+\infty} x(k)h(n-k) \tag{1-26}$$

连续实信号 $x_1(t)$ 和 $x_2(t)$，若为能量有限信号，则它们之间的互相关函数定义为

$$R_{12}(\tau) = \int_{-\infty}^{+\infty} x_1(t)x_2(t-\tau)\mathrm{d}t = \int_{-\infty}^{+\infty} x_1(t+\tau)x_2(t)\mathrm{d}t \tag{1-27}$$

$$R_{21}(\tau) = \int_{-\infty}^{+\infty} x_1(t-\tau)x_2(t)\mathrm{d}t = \int_{-\infty}^{+\infty} x_1(t)x_2(t+\tau)\mathrm{d}t \tag{1-28}$$

离散信号 $x_1(n)$ 和 $x_2(n)$，它们之间的互相关函数定义为

$$R_{12}(m) = \sum_{n=-\infty}^{+\infty} x_1(n)x_2(n-m) = \sum_{n=-\infty}^{+\infty} x_1(n+m)x_2(n) \tag{1-29}$$

$$R_{21}(m) = \sum_{n=-\infty}^{+\infty} x_1(n-m)x_2(n) = \sum_{n=-\infty}^{+\infty} x_1(n)x_2(n+m) \tag{1-30}$$

1.5　信号的分解

为便于对信号进行分析、特征提取、去噪、压缩和识别等，经常需对信号进行不同形式的分解。

1. 直流分量和交流分量

$$x(t) = x_\mathrm{D}(t) + x_\mathrm{A}(t) \tag{1-31}$$

其中：$x_\mathrm{A}(t)$ 表示 $x(t)$ 当中的交流分量，$x_\mathrm{D}(t)$ 表示信号 $x(t)$ 当中的直流分量，也是 $x(t)$ 的平均值，若 $x(t)$ 为周期信号，其周期为 T，则 $x_\mathrm{D}(t) = \frac{1}{T}\int_{-\frac{T}{2}}^{\frac{T}{2}} x(t)\mathrm{d}t$，若 $x(t)$ 为非周期信号，则只需令上式中 $T \to \infty$。同理，$x(n) = x_\mathrm{D}(n) + x_\mathrm{A}(n)$，其中

$$x_\mathrm{D}(n) = \frac{1}{N_2 - N_1 + 1}\sum_{n=-N_1}^{N_2} x(n) \tag{1-32}$$

2. 奇分量和偶分量

$$x(t) = x_\mathrm{e}(t) + x_\mathrm{o}(t) \tag{1-33}$$

$$x(n) = x_\mathrm{e}(n) + x_\mathrm{o}(n) \tag{1-34}$$

其中：$x_\mathrm{e}(t)$、$x_\mathrm{e}(n)$ 分别表示 $x(t)$、$x(n)$ 当中的偶分量，$x_\mathrm{o}(t)$、$x_\mathrm{o}(n)$ 分别表示 $x(t)$、$x(n)$ 当中的奇分量。

$$\begin{aligned} x_\mathrm{e}(t) &= \frac{1}{2}[x(t) + x(-t)] \quad x_\mathrm{e}(n) = \frac{1}{2}[x(n) + x(-n)] \\ x_\mathrm{o}(t) &= \frac{1}{2}[x(t) - x(-t)] \quad x_\mathrm{o}(n) = \frac{1}{2}[x(n) - x(-n)] \end{aligned} \tag{1-35}$$

3. 冲激函数的叠加和

连续信号 $x(t)$ 可分解为在不同时刻出现的、具有不同强度的无穷多个冲激函数的叠加和，如图 1-36 所示。

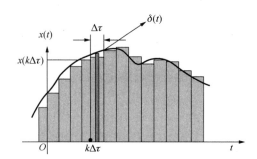

图 1-36 连续信号分解为冲激函数的叠加

进行纵向分割后，第 k 的矩形脉冲可表示为 $f(k\Delta\tau)\{u(t-k\Delta\tau)-u[t-(k+1)\Delta\tau]\}$，则 $x(t)$ 可近似表示为 $x(t) \approx \sum\limits_{k=-\infty}^{+\infty} f(k\Delta\tau)\{u(t-k\Delta\tau)-u[t-(k+1)\Delta\tau]\}$，近似的程度取决于脉冲宽度 $\Delta\tau$，当 $\Delta\tau \to 0$ 时，$\approx \to =$，$\Delta\tau$ 可记为 $\mathrm{d}\tau$，$k\Delta\tau \to \tau$，$\sum\limits_{k=-\infty}^{+\infty} \to \int_{-\infty}^{+\infty}(\,)\mathrm{d}\tau$，此时

$$\begin{aligned}
x(t) &= \lim_{\Delta\tau \to 0} \sum_{k=-\infty}^{+\infty} x(k\Delta\tau)\{u(t-k\Delta\tau)-u[t-(k+1)\Delta\tau]\} \\
&= \lim_{\Delta\tau \to 0} \sum_{k=-\infty}^{+\infty} \frac{x(k\Delta\tau)\{u(t-k\Delta\tau)-u[t-(k+1)\Delta\tau]\}}{\Delta\tau} \Delta\tau \\
&= \lim_{\Delta\tau \to 0} \sum_{k=-\infty}^{+\infty} x(k\Delta\tau)\delta(t-k\Delta\tau)\Delta\tau \\
&= \int_{-\infty}^{+\infty} x(\tau)\delta(t-\tau)\mathrm{d}\tau
\end{aligned}$$

离散信号 $x(n)$ 也可分解为在不同时刻出现的，具有不同强度的无穷多个冲激函数的叠加和，如图 1-37 所示。

$$\begin{aligned}
x(n) &= \cdots + x(-1)\delta(n+1) + x(0)\delta(n) + x(1)\delta(n-1) + x(2)\delta(n-2) + \cdots \\
&= \sum_{m=-\infty}^{+\infty} x(m)\delta(n-m)
\end{aligned}$$

由卷积的定义，这种分解形式也表示了 $x(t) = x(t) * \delta(t)$，$x(n) = x(n) * \delta(n)$，即任意信号与单位冲激信号的卷积等于任意信号。此性质称为线性卷积的冲激不变性，在后续章节求 LTI 系统零状态响应时将会用到。

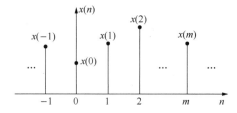

图 1-37 离散信号分解为冲激函数的叠加和

4. 实部分量和虚部分量

$$x(t) = x_r(t) + jx_i(t)$$
$$x(n) = x_r(n) + jx_i(n)$$

(1-36)

其中：$x_r(t)$、$x_r(n)$ 分别表示复数信号 $x(t)$、$x(n)$ 的实部分量，$x_i(t)$、$x_i(n)$ 分别表示复数信号 $x(t)$、$x(n)$ 的虚部分量。

$$x_r(t) = \frac{1}{2}[x(t)+x^*(t)] \quad x_r(n) = \frac{1}{2}[x(n)+x^*(n)]$$
$$x_i(t) = \frac{1}{2}[x(t)-x^*(t)] \quad x_i(n) = \frac{1}{2}[x(n)-x^*(n)]$$
（1-37）

需要说明的是，实际中能产生的信号均为实信号，但是在信号分析中常常借助于复信号来研究实信号，复信号在无线电、通信和雷达信号处理等领域的应用已越来越广泛。

5. 正交函数

信号可以像矢量分解一样，分解到正交函数集合上，常用的正交函数集合有三角函数集合、复指数函数集合、沃尔什函数集合、勒让德函数集合、切比雪夫函数集合、雅可比函数集合和正交小波函数集合等。

1.6 系统的描述

从一般的意义上讲，系统是由若干个相互作用、相互依赖的事物或人组成的具有某种特定功能的整体，如电力系统、通信系统、控制系统、机械系统、化工系统、管理系统、交通运输系统和生态系统等。从数学的意义上讲，系统可以看作能对输入信号 $x(t)$ 或 $x(n)$ 进行某种运算，产生输出信号 $y(t)$ 或 $y(n)$ 的功能集合体，设运算符用 $H[\ ]$ 表示，即 $y(t) = H[x(t)]$ 或 $y(n) = H[x(n)]$。要分析系统，首先应建立描述该系统基本特性的数学模型，所谓数学模型是指描述系统输入、输出以及内部各变量之间关系的数学表达式。建模的方法主要有两种，一种是机理分析法，即根据系统工作所依据的物理定律列写方程；另外一种是系统辨识法，即给系统施加某种测试信号，记录输出响应，并用适当的数学模型去逼近系统的输入/输出特性。

建模中，若系统的输入、输出均为连续信号，则称该系统为连续系统，描述连续系统的时域数学模型是微分方程；若系统的输入、输出均为离散信号，则称该系统为离散系统，描述离散系统的时域数学模型是差分方程。

【例 1-8】 如图 1-38 所示 R-L-C 串联电路。激励为 u_r，响应为 u_c，根据基尔霍夫电压定律和电容元件的伏安关系方程，可列写方程

$$\begin{cases} u_r(t) = L\dfrac{di(t)}{dt} + Ri(t) + u_c(t) & (1) \\ i(t) = C\dfrac{du_c(t)}{dt} & (2) \end{cases}$$

将式（2）代入式（1）中，整理得

$$\frac{d^2 u_c(t)}{dt^2} + \frac{R}{L}\frac{du_c(t)}{dt} + \frac{1}{LC}u_c(t) = \frac{1}{LC}u_r(t)$$

由方程可以看出，描述该电路系统输入/输出关系的数学模型为二阶线性定常的微分方程。

【例 1-9】 如图 1-39 所示的力学系统，忽略 m 所

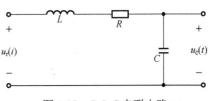

图 1-38 R-L-C 串联电路

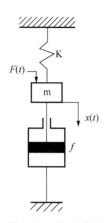

图 1-39 力学系统

受的重力，试建立描述位移 $x(t)$ 与外力 $F(t)$ 的数学模型。根据牛顿第二定律，可列写方程

$$F(t) - kx(t) - f\frac{dx(t)}{dt} = \frac{d^2 x(t)}{dt^2}$$

整理得

$$\frac{d^2 x(t)}{dt^2} + \frac{f}{m}\frac{dx(t)}{dt} + \frac{k}{m}x(t) = \frac{1}{m}F(t)$$

由方程可以看出，描述该力学系统输入/输出关系的数学模型也为二阶线性定常的微分方程。

若上述两例微分方程的系数一样，则这两个系统具有相同的数学模型，具有相同数学模型的系统称为相似系统，相似系统具有相同的运动规律。

【例 1-10】 在核子反应器中的每个粒子经过 1s 后都会分裂成 2 个粒子，设从 $n=0$ s 时，每秒注入到反应器中 $x(n)$ 个粒子，第 n s 时反应器中的粒子数为 $y(n)$，则 $y(n) = 2y(n-1) + x(n)$，化为标准形式 $y(n) - 2y(n-1) = f(n)$，该差分方程即为描述该系统的数学模型。

【例 1-11】 某空运控制系统，用一台计算机每隔 1s 计算一次某飞机应有的高度 $x(n)$，同时用一个雷达实测一次飞机实际高度 $y(n)$，把应有高度 $x(n)$ 与 1s 前的实测高度 $y(n-1)$ 相比较得一个差值，飞机的高度将根据此差值为正或为负来改变。设飞机改变高度的垂直速度 v 正比于此差值，$v = a[x(n) - y(n-1)]$ m/s，则从第 $(n-1)$ s 到第 n s 内飞机升高为 $a[x(n) - y(n-1)] = y(n) - y(n-1)$，整理得 $y(n) + (a-1)y(n-1) = ax(n)$，该差分方程描述了这个离散空运控制系统的工作。

上述几个系统的数学模型是由微分方程或者差分方程来描述的，系统还可以用模拟图、框图或流图形式进行描述（模拟图、框图和流图的概念详见 5.8 节，这里我们仅介绍模拟图），模拟图由基本功能单元进行互联而成，常用的基本功能单元有积分器、延时器（移序器）、加法器、乘法器、数乘器，基本功能单元模拟图的时域形式如图 1-40 所示。

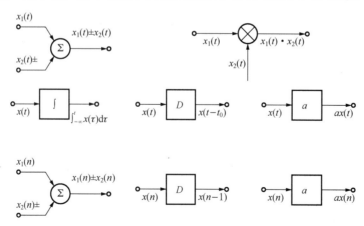

图 1-40 基本功能单元模拟图的时域形式

【例 1-12】 某连续系统模拟图如图 1-41 所示，写出系统的微分方程。

解：

$$y(t) = -3\int y(t)\mathrm{d}t - 2\iint y(t)\mathrm{d}t + \int x(t)\mathrm{d}t + \iint x(t)\mathrm{d}t$$

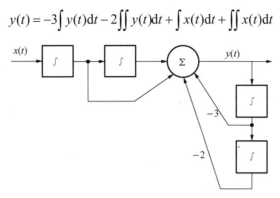

图 1-41　例 1-12 模拟图

求导两次得

$$\frac{\mathrm{d}^2 y(t)}{\mathrm{d}t^2} = -3\frac{\mathrm{d}y(t)}{\mathrm{d}t} - 2y(t) + \frac{\mathrm{d}x(t)}{\mathrm{d}t} + x(t)$$

移项化成标准形式为

$$\frac{\mathrm{d}^2 y(t)}{\mathrm{d}t^2} + 3\frac{\mathrm{d}y(t)}{\mathrm{d}t} + 2y(t) = \frac{\mathrm{d}x(t)}{\mathrm{d}t} + x(t)$$

同样也可由上述微分方程通过逆过程画出如图 1-41 所示的模拟图形式，需要说明的是模拟图形式是多种多样的，不必拘泥于某种形式，如图 1-42 所示模拟图。

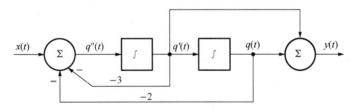

图 1-42　例 1-12 第二种模拟图形式

引入中间变量 $q(t)$，$q'(t)$，$q''(t)$ 如图 1-42 所示，根据两个加法器列写方程如下，

$$\begin{cases} q''(t) = -3q'(t) - 2q(t) + x(t) \\ y(t) = q'(t) + q(t) \end{cases} \Rightarrow \begin{cases} q''(t) + 3q'(t) + 2q(t) = x(t) \\ y(t) = q'(t) + q(t) \end{cases}$$

引入微分算子 $p = \dfrac{\mathrm{d}}{\mathrm{d}t}$，则

$$\begin{cases} (p^2 + 3p + 2)q(t) = x(t) \\ y(t) = (p+1)q(t) \end{cases} \Rightarrow y(t) = \frac{p+1}{p^2 + 3p + 2}x(t)，\text{即}$$

$$\frac{\mathrm{d}^2 y(t)}{\mathrm{d}t^2} + 3\frac{\mathrm{d}y(t)}{\mathrm{d}t} + 2y(t) = \frac{\mathrm{d}x(t)}{\mathrm{d}t} + x(t)$$

可以发现，尽管图 1-41 和图 1-42 所示的模拟图形式不同，却表示相同的微分方程，而图 1-42 所示的模拟图形式画法具有规律性，它与微分方程能够互相对应，有章可循。

【例 1-13】　为识别正在波动的数据（如股票和人口）的潜在走势，关注这类数据的慢变化趋势，经常采用移动平均系统，N 点移动平均系统的数学模型可表示为

$$y(n) = \frac{1}{N}\sum_{k=0}^{N-1} x(n-k)$$

以 $N=3$ 为例，$y(n) = \frac{1}{3}[x(n)+x(n-1)+x(n-2)]$，可以发现 $y(n)$ 为 $x(n)$、$x(n-1)$、$x(n-2)$ 三个样本值的平均值，且当 n 沿离散时间轴移动时，$y(n)$ 的值随之改变。如图 1-43 所示为该系统的两种模拟图描述形式，图 1-43（a）为级联形式，图 1-43（b）为并联形式，两者等效。

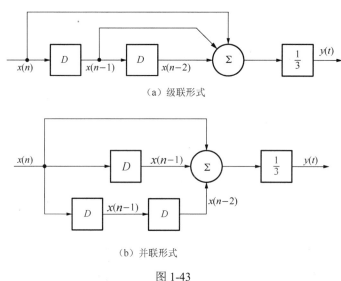

（a）级联形式

（b）并联形式

图 1-43

无论是实际的物理系统，还是在系统分析中，常会遇到将多个子系统互联成一个大系统的问题，互联的形式除了上例提到的级联和并联，还有反馈连接，反馈连接在自动控制系统中非常普遍。

1.7 系统的性质

根据系统不同的性质，系统可以分为：线性系统和非线性系统，记忆系统（动态系统）和无记忆系统（即时系统），时不变系统和时变系统，因果系统和非因果系统，稳定系统和不稳定系统，可逆系统与不可逆系统，等等。系统的不同性质可以使我们从多种不同角度来观察、分析研究系统的特征。

1. 记忆性

如果系统在任一时刻的响应不仅与该时刻的激励有关，而且与它过去的历史状况有关，则称为记忆系统或动态系统，响应对过去激励信号在时间跨度上的依赖程度决定了记忆系统对过去延伸的广度。反之，如果系统某一时刻的响应只取决于该时刻的激励，该系统就是无记忆系统或称为即时系统，如纯电阻电路。电容、电感等储能元件就是有记忆的元件，且它们的记忆延伸到无限的过去，通常，包含电容电感的电路系统为记忆系统。

再如 $y(n) = \frac{1}{3}[x(n)+x(n-1)+x(n-2)]$ 表示的移动平均系统也是记忆系统，因为 n 时刻

的输出 $y(n)$ 由此刻的激励 $x(n)$ 和最近的两个过去值有关。而 $y(n) = x^2(n)$ 所示的系统就是无记忆系统。

记忆系统的全响应通常包含仅有初始状态引起的零输入响应 y_{zi} 和仅有外激励引起的零状态响应 y_{zs} 两部分分量。

2. 线性

同时满足叠加性和齐次性的系统称为线性系统，否则为非线性系统。即若有激励 x_1，不管其为外激励还是内激励（系统的起始状态），假设产生的响应为 y_1；激励 x_2（与 x_1 性质一致）产生的响应为 y_2。如果激励变为 x_1 和 x_2 的线性组合 $(ax_1 + bx_2)$，那么产生的响应为 $(ay_1 + by_2)$。对于有记忆的系统，还要求全响应刚好是零输入响应和零状态响应的叠加和，满足这些要求的系统为线性系统。另外，如果一个系统为线性系统，那么该系统必然满足微分积分性和频率不变性。微分积分性说的是当线性系统的激励变为原来激励的微分或积分形式时，其所产生的响应相应地变为原来响应的微分或积分；而频率不变性指的是线性系统在激励作用下不会产生激励中不包含的频率分量。

【例 1-14】 判断下列系统是否为线性系统。

（1） $y(t) = \sin(t)x(t)$ （2） $y(t) = x^2(t)$ （3） $y(n) = \text{Re}[x(n)]$ （4） $y(n) = 2x(n) + 3$

解：
（1）线性。
$$H[ax_1(t) + bx_2(t)] = \sin(t)[ax_1(t) + bx_2(t)]$$
$$= a\sin(t)x_1(t) + b\sin(t)x_2(t) = aH[x_1(t)] + bH[x_2(t)]$$

（2）不满足叠加性，非线性。
$$H[x_1(t) + x_2(t)] = [x_1(t) + x_2(t)]^2$$
$$= x_1^2(t) + x_2^2(t) + 2x_1(t)x_2(t) \neq H[x_1(t)] + H[x_2(t)]$$

（3）不满足齐次性，非线性。
$H[1+j] = 1$，$H[j(1+j)] = -1 \neq j$，注意该系统虽不满足齐次性但却满足叠加性。

（4）不满足齐次性，非线性。
$H[1] = 5$，$H[2] = 7 \neq 2H[1]$，还可验证该系统也不满足叠加性。

3. 时不变性

系统参数不随时间变化的系统称为时不变系统或定常系统，反之就是时变系统。如普通电阻、电容元件，其工作性能比较稳定可认为参数不随时间变化，而热敏电阻其阻值会因温度的变化而随时间变化。时不变系统的激励延迟或超前一段时间，其响应必然也延迟或超前相同的时间，且响应的形状保持不变。即若有激励 $x(t)$ 产生响应 $y(t)$，则 $x(t-t_0)$ 产生的响应必为 $y(t-t_0)$，如图 1-44 所示。

同理，对于离散定常系统，若有 $x(n) \to y(n)$，则 $x(n-m) \to y(n-m)$。同时满足线性和时不变性的系统称为 LTI（Linear Time-Invaring）系统，有记忆的 LTI 系统的时域数学模型为线性定常微分方程或差分方程。本书仅讨论 LTI 系统，很多非线性或时变系统的分析目前尚无统一的解决方法，还有待数学理论的建立。因此，为表述方便，本书后文提到的系统若无特别说明，均指的是 LTI 系统。

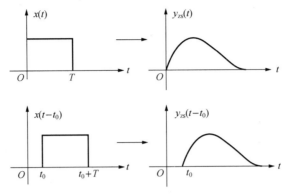

图 1-44 时不变性举例

4. 稳定性

稳定是系统正常工作的首要条件，若系统对任意有界输入都只产生有界输出，则称该系统为有界输入有界输出（BIBO）意义下的稳定，即若 $|x|<\infty$，有 $|y|<\infty$，则该系统稳定。对于这样的系统，若输入不发散，则输出也不发散。例如 $y(t)=\sin(t)x(t)$，$y(t)=x^2(t)$，$y(n)=\frac{1}{3}[x(n)+x(n-1)+x(n-2)]$ 为稳定系统，$y(t)=\int_{-\infty}^{t}x(\tau)\mathrm{d}\tau$，$y(n)=2^n x(n)$ 为不稳定系统。连续系统 BIBO 意义下稳定的时域判断充要条件是系统单位冲激响应 $h(t)$ 要绝对可积，即 $\int_{-\infty}^{+\infty}|h(t)|\mathrm{d}t\leq M$；离散系统 BIBO 意义下稳定的时域判断充要条件是系统单位冲激响应要绝对可和，即 $\sum_{n=-\infty}^{+\infty}|h(n)|\leq M$。

对于不稳定系统，有界输入下系统输出将随时间推移而发散，但不意味着会无限增大，实际控制系统输出只能增大到一定程度，此后受到系统止动装置的限制或使系统遭到破坏，或进入非线性区域而产生大幅度的等幅振荡。

5. 因果性

若系统的输出只取决于现在或过去的输入，则称该系统为因果系统。如 $y(t)=x^2(t)$，$y(t)=\int_{-\infty}^{t}x(\tau)\mathrm{d}\tau$，$y(n)=\frac{1}{3}[x(n)+x(n-1)+x(n-2)]$ 为因果系统。反之，若输出信号还与输入信号的一个或多个未来值有关，就是非因果系统。如 $y(t)=x(2t)$，$y(t)=x(t+1)$，$y(n)=\frac{1}{3}[x(n+1)+x(n)+x(n-1)]$ 为非因果系统。判断系统是否具有因果性可以用系统的单位冲激响应 $h(t)$ 或 $h(n)$ 来判断，只要 $h(t)$ 或 $h(n)$ 在 $t<0$ 或者 $n<0$ 时等于 0，就可以说明该系统为因果系统。

需要说明的是，能够实时工作或物理可实现的系统必须是因果系统。但非因果系统的概念与特性也有实际的意义，如在信号的压缩、扩展和语音信号处理等方面。另外若信号的自变量不是时间，如位移、距离、亮度等为变量的物理系统中研究因果性也就没必要了。

6. 可逆性

一个系统如果在不同的输入下，有不同的输出，则称该系统为可逆系统，可逆系统的输入与输出是一一对应的。一个系统 $H[\ ]$ 可逆，则就有它的逆系统 $H^{\mathrm{inv}}[\ ]$ 存在，当该逆系统与原系统级联后可以恢复原系统的输入信号，如图 1-45 所示。

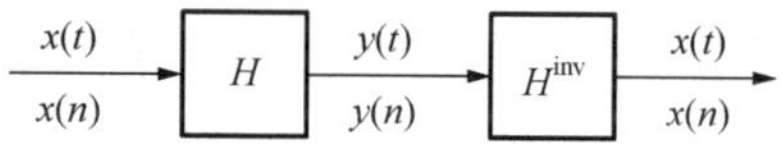

图 1-45 可逆系统的级联

如 $y(t)=\dfrac{1}{L}\displaystyle\int_{-\infty}^{t}x(\tau)\mathrm{d}\tau$ 的逆系统为 $x(t)=L\dfrac{\mathrm{d}}{\mathrm{d}t}y(t)$，累加器 $y(n)=\displaystyle\sum_{k=-\infty}^{n}x(k)$ 的逆系统为 $x(n)=y(n)-y(n-1)$。而 $y(t)=x^2(t)$ 为不可逆系统，因为无法根据输出确定输入的正负。

一般来说，寻找一个给定系统的逆系统不是一件容易的事情，但逆系统的概念在通信领域有着重要的作用，如传送的信号经过编码器编码后最后必须经过解码器恢复出来，解码器就相当于编码器的逆系统，再如发射信号通过信道传输时不可避免地会发生失真，一种广泛使用的方法是在接收机中设置一个均衡电路，使其为信道的逆系统，便可恢复失真的发射信号。

1.8 线性时不变系统的分析方法

分析线性时不变系统具有重要意义，一方面是 LTI 系统在实际中较为普遍，且有些非线性或时变系统在一定条件下可以按 LTI 系统进行分析；另一方面，LTI 系统的分析方法已形成完整、严密的科学体系，而非线性和时变系统的分析尽管已经取得了不少进展，但尚无统一的、具有普遍意义的分析方法，还有待于数学理论的发展。

根据数学描述的方法可以分为输入/输出法和状态变量法。输入/输出法不关心系统内部状态变量，只描述系统激励和响应之间的关系，本书重点介绍这种方法，输入/输出法中可以灵活选用时域法、频域法和复频域法对系统进行分析。状态变量法是将系统内部的独立变量作为状态变量，分别建立描述状态变量和输入变量之间关系的状态方程和描述输出变量与状态变量、输入变量关系的输出方程，这种方法特别适合描述多输入/多输出系统，在现代控制理论中广泛采用状态变量法。

近年来，在信号传输与处理研究领域中，人工神经网络、模糊算法、遗传算法、混沌理论、小波变换、压缩感知等对解决线性时不变系统难以描述的许多实际问题取得了令人满意的结果，这些方法的原理与本课程的理论有着本质上的区别，科学发展日新月异，信号与系统领域的新理论、新技术层出不穷，人们对于这一学科领域的学习也将永无止境。

习 题 一

1-1 如图 1-46 所示为北京 2015 年某一天 24 小时温度的变化情况，对应图中的连续时间信号和离散时间信号该怎么理解？

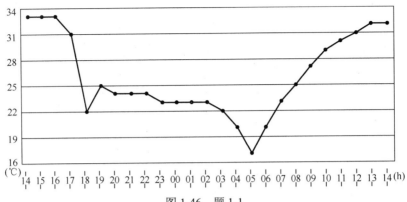

图 1-46 题 1-1

1-2 画出下列各信号的波形，其中 $u(t)$ 表示单位阶跃信号。

(1) $x_1(t) = (2 - e^{-t})u(t)$ 　　(2) $x_2(t) = e^{-t}\cos 10\pi t[u(t-1) - u(t-2)]$

(3) $x_3(t) = u(\sin \pi t)$ 　　(4) $x_4(t) = \text{sgn}[Sa(t)]$

(5) $x_5(n) = 2^{-(n-2)}u(n-2)$ 　　(6) $x_6(n) = n[u(n) - u(n-3)]$

(7) $x_7(n) = \sin(\dfrac{\pi}{6}n)[u(n) - u(n-7)]$ 　　(8) $x_8(n) = [1 + (-1)^n]u(n)$

1-3 判断下列信号是周期信号还是非周期信号。若是周期信号，求其周期。

(1) $x_1(t) = a\sin\dfrac{5}{2}t + b\cos\dfrac{6}{5}t + c\sin\dfrac{t}{7}$ 　　(2) $x_2(t) = (a\sin 2t + b\sin 5t)^2$

(3) $x_3(t) = \sum\limits_{k=-100}^{100} g_4(t-10k)$ 　　(4) $x_4(t) = \sum\limits_{k=-\infty}^{+\infty} \delta(t-kT)$

(5) $x_5(n) = (-1)^n$ 　　(6) $x_6(n) = (-1)^{n^2}$

(7) $x_7(n) = \cos\dfrac{\pi}{3}n + \sin\dfrac{1}{3}n$ 　　(8) $x_8(n) = \cos\dfrac{\pi}{3}n^2$

1-4 判断下列信号是功率信号、能量信号还是非功率非能量信号？计算它们的能量或平均功率。

(1) $x_1(t) = e^{-t}u(t)$ 　　(2) $x_2(t) = \cos(2t + \dfrac{\pi}{3})$

(3) $x_3(t) = tu(t)$ 　　(4) $x_4(n) = 0.5^n u(n)$

(5) $x_5(n) = \cos\left(2n + \dfrac{\pi}{3}\right)$ 　　(6) $x_6(n) = nu(n)$

1-5 计算下列积分表达式

(1) $\displaystyle\int_{-\infty}^{+\infty} \dfrac{\sin t}{t}\delta(t)\mathrm{d}t$ 　　(2) $\displaystyle\int_{-\infty}^{+\infty} \dfrac{\mathrm{d}}{\mathrm{d}t}[\cos t\delta(t)]\sin t\mathrm{d}t$

(3) $\displaystyle\int_{-\infty}^{+\infty} (3t^2 + 2t + 1)\delta'(1-t)\mathrm{d}t$ 　　(4) $\displaystyle\int_{-\infty}^{+\infty} (t^2 + 2)\delta(-\dfrac{t}{3} + 2)\mathrm{d}t$

1-6 假设 $x(t)$ 为录制好的声音信号，试表示进行下列操作后所产生的信号。

(1) 将该声音倒放所产生的信号

(2) 以两倍速度快进所产生的信号

(3) 以两倍音量播放所产生的信号

(4) 将该声音信号经过 5s 后备份到其他设备中，再播放产生的信号

1-7 分别求出下列各波形的直流分量。

(1) 全波整流 $x(t) = |\sin \Omega t|$

(2) 升余弦函数 $x(t) = K(1 + \cos \Omega t)$

1-8 证明下列两式成立。

$$\int_{-\infty}^{+\infty} x^2(t)\mathrm{d}t = \int_{-\infty}^{+\infty} x_\mathrm{e}^2(t)\mathrm{d}t + \int_{-\infty}^{+\infty} x_\mathrm{o}^2(t)\mathrm{d}t \quad 或 \quad \sum_{n=-\infty}^{+\infty} x^2(n) = \sum_{n=-\infty}^{+\infty} x_\mathrm{e}^2(n) + \sum_{n=-\infty}^{+\infty} x_\mathrm{o}^2(n)$$

其中：$x_\mathrm{e}(t)$、$x_\mathrm{e}(n)$ 分别表示 $x(t)$、$x(n)$ 当中的偶分量，$x_\mathrm{o}(t)$、$x_\mathrm{o}(n)$ 分别表示 $x(t)$、$x(n)$ 当中的奇分量。

1-9 如图 1-47 所示电路，分别写出以 $u_\mathrm{c}(t)$ 和 $i_\mathrm{L}(t)$ 为响应的微分方程。

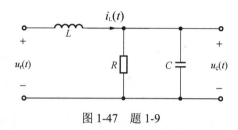

图 1-47 题 1-9

1-10 某航天器内部的热源以速率 Q 产生热量，其内部热量变化率为 $mC_p\dfrac{\mathrm{d}T}{\mathrm{d}t}$（$m$ 为航天器内部空气质量，C_p 为热容，T 为内部温度），它耗散到外部空间的热速率为 $K_0(T-T_0)$（K_0 为常数，T_0 为外部温度）。写出描述内部温度 T 与内部产生热量速率 Q 关系的微分方程。（提示：内部热量变化率等于产生热量速率与散热速率之差。）

1-11 Fibonacci 数列：假设每一对兔子每月生一对小兔子，而小兔子在一个月以后会有生育能力。如果在第一个月内有一对小兔子，假设第 n 个月时兔子总数为 $y(n)$，试列写用于求解 $y(n)$ 的差分方程。

1-12 某人每月 1 日定时在银行存款，设第 n 个月的存款额是 $x(n)$，银行支付的月息为 β，每月利息按复利计算，第 n 个月月底的本息总额为 $y(n)$，试列写描述 $x(n)$ 和 $y(n)$ 关系的差分方程。

1-13 如图 1-48 所示为一个简单的双径传输声学系统模型。

(1) 声音信号 $x(t)$ 在传输过程中遇到障碍物将产生散射的回声，设回声信号较原信号延迟 T s，衰减系数为 $\alpha(\alpha<1)$。在某处听到的声音信号用 $y(t)$ 表示，如图 1-48（a）所示。写出 $y(t)$ 与 $x(t)$ 的表达式。

(2) 为消除回声，构造了一个消除回声系统如图 1-48（b）所示，写出 $z(t)$ 的表达式，并证明 $z(t) = x(t)$。

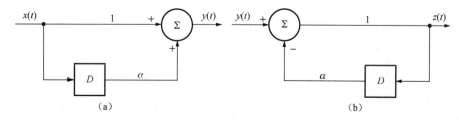

图 1-48 题 1-13

1-14 如图 1-49 所示的梯形电阻网络，各串臂电阻均为 R，并臂电阻均为 αR（α 为常数），将各节点顺序编号，相应节点电位为 $u(n)$（显然有边界条件 $u(0)=u_s$，$u_N=0$），试列写出关于节点电位 $u(n)$ 的差分方程。

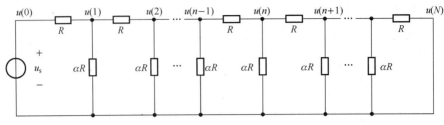

图 1-49 梯形电阻网络

1-15 已知系统的微分方程为 $y''(t)+3y'(t)+2y(t)=3x'(t)+x(t)$，试画出该系统的一种时域模拟图。

1-16 已知系统的差分方程为 $y(n)+3y(n-1)+2y(n-2)=3x(n-1)+x(n-2)$，试画出该系统的一种时域模拟图。

1-17 判断下列系统是否具有记忆性、线性、时不变性、因果性和稳定性。

（1） $y(t)=x(t-2)+x(2-t)$ （2） $y(t)=\cos[x(t)]u(t)$

（3） $y(t)=x(2t)$ （4） $y(t)=\int_{-\infty}^{t/2}x(\tau)\mathrm{d}\tau$

（5） $y(t)=[x(t)]^2$ （6） $y(t)=|x(t)|$

（7） $y(n)=x(-n)$ （8） $y(n)=x(n-2)-2x(n-8)$

（9） $y(n)=nx(n)$ （10） $y(n)=x(4n+1)$

（11） $y(n)=2x(n)u(n)$ （12） $y(n)=\sum_{k=-\infty}^{n}x(k+2)$

1-18 判断习题 1-17 中各系统是否具有可逆性。若是，求其逆系统；若不是，试找出两个输入信号能够产生相同的输出信号。

1-19 已知某 LTI 系统在信号 $\delta(t)$ 激励下产生的单位冲激响应为 $h(t)=u(t)-u(t-2)$。求该系统在信号 $u(t-1)$ 激励下产生的响应 $y(t)$，并画出波形。

1-20 某 LTI 系统具有非零初始状态，已知激励为 $x(t)$ 时的全响应为 $y_1(t)=2\mathrm{e}^{-t}u(t)$；在相同初始状态下，当激励为 $2x(t)$ 时的全响应为 $y_2(t)=(\mathrm{e}^{-t}+\cos\pi t)u(t)$。求在相同初始状态下，当激励为 $4x(t)$ 时的全响应。

第 2 章 系统的时域分析

本章介绍 LTI 系统的时域分析方法，包括微分方程和差分方程的经典解法，系统的零输入响应和零状态响应求解，求零状态响应时不可避免地要介绍单位冲激响应的求解方法，卷积及其性质，本章最后介绍了反卷积和相关的概念。

2.1 引　　言

不涉及任何数学变换，直接在时间域内对系统进行分析的方法称为系统的时域分析，在分析中出现的所有变量均以时间 t 或者 n 作为自变量。时域分析法是分析系统最基本的方法，是学习频域法和复域法等变换域法的基础，这种分析方法具有直观准确的优点，能够准确提供系统时域响应的全部信息，但往往求解较为烦琐。在 20 世纪 50 年代以前，人们普遍采用变换域的分析方法，较少采用时域分析法，随着计算机技术的发展及各种算法软件的开发，时域分析法现在又重新得到了广泛的关注和应用。

数学上，用时域经典法求出的系统方程解可分为齐次解和特解，分别对应系统的自由响应和强迫响应，也可按照产生响应原因的不同将系统响应分解为零输入响应和零状态响应，零输入响应的求解按经典法求解，零状态响应的求解按时域卷积法求解，可以证明 LTI 系统的零状态响应等于外激励与系统单位冲激响应的卷积。

2.2 系统的时域数学模型及其经典解法

由 1.6 节介绍的系统描述方法推广到一般来说，描述 N 阶连续系统的时域数学模型是 N 阶线性定常微分方程，可写为

$$a_N y^{(N)}(t)+\cdots+a_1 y'(t)+a_0 y(t)=b_M x^{(M)}(t)+\cdots+b_1 x'(t)+b_0 x(t) \tag{2-1}$$

其中 a_0，$a_1,\cdots,a_N$，b_0，$b_1,\cdots,b_M$ 均为实常数，$a_N=1$。引入微分算子 $p=\dfrac{\mathrm{d}}{\mathrm{d}t}$，上式记为 $(a_N p^N+\cdots a_1 p+a_0)y(t)=(b_M p^M+\cdots b_1 p+b_0)x(t)$，简记为

$$D(p)y(t)=N(p)x(t) \tag{2-2}$$

$$y(t)=\frac{N(p)}{D(p)}f(t)=H(p)x(t) \tag{2-3}$$

其中，$D(p)=a_N p^N+\cdots a_1 p+a_0$ 称为系统的特征多项式，$D(p)=0$ 称为特征方程，特征方程的根称为特征根，亦称为系统的自然频率或固有频率，$H(p)$ 称为传输算子，$H(p)$ 描述了系统本身的特性，与系统的激励无关。

描述 N 阶离散系统的时域数学模型是 N 阶线性定常差分方程，差分方程分前向差分和后向差分两种，前向差分方程多用于现代控制理论中的状态变量分析，后向差分方程多用

于因果系统与数字滤波器的分析中。N 阶前向和后向差分方程的一般形式分别为

$$a_N y(n+N) + \cdots + a_1 y(n+1) + a_0 y(n) = b_M x(n+M) + \cdots + b_1 x(n+1) + b_0 x(n) \quad (2\text{-}4)$$

$$a_N y(n-N) + \cdots + a_1 y(n-1) + a_0 y(n) = b_M x(n-M) + \cdots + b_1 x(n-1) + b_0 x(n) \quad (2\text{-}5)$$

对于前向差分方程，引入超前差分算子 E，其含义是将序列左移一位；对于后向差分方程，引入迟后差分算子 E^{-1}，其含义是将序列右移一位。以前向差分方程为例，引入超前差分算子 E 后，差分方程记为 $(a_N E^N + \cdots a_1 E + a_0) y(n) = (b_M E^M + \cdots b_1 E + b_0) x(n)$，简记为

$$D(E) y(n) = N(E) x(n) \quad (2\text{-}6)$$

$$y(n) = \frac{N(E)}{D(E)} f(n) = H(E) x(n) \quad (2\text{-}7)$$

其中，$D(E)$、$H(E)$ 的概念和意义与连续系统中的 $D(p)$、$H(p)$ 一致。一般来说，实际系统的响应阶次 N 要比激励阶次 M 大。

经典解法的完全解由两部分组成：齐次解 $y_h(\cdot)$ 和特解 $y_p(\cdot)$，下面举例说明微分方程和差分方程的经典解法。

【例 2-1】 已知连续系统微分方程 $y''(t) + 5y'(t) + 6y(t) = x'(t) + 2x(t)$，$y'(0_-) = 1$，$y(0_-) = 0$，激励 $x(t) = u(t)$，求 $t \geq 0_+$ 以后系统的全响应 $y(t)$。

解：通常将外激励刚作用于系统或者系统外激励突然发生明显改变时的时刻规定为 0 时刻，0_- 时刻表示外激励作用于系统或者发生改变前最后一个瞬间，称为起始时刻，0_+ 时刻表示外激励作用于系统或者发生改变后第一个瞬间，称为初始时刻。系统响应及其各阶导数在 0_- 时刻的值 $y(0_-)$，$y'(0_-)$，$\cdots$，$y^{(N-1)}(0_-)$ 称为 N 阶连续系统的起始条件或起始值（起始状态），而 $y(0_+)$，$y'(0_+)$，$\cdots$，$y^{(N-1)}(0_+)$ 称为 N 阶连续系统的初始条件或初始值（初始状态）。起始值往往比较容易确定，它们为求 $t \geq 0_+$ 以后的系统响应提供了全部的历史信息，需要说明的是，当系统微分方程的自由项含冲激函数或者冲激函数的导函数时，通常初始值并不等于起始值。

① 求自由响应 $y_h(t)$，即微分方程的齐次解。特征方程为 $p^2 + 5p + 6 = 0$，特征根为 -2，-3，特征根决定了系统自由响应的形式，$y_h(t) = C_1 e^{-2t} + C_2 e^{-3t}$（$t \geq 0_+$），$C_1$、$C_2$ 的值需求得全响应后由系统初始值最终确定，该例的特征根为互异的单根，若碰到重根的情况，例如系统有 r 个重根 a，则齐次解的通解形式应包含 $(C_0 + C_1 t + \cdots + C_{r-1} t^{r-1}) e^{at}$。

② 求强迫响应 $y_p(t)$，即微分方程的特解。将外激励代入系统方程的右边，化简出自由项，由自由项的形式对应写出特解的形式，表 2-1 列出了部分微分方程自由项与特解的对应关系，当自由项为几种函数形式的组合时，特解亦为对应的几种函数形式的组合。本例将 $x(t) = u(t)$ 代入原方程，自由项化为 $\delta(t) + 2u(t)$，当 $t \geq 0_+$ 时，自由项为 2，对应特解 $y_p(t) = \frac{1}{3}$。

表 2-1 几种微分方程自由项与特解的对应关系

自 由 项	特 解
A（常数）	P（常数）
t^m	$P_m t^m + P_{m-1} t^{m-1} + \cdots + P_1 t + P_0$，特征根不含 0
	$t^r (P_m t^m + P_{m-1} t^{m-1} + \cdots + P_1 t + P_0)$，有 r 个为 0 的特征根

自 由 项	特 解
e^{at}	Pe^{at},特征根均不含 a $(P_1t+P_0)e^{at}$,特征根含单根 a $(P_rt^r+P_{r-1}t^{r-1}+\cdots+P_1t+P_0)e^{at}$,特征根含 r 个重根 a
$\cos(\Omega t)$ 或 $\sin(\Omega t)$	$P_1\cos(\Omega t)+P_2\sin(\Omega t)$,特征根不含 $\pm j\Omega$

③ 全响应 $y(t)=y_h(t)+y_p(t)=C_1e^{-2t}+C_2e^{-3t}+\dfrac{1}{3}$（$t\geqslant 0_+$），要确定 C_1、C_2 的值需初始值 $y'(0_+)$ 和 $y(0_+)$,因本例自由项含 $\delta(t)$,所以 $y'(0_+)\neq y'(0_-)$,$y(0_+)\neq y(0_-)$。利用奇异函数平衡法用 $y'(0_-)$,$y(0_-)$ 来求 $y'(0_+)$,$y(0_+)$。

将 $x(t)=u(t)$ 代入原方程得
$$y''(t)+5y'(t)+6y(t)=\delta(t)+2u(t)$$

该方程对所有的 t 均成立,等号两端 $\delta(t)$ 的系数应相等,易确定 $\delta(t)$ 只能被包含在 $y''(t)$ 中,设 $y''(t)=\delta(t)+r_1(t)$,其中,$r_1(t)$ 为不含冲激的待定函数,对该式两端从 $-\infty$ 积分到 t 得 $y'(t)=u(t)+r_2(t)$,其中,$r_2(t)=\int_{-\infty}^{t}r_1(\tau)d\tau$ 为不含冲激和阶跃的连续函数。

对 $y''(t)=\delta(t)+r_1(t)$ 两边从 0_- 积分到 0_+ 得 $y'(0_+)-y'(0_-)=u(t)\Big|_{0_-}^{0_+}=1$,所以 $y'(0_+)=y'(0_-)+1=2$。

对 $y'(t)=u(t)+r_2(t)$ 两边从 0_- 积分到 0_+ 得 $y(0_+)-y(0_-)=tu(t)\Big|_{0_-}^{0_+}=0$,所以 $y(0_+)=y(0_-)=0$。

由 $y(t)=y_h(t)+y_p(t)=C_1e^{-2t}+C_2e^{-3t}+\dfrac{1}{3}$,$y(0_+)=0$,$y'(0_+)=2$ 得
$$\begin{cases}y(0_+)=C_1+C_2+\dfrac{1}{3}=0\\y'(0_+)=-2C_1-3C_2=2\end{cases}\Rightarrow\begin{cases}C_1=1\\C_2=-\dfrac{4}{3}\end{cases}$$

综上所述,系统 $t\geqslant 0_+$ 以后的全响应 $y(t)=y_h(t)+y_p(t)=e^{-2t}-\dfrac{4}{3}e^{-3t}+\dfrac{1}{3}$。

【例 2-2】 已知离散系统差分方程 $y(n)+5y(n-1)+6y(n-2)=x(n-1)+2x(n-2)$,$y(0)=1$,$y(1)=0$,激励 $x(n)=u(n)$,求 $n\geqslant 0$ 以后系统的全响应 $y(n)$。

解：差分方程本质上是递推的代数方程,若已知初始条件和激励,利用迭代法可求得其数值解。将原差分方程写成
$$y(n)=-5y(n-1)-6y(n-2)+u(n-1)+2u(n-2)$$
$$y(2)=-5y(1)-6y(0)+u(1)+2u(0)=-3$$
$$y(3)=-5y(2)-6y(1)+u(2)+2u(1)=18$$
$$y(4)=-5y(3)-6y(2)+u(3)+2u(2)=-69$$
$$\vdots$$

由迭代过程可以看出,这种方法思路清晰,便于计算机求解,但不易得到响应的闭合解,下面用经典法进行求解。

① 求自由响应 $y_h(n)$，即差分方程的齐次解。

引入迟后差分算子 E^{-1}，$(1+5E^{-1}+6E^{-2})y(n)=(E^{-1}+2E^{-2})x(n)$，系统传输算子 $H(E)=\dfrac{E^{-1}+2E^{-2}}{1+5E^{-1}+6E^{-2}}$，特征方程为 $1+5E^{-1}+6E^{-2}=0$，特征根为 -2、-3，特征根决定了系统自由响应的形式，$y_h(n)=C_1(-2)^n+C_2(-3)^n$（$n\geqslant 0$），$C_1$、$C_2$ 的值需求得全响应后由系统初始值最终确定，该例的特征根为互异的单根，若碰到重根的情况，例如系统有 r 重根 a，则齐次解的通解形式应包含 $(C_0+C_1n+\cdots+C_{r-1}n^{r-1})a^n$。

② 求强迫响应 $y_p(n)$，即差分方程的特解。将外激励代入系统方程的右边，化简出自由项，由自由项的形式对应写出特解的形式，表2-2 列出了部分差分方程自由项与特解的对应关系，当自由项为几种函数形式的组合时，特解亦为对应的几种函数形式的组合。本例将 $x(n)=u(n)$ 代入原方程，自由项化为 $u(n-1)+2u(n-2)$，当 $n\geqslant 2$ 时，自由项为 3，对应特解 $y_p(n)=\dfrac{1}{4}$。

表2-2 几种差分方程自由项与特解的对应关系

自 由 项	特 解
A（常数）	P（常数）
n^m	$P_m n^m + P_{m-1} n^{m-1} + \cdots + P_1 n + P_0$，特征根不含 1
	$n^r(P_m n^m + P_{m-1} n^{m-1} + \cdots + P_1 n + P_0)$，有 r 个为 1 的特征根
a^n	Pa^n，特征根均不含 a
	$(P_1 n + P_0)a^n$，特征根含单根 a
	$(P_r n^r + P_{r-1} n^{r-1} + \cdots + P_1 n + P_0)a^n$，特征根含 r 个重根 a
$\cos(\omega n)$ 或 $\sin(\omega n)$	$P_1 \cos(\omega n) + P_2 \sin(\omega n)$，特征根不含 $\mathrm{e}^{\pm j\omega}$

③ 全响应 $y(n)=y_h(n)+y_p(n)=C_1(-2)^n+C_2(-3)^n+\dfrac{1}{4}$（$n\geqslant 0$），要确定 C_1、C_2 的值，代入初始值 $y(0)=1$ 和 $y(1)=0$ 得

$$\begin{cases} y(0)=C_1+C_2+\dfrac{1}{4}=1 \\ y(1)=-2C_1-3C_2+\dfrac{1}{4}=0 \end{cases} \Rightarrow \begin{cases} C_1=2 \\ C_2=-\dfrac{5}{4} \end{cases}$$

综上所述，系统 $n\geqslant 0$ 以后的全响应 $y(n)=y_h(n)+y_p(n)=2(-2)^n-\dfrac{5}{4}(-3)^n+\dfrac{1}{4}$。

通过上述两例可以看出，经典解法求系统响应尤其是连续系统响应并不容易，特别是当系统阶数比较高且自由项函数复杂的情况下，较难求解，在复频域分析方法未介绍之前，我们有必要再寻找其他时域解法。

2.3 零输入响应和零状态响应

系统的响应不一定非要划分为自由响应和强迫响应两部分，我们还可按产生响应原因的不同，将系统响应分解为零输入响应 $y_{zi}(\cdot)$ 和零状态响应 $y_{zs}(\cdot)$。零输入（外输入置 0）响

应是全响应中仅有系统起始状态（起始时刻系统的储能）引起的响应分量，零状态（起始状态置0）响应是全响应中仅有外激励引起的响应分量，由叠加原理知，全响应等于二者之和，即 $y(\cdot) = y_{zi}(\cdot) + y_{zs}(\cdot)$。

1. 零输入响应（Zero-Input Response）

【例2-3】已知某连续系统模拟形式如图2-1所示，$y'(0_-) = 1$，$y(0_-) = 0$，激励 $x(t) = u(t)$，求 $t \geq 0_+$ 以后系统的零输入响应 $y_{zi}(t)$。

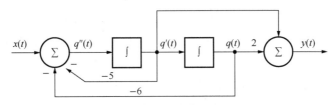

图2-1 例2-3模拟

解：引入中间变量 $q(t)$，$q'(t)$，$q''(t)$ 如图2-1所示，根据两个加法器列写方程如下

$$\begin{cases} q''(t) = -5q'(t) - 6q(t) + x(t) \\ y(t) = q'(t) + 2q(t) \end{cases} \Rightarrow \begin{cases} q''(t) + 5q'(t) + 6q(t) = x(t) \\ y(t) = q'(t) + 2q(t) \end{cases}$$

引入微分算子 $p = \dfrac{\mathrm{d}}{\mathrm{d}t}$，则

$$\begin{cases} (p^2 + 5p + 6)q(t) = x(t) \\ y(t) = (p+2)q(t) \end{cases} \Rightarrow y(t) = \frac{p+2}{p^2 + 5p + 6}x(t)，即$$

$$y''(t) + 5y'(t) + 6y(t) = x'(t) + 2x(t)$$

令外激励 $x(t) = 0$，只考察由起始状态 $y'(0_-) = 1$，$y(0_-) = 0$ 引起的响应即为零输入响应 $y_{zi}(t)$，将 $x(t) = 0$ 代入系统方程中得 $y''_{zi}(t) + 5y'_{zi}(t) + 6y_{zi}(t) = 0$，因此零输入响应与自由响应形式一样也是齐次方程的解，特征方程为 $p^2 + 5p + 6 = 0$，特征根为 -2 和 -3，写出零输入响应的通解形式

$$y_{zi}(t) = C_{zi1}\mathrm{e}^{-2t} + C_{zi2}\mathrm{e}^{-3t}\quad(t \geq 0_+)$$

要确定 C_{zi1}、C_{zi2} 需代入 $y_{zi}(0_+)$ 和 $y'_{zi}(0_+)$ 的值，因微分方程自由项不含冲激函数或冲激函数的导函数，零输入响应的初始状态不会发生跳变，固有

$$\begin{cases} y_{zi}(0_+) = y_{zi}(0_-) = y(0_-) = 0 = C_{zi1} + C_{zi2} \\ y'_{zi}(0_+) = y'_{zi}(0_-) = y'(0_-) = 1 = -2C_{zi1} - 3C_{zi2} \end{cases} \Rightarrow \begin{cases} C_{zi1} = 1 \\ C_{zi2} = -1 \end{cases}$$

所以，系统的零输入响应 $y_{zi}(t) = \mathrm{e}^{-2t} - \mathrm{e}^{-3t}$（$t \geq 0_+$）。

【例2-4】已知某离散系统模拟如图2-2所示，$y(0) = 1$，$y(1) = 0$，激励 $x(n) = u(n)$，求 $n \geq 0$ 以后系统的零输入 $y_{zi}(n)$。

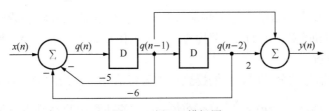

图2-2 例2-4模拟图

解：引入中间变量 $q(n)$，$q(n-1)$，$q(n-2)$，如图 2-2 所示，根据两个加法器列写方程如下

$$\begin{cases} q(n) = -5q(n-1) - 6q(n-2) + x(n) \\ y(n) = q(n-1) + 2q(n-2) \end{cases} \Rightarrow \begin{cases} q(n) + 5q(n-1) + 6q(n-2) = x(n) \\ y(n) = q(n-1) + 2q(n-2) \end{cases}$$

引入差分算子 E^{-1}，则

$$\begin{cases} (1 + 5E^{-1} + 6E^{-2})q(n) = x(n) \\ y(n) = (E^{-1} + 2E^{-2})q(n) \end{cases} \Rightarrow y(n) = \frac{E^{-1} + 2E^{-2}}{1 + 5E^{-1} + 6E^{-2}} x(n)，即$$

$$y(n) + 5y(n-1) + 6y(n-2) = x(n-1) + 2x(n-2)$$

令 $x(n) = 0$，只考察由起始状态 $y(-1)$，$y(-2)$ 引起的响应即为零输入响应 $y_{zi}(t)$，将 $x(n) = 0$ 代入系统方程中得 $y_{zi}(n) + 5y_{zi}(n-1) + 6y_{zi}(n-2) = 0$，因此零输入响应与自由响应形式一样也是齐次方程的解，引入迟后差分算子 E^{-1}，$(1 + 5E^{-1} + 6E^{-2})y(n) = 0$，特征方程为 $1 + 5E^{-1} + 6E^{-2} = 0$，特征根为 -2，-3，写出零输入响应的通解形式

$$y_{zi}(n) = C_{zi1}(-2)^n + C_{zi2}(-3)^n \quad (n \geqslant 0)$$

要确定 C_{zi1}、C_{zi2} 需代入 $y_{zi}(0)$ 和 $y_{zi}(1)$ 的值，而本例给出的初始状态 $y(0) = 1$ 和 $y(1) = 0$ 是有了 $x(n)$ 作用后系统全响应的初始值，下面先利用迭代将起始状态 $y(-1)$ 和 $y(-2)$ 求出，将差分方程写成

$$y(n-2) = \frac{1}{6}[-y(n) - 5y(n-1) + x(n-1) + 2x(n-2)]$$

$$y(-1) = \frac{1}{6}[-y(1) - 5y(0) + u(0) + 2u(-1)] = -\frac{2}{3}$$

$$y(-2) = \frac{1}{6}[-y(0) - 5y(-1) + u(-1) + 2u(-2)] = \frac{7}{18}$$

显然应有 $y_{zi}(-1) = y(-1) = -\frac{2}{3}$，$y_{zi}(-2) = y(-2) = \frac{7}{18}$，现在再利用 $y_{zi}(-1)$ 和 $y_{zi}(-2)$ 的值代入 $y_{zi}(n) + 5y_{zi}(n-1) + 6y_{zi}(n-2) = 0$ 中迭代求出 $y_{zi}(0) = 1$，$y_{zi}(1) = -1$，因此

$$\begin{cases} 1 = C_{zi1} + C_{zi2} \\ -1 = -2C_{zi1} - 3C_{zi2} \end{cases} \Rightarrow \begin{cases} C_{zi1} = 2 \\ C_{zi2} = -1 \end{cases}$$

实际上，也可以直接将 $y(-1)$ 和 $y(-2)$ 的值代入 $y_{zi}(n) = C_{zi1}(-2)^n + C_{zi2}(-3)^n$ 中确定 C_{zi1}、C_{zi2} 的值，因为 $y_{zi}(n) = C_{zi1}(-2)^n + C_{zi2}(-3)^n$ 实际上对所有的 n 都成立。

所以，系统的零输入响应 $y_{zi}(n) = 2(-2)^n - (-3)^n \quad (n \geqslant 0)$。

综上所述，求零输入响应时，只需要利用经典解法求解系统方程的齐次解再利用起始条件确定零输入响应通解形式中的待定系数即可，这个过程并不麻烦。

2. 零状态响应（Zero-State Response）

零状态响应是仅由外激励引起的响应分量，若按经典法求零状态响应，需求出零状态系统方程的齐次解和特解，正如 2.2 节提过，这个工作在系统阶数较高方程自由项又复杂的情况下往往不易求解。

在 1.5 节介绍信号的分解时，我们提到一种可将信号分解为冲激函数的叠加和形式，即 $x(t) = \int_{-\infty}^{+\infty} x(\tau) \delta(t - \tau) d\tau$，$x(n) = \sum_{m=-\infty}^{+\infty} x(m) \delta(n - m)$。若冲激函数激励下系统的响应容易求解

的话,根据线性时不变的性质就能将任意激励信号 $x(\cdot)$ 作用下系统的零状态响应 $y_{zs}(\cdot)$ 求出,这就是时域卷积法求系统响应的思想,为此首先介绍系统单位冲激响应的求解方法。

1)单位冲激响应(Unit Impulse Response)

单位冲激响应是指仅有 $\delta(\cdot)$ 引起的系统零状态响应,用 $h(\cdot)$ 表示。对于 N 阶连续系统,$a_N y^{(N)}(t) + \cdots + a_1 y'(t) + a_0 y(t) = b_M x^{(M)}(t) + \cdots + b_1 x'(t) + b_0 x(t)$,$h(t)$ 必然满足方程 $a_N h^{(N)}(t) + \cdots + a_1 h'(t) + a_0 h(t) = b_M \delta^{(M)}(t) + \cdots + b_1 \delta'(t) + b_0 \delta(t)$,假定 $N > M$,用传输算子 $H(p)$ 表示的单位冲激响应可写为 $h(t) = H(p)\delta(t) = \dfrac{b_M p^M + \cdots b_1 p + b_0}{a_N p^N + \cdots a_1 p + a_0}\delta(t)$,设系统的 N 个特征根 λ_1,λ_2,$\cdots$,λ_N 互不相同,将 $H(p)$ 部分分式展开为

$$H(p) = \frac{b_M p^M + \cdots b_1 p + b_0}{a_N p^N + \cdots a_1 p + a_0} = \frac{K_1}{p - \lambda_1} + \frac{K_2}{p - \lambda_2} + \cdots + \frac{K_N}{p - \lambda_N}$$

$$h(t) = \left(\frac{K_1}{p - \lambda_1} + \frac{K_2}{p - \lambda_2} + \cdots + \frac{K_N}{p - \lambda_N}\right)\delta(t)$$

待定系数 K_1、K_2、$\cdots$、K_N 的求解可将部分分式再通分后与 $H(p)$ 分子多项式对应系数相等来求解,或按照 $K_i = \lim\limits_{p \to \lambda_i} H(p)(p - \lambda_i)$ 来计算。

现在考虑其中一般项 $h_i(t) = \dfrac{K_i}{p - \lambda_i}\delta(t)$,即 $h_i'(t) - \lambda_i h_i(t) = K_i \delta(t)$,将该式左右两端同时乘上 $e^{-\lambda_i t}$ 得 $e^{-\lambda_i t} h_i'(t) - \lambda_i e^{-\lambda_i t} h_i(t) = K_i e^{-\lambda_i t} \delta(t)$,即 $\dfrac{d}{dt}[e^{-\lambda_i t} h_i(t)] = K_i \delta(t)$,两端同时从 $-\infty$ 积分到 t 得 $e^{-\lambda_i t} h_i(t) - h_i(-\infty) = K_i u(t)$,因 $h_i(-\infty) = 0$,于是有 $h_i(t) = K_i e^{\lambda_i t} u(t)$,从而得到 $h(t) = \sum\limits_{i=1}^{N} K_i e^{\lambda_i t} u(t)$,可以看出 $h(t)$ 与零输入响应 $y_{zi}(t)$ 的形式一样,区别仅在系数的确定上,这并不偶然,因为单位冲激信号 $\delta(t)$ 仅在 $t = 0$ 时存在,作用于系统时相当于从 0_- 到 0_+ 时刻给系统输入了若干能量使系统在 0_+ 时具有了初始状态,$t > 0$ 以后激励消失,系统的响应也就唯一地由该初始状态引起了。

若系统的特征根含有 r 个重根 λ_1,则 $H(p)$ 的部分分式中将含有

$$\frac{K_{1r}}{(p - \lambda_1)^r} + \frac{K_{1(r-1)}}{(p - \lambda_1)^{r-1}} + \cdots + \frac{K_{11}}{p - \lambda_1} \tag{2-8}$$

待定系数 K_{11}、K_{12}、$\cdots$、K_{1r} 的求解可按照 $K_{1(r-i)} = \dfrac{1}{i!}\lim\limits_{p \to \lambda_1}\dfrac{d^{(i)}}{dp^i}[H(p)(p - \lambda_1)^r]$ 来计算,可以证明 $h(t)$ 将含有 $\left[K_{11}e^{p_1 t} + \dfrac{K_{12}}{(2-1)!}t^{(2-1)}e^{p_1 t} + \cdots + \dfrac{K_{1r}}{(r-1)!}t^{(r-1)}e^{p_1 t}\right]u(t)$ 形式的分量。

若 $H(p)$ 分母阶次 N 小于或等于分子阶次 M,可将 $H(p)$ 利用多项式除法除出 p 的多项式与一个真分式相加的形式,真分式按照前面介绍的方法做部分分式展开,p 的多项式可以直接对应冲激函数及其各阶导数的组合。

【例 2-5】 已知连续系统微分方程 $y''(t) + 5y'(t) + 6y(t) = x'(t) + 2x(t)$,求系统的单位冲激响应 $h(t)$。

解:系统传输算子

$$H(p) = \frac{p+2}{p^2+5p+6} = \frac{p+2}{(p+2)(p+3)} = \frac{1}{(p+3)}$$

$$h(t) = e^{-3t}u(t)$$

【例 2-6】 已知连续系统传输算子 $H(p) = \dfrac{2p^5 + 11p^4 + 27p^3 + 39p^2 + 34p + 15}{(p+1)^3(p+2)}$，求系统的单位冲激响应 $h(t)$。

解：利用多项式除法将 $H(p)$ 化为

$$H(p) = 2p + 1 + \frac{4p^3 + 16p^2 + 23p + 13}{(p+1)^3(p+2)}$$

将真分式 $H_1(p) = \dfrac{4p^3 + 16p^2 + 23p + 13}{(p+1)^3(p+2)}$ 部分分式展开为

$$H_1(p) = \frac{4p^3 + 16p^2 + 23p + 13}{(p+1)^3(p+2)} = \frac{K_{13}}{(p+1)^3} + \frac{K_{12}}{(p+1)^2} + \frac{K_{11}}{(p+1)} + \frac{K_2}{(p+2)}$$

$$K_{13} = \lim_{p \to -1}[H_1(p)(p+1)^3] = 2 , \quad K_{12} = \frac{1}{1!}\lim_{p \to -1}\frac{d}{dp}[H_1(p)(p+1)^3] = 1$$

$$K_{11} = \frac{1}{2!}\lim_{p \to -1}\frac{d^{(2)}}{dp^2}[H_1(p)(p+1)^3] = 3 , \quad K_2 = \lim_{p \to -2}[H_1(p)(p+2)] = 1$$

故

$$h_1(t) = \left[\frac{2}{(3-1)!}t^2 e^{-t} + \frac{1}{(2-1)!}te^{-t} + 3e^{-t} + e^{-2t}\right]u(t) = [t^2 e^{-t} + te^{-t} + 3e^{-t} + e^{-2t}]u(t)$$

$$h(t) = 2\delta'(t) + \delta(t) + (t^2 e^{-t} + te^{-t} + 3e^{-t} + e^{-2t})u(t)$$

对于离散系统求单位冲激响应（亦称为单位序列响应或单位脉冲响应）也可根据传输算子 $H(E)$ 来求解，下面举例说明。

【例 2-7】 已知离散系统差分方程 $y(n) + 5y(n-1) + 6y(n-2) = x(n-1) + 2x(n-2)$，求系统的单位冲激响应 $h(n)$。

解：系统传输算子

$$H(E) = \frac{E^{-1} + 2E^{-2}}{1 + 5E^{-1} + 6E^{-2}} = \frac{E+2}{E^2+5E+6} = \frac{1}{E+3} = \frac{E^{-1}}{1+3E^{-1}}$$

即 $h(n) + 3h(n-1) = \delta(n-1)$，$h(n) = -3h(n-1) + \delta(n-1)$，迭代法解出 $h(n)$。

$$h(0) = -3h(-1) + \delta(-1) = 0$$
$$h(1) = -3h(0) + \delta(0) = 1$$
$$h(2) = -3h(1) + \delta(1) = -3$$
$$h(3) = -3h(2) + \delta(2) = -9$$
$$\vdots$$
$$h(n) = (-3)^{n-1}u(n-1)$$

一般情况下，对 N 阶离散系统，可将 $H(E)$ 部分分式展开。若展开的一般项为 $\dfrac{E}{E+\alpha}$，则对应 $\alpha^n u(n)$；若展开的一般项为 $\dfrac{1}{E+\alpha}$，则对应 $\alpha^{n-1}u(n-1)$。

2）零状态响应与单位冲激响应的关系

对于零状态的连续 LTI 系统，$\delta(t)$ 激励下产生响应 $h(t)$，根据时不变性，应有 $\delta(t-\tau)$ 激

励下产生 $h(t-\tau)$，再根据线性应有 $x(\tau)\delta(t-\tau)$ 产生 $x(\tau)h(t-\tau)$，$\int_{-\infty}^{+\infty}x(\tau)\delta(t-\tau)\mathrm{d}\tau$ 产生 $\int_{-\infty}^{+\infty}x(\tau)h(t-\tau)\mathrm{d}\tau$，而 $x(t)=\int_{-\infty}^{+\infty}x(\tau)\delta(t-\tau)\mathrm{d}\tau$，即系统在任意信号 $x(t)$ 激励下产生的零状态响应 $y_{zs}(t)=\int_{-\infty}^{+\infty}x(\tau)h(t-\tau)\mathrm{d}\tau$，该式正是 1.4 节中定义的卷积积分表达式。同理，对于零状态的离散 LTI 系统，可以得出 $y_{zs}(n)=\sum_{k=-\infty}^{+\infty}x(k)h(n-k)$，该式即为定义的卷积和表达式。

可见，在单位冲激响应已求出的前提下，要用卷积法计算系统的零状态响应，应对卷积运算做详细讨论。

2.4 卷 积 运 算

卷积运算最早可追溯到 19 世纪初期 Euler、Poisson 和 Duhamel 等人的研究工作中，卷积不仅是一种重要的数学工具，也是联系时域分析和频域分析的桥梁。近代，随着信号与系统理论研究的深入和计算机技术的发展，卷积运算得到了广泛的应用。

1. 卷积的定义

连续信号 $x(t)$ 和 $h(t)$ 的卷积积分表达式为

$$y(t)=x(t)*h(t)=\int_{-\infty}^{+\infty}x(\tau)h(t-\tau)\mathrm{d}\tau \tag{2-9}$$

离散信号 $x(n)$ 和 $h(n)$ 的卷积和表达式为

$$y(n)=x(n)*h(n)=\sum_{k=-\infty}^{+\infty}x(k)h(n-k) \tag{2-10}$$

由卷积的定义可以看出，卷积实际上是一个换元、翻褶、平移、相乘最后叠加的过程。

【例 2-8】 已知某连续系统单位冲激响应 $h(t)=\mathrm{e}^{-3t}u(t)$，外激励 $x(t)=u(t)$，求零状态响应 $y_{zs}(t)$。

解：$y_{zs}(t)=x(t)*h(t)=\int_{-\infty}^{+\infty}x(\tau)h(t-\tau)\mathrm{d}\tau=\int_{-\infty}^{+\infty}\mathrm{e}^{-3\tau}u(\tau)u(t-\tau)\mathrm{d}\tau$

① 换元 $x(t)\to x(\tau)$，$h(t)\to h(\tau)$，如图 2-3 所示。

② 翻褶 $h(\tau)\to h(-\tau)$，如图 2-4 所示。

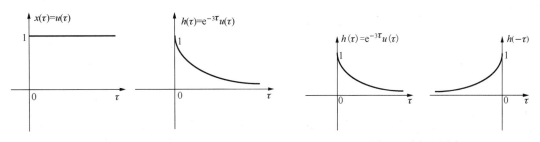

图 2-3 例 2-8 换元 　　　　图 2-4 例 2-8 翻褶

③ 平移 $h(-\tau)\to h(t-\tau)$，t 为参变量，沿着 τ 轴平移，$t>0$ 时右移，$t<0$ 时左移，将 $x(\tau)$ 与 $h(t-\tau)$ 画在同一坐标系中，如图 2-5 所示。

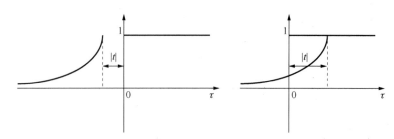

图 2-5　例 2-8 平移

④ 相乘 $x(\tau)h(t-\tau)$。

⑤ 积分 $\int_{-\infty}^{+\infty}x(\tau)h(t-\tau)\mathrm{d}\tau$。

经过上述步骤本例计算结果如下：

$t<0$ 时，$x(\tau)$ 与 $h(t-\tau)$ 无重叠，$\int_{-\infty}^{+\infty}x(\tau)h(t-\tau)\mathrm{d}\tau=0$；$t\geq 0$ 时，$x(\tau)$ 与 $h(t-\tau)$ 重叠区域为 $[0, t]$，$\int_{-\infty}^{+\infty}x(\tau)h(t-\tau)\mathrm{d}\tau=\int_{0}^{t}\mathrm{e}^{-3(t-\tau)}\mathrm{d}\tau=\frac{1}{3}(1-\mathrm{e}^{-3t})$。

综上所述，$y_{zs}(t)=x(t)*h(t)=\int_{-\infty}^{+\infty}x(\tau)h(t-\tau)\mathrm{d}\tau=\frac{1}{3}(1-\mathrm{e}^{-3t})u(t)$，如图 2-6 所示。

【例 2-9】　已知某离散系统单位冲激响应 $h(n)=(-3)^{n}u(n)$，外激励 $x(n)=u(n)$，求零状态响应 $y_{zs}(n)$。

解：$y_{zs}(n)=x(n)*h(n)=\sum\limits_{k=-\infty}^{+\infty}x(k)h(n-k)$

① 换元 $x(n)\to x(k)$，$h(n)\to h(k)$，如图 2-7 所示。

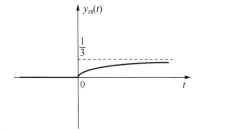

图 2-6　例 2-8 卷积结果

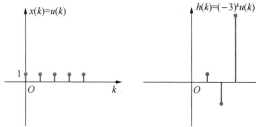

图 2-7　例 2-9 换元

② 翻褶 $h(k)\to h(-k)$，如图 2-8 所示。

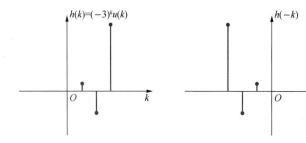

图 2-8　例 2-9 翻褶

③ 平移 $h(-k) \rightarrow h(n-k)$，n 为参变量，沿着 k 轴平移，$n>0$ 时右移，$n<0$ 时左移，将 $x(k)$ 与 $h(n-k)$ 画在同一坐标系中，如图 2-9 所示。

④ 相乘 $x(k)h(n-k)$。

⑤ 求和 $\sum_{k=-\infty}^{+\infty} x(k)h(n-k)$。

经过上述步骤本例计算结果如下：

$n<0$ 时，$x(k)$ 与 $h(n-k)$ 无重叠，$\sum_{k=-\infty}^{+\infty} x(k)h(n-k)=0$；$n \geqslant 0$ 时，$x(k)$ 与 $h(n-k)$ 重叠区域为 $[0, n]$，$\sum_{k=-\infty}^{+\infty} x(k)h(n-k) = \sum_{k=0}^{n}(-3)^{(n-k)} = \frac{1}{4} + \frac{3}{4}(-3)^n$。

综上所述，$y_{zs}(n) = x(n) * h(n) = \sum_{k=-\infty}^{+\infty} x(k)h(n-k) = \left[\frac{1}{4} + \frac{3}{4}(-3)^n\right] u(n)$，如图 2-10 所示。

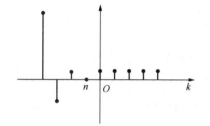
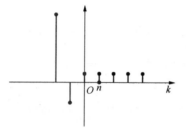
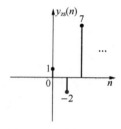

图 2-9　例 2-9 平移　　　　　　　　　　　图 2-10　例 2-9 卷积结果

2. 卷积的性质

1）卷积的代数性质

① 交换律。

$$x(t) * h(t) = h(t) * x(t)$$
$$x(n) * h(n) = h(n) * x(n)$$

（2-11）

说明求 LTI 系统零状态响应时，激励信号与系统单位冲激响应具有互易性，如图 2-11 所示。

图 2-11　卷积的交换律

② 结合律。

$$[x(t) * h_1(t)] * h_2(t) = x(t) * [h_1(t) * h_2(t)]$$
$$[x(n) * h_1(n)] * h_2(n) = x(n) * [h_1(n) * h_2(n)]$$

（2-12）

说明子系统级联时，系统总的单位冲激响应等于各子系统单位冲激响应的卷积，如图 2-12 所示。

图 2-12　卷积的结合律

③ 分配律。

$$x(t)*[h_1(t)+h_2(t)] = x(t)*h_1(t) + x(t)*h_2(t)$$
$$x(n)*[h_1(n)+h_2(n)] = x(n)*h_1(n) + x(n)*h_2(n) \tag{2-13}$$

说明系统子系统并联时，系统总的单位冲激响应等于各子系统单位冲激响应的和，如图 2-13 所示。

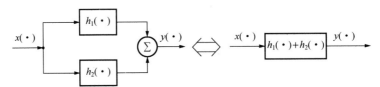

图 2-13　卷积的分配律

2）卷积积分的微分积分性

① 微分性。

$$\frac{d}{dt}[x(t)*h(t)] = x(t)*\frac{d}{dt}h(t) = \frac{d}{dt}x(t)*h(t) \tag{2-14}$$

说明对两个连续信号卷积后的结果求导等于只对其中一个信号求导再卷积另外一个。

② 积分性。

$$\int_{-\infty}^{t}[x(\tau)*h(\tau)]d\tau = x(t)*\int_{-\infty}^{t}h(\tau)d\tau = \left[\int_{-\infty}^{t}x(\tau)d\tau\right]*h(t) \tag{2-15}$$

说明对两个连续信号卷积后的结果积分等于只对其中一个信号积分再卷积另外一个。

③ 微分积分性。

$$x(t)*h(t) = \frac{d}{dt}x(t)*\int_{-\infty}^{t}h(\tau)d\tau + x(-\infty)*h(t) = \left[\int_{-\infty}^{t}x(\tau)d\tau\right]*\frac{d}{dt}h(t) + h(-\infty)*x(t)$$

若 $x(-\infty)*h(t)=0$，$h(-\infty)*x(t)=0$，则有

$$x(t)*h(t) = \frac{d}{dt}x(t)*\int_{-\infty}^{t}h(\tau)d\tau = \left[\int_{-\infty}^{t}x(\tau)d\tau\right]*\frac{d}{dt}h(t) \tag{2-16}$$

说明在满足一定条件下，两个连续信号的卷积等于一个信号的导数卷积另外一个的积分。

3）卷积和的差分累加性

① 差分性。

$$\nabla[x(n)*h(n)] = \nabla x(n)*h(n) = x(n)*\nabla h(n)$$
$$\Delta[x(n)*h(n)] = \Delta x(n)*h(n) = x(n)*\Delta h(n) \tag{2-17}$$

说明对两个序列卷积后的结果差分等于只对其中一个序列差分再卷积另外一个。

② 累加性。

$$\sum_{i=-\infty}^{n}[x(i)*h(i)] = \left[\sum_{i=-\infty}^{n}x(i)\right]*h(n) = x(n)*\left[\sum_{i=-\infty}^{n}h(i)\right] \tag{2-18}$$

说明对两个序列卷积后的结果累加等于只对其中一个序列累加再卷积另外一个。

③ 差分累加性。

$$x(n)*h(n) = \nabla x(n)*\left[\sum_{i=-\infty}^{n}h(i)\right] = \left[\sum_{i=-\infty}^{n}x(i)\right]*\nabla h(n) \tag{2-19}$$

说明两个序列的卷积后等于一个序列的差分累加卷积另外一个的累加。

4）卷积的平移性

$$x(t) * h(t) = y(t)$$
$$x(t-t_1) * h(t-t_2) = x(t-t_2) * h(t-t_1) = y(t-t_1-t_2)$$
$$x(n) * h(n) = y(n)$$
$$x(n-n_1) * h(n-n_2) = x(n-n_2) * h(n-n_1) = y(n-n_1-n_2)$$

（2-20）

5）与单位冲激信号的卷积

$$x(t) * \delta(t) = x(t)$$
$$x(t) * \delta(t-t_0) = x(t-t_0)$$
$$x(n) * \delta(n) = x(n)$$
$$x(n) * \delta(n-n_0) = x(n-n_0)$$

（2-21）

2.5 反 卷 积

反卷积是卷积的逆运算，一种应用是从 $y(\cdot) = x(\cdot) * h(\cdot)$ 中恢复出 $x(\cdot)$，1.7 节我们介绍过可逆系统的概念，一个系统可逆，则就有它的逆系统存在，当该逆系统与原系统级联后可以恢复原系统的输入信号，如图 2-14 所示，有 $x(\cdot) * h(\cdot) * h^{inv}(\cdot) = x(\cdot)$。这样，恢复 $x(\cdot)$ 的过程也就是寻找逆系统 $h^{inv}(\cdot)$ 的过程。

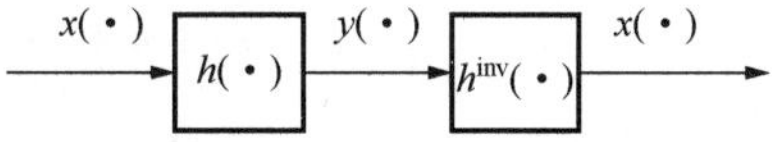

图 2-14 信号的恢复

根据卷积的性质应有

$$h(t) * h^{inv}(t) = \delta(t)$$
$$h(n) * h^{inv}(n) = \delta(n)$$

（2-22）

【例 2-10】已知某双径传播信道的离散系统 $y(n) = x(n) + \frac{1}{2}x(n-1)$，为消除在数据传输中因多径传输引起的失真，试设计一个因果稳定逆系统能将 $x(n)$ 从 $y(n)$ 中恢复出来。

解：求出原系统的单位冲激响应

$$h(n) = \delta(n) + \frac{1}{2}\delta(n-1) = \begin{cases} 1, & n=0 \\ \frac{1}{2}, & n=1 \\ 0, & 其他 \end{cases}$$

逆系统 $h^{inv}(\cdot)$ 满足 $h(n) * h^{inv}(n) = \delta(n)$，将 $h(n) = \delta(n) + \frac{1}{2}\delta(n-1)$ 代入得

$$h^{inv}(n) + \frac{1}{2}h^{inv}(n-1) = \delta(n)$$

解得

$$h^{inv}(n) = \left(-\frac{1}{2}\right)^n u(n)$$

离散系统稳定的充要条件是系统单位冲激响应要绝对可和，本例

$$\sum_{n=-\infty}^{\infty}\left|h^{\text{inv}}(n)\right|=\sum_{n=-\infty}^{\infty}\left|\left(-\frac{1}{2}\right)^n u(n)\right|=\sum_{n=0}^{\infty}\left(\frac{1}{2}\right)^n=2$$

所以该逆系统稳定。

一般来说，直接根据式（2-22）求逆系统单位冲激响应往往比较困难，特别是对于连续系统，但逆系统的概念在诸多领域有着重要的作用，如通信领域用于补偿失真的均衡器就扮演着信道逆系统的角色。

反卷积的另外一种应用是从 $y(\cdot)=x(\cdot)*h(\cdot)$ 中辨识出 $h(\cdot)$。

【例 2-11】 已知某线性时不变连续系统的外激励为 $x(t)=\sin t u(t)$，产生的零状态响应 $y(t)=\frac{1}{4}t[u(t)-u(t-4)]$，求系统的单位冲激响应 $h(t)$。

解：由题意

$$\frac{1}{4}t[u(t)-u(t-4)]=\sin t u(t)*h(t)$$

两边同时对 t 求导

$$\frac{1}{4}[u(t)-u(t-4)]-\delta(t-4)=\cos t u(t)*h(t)$$

再求导

$$\frac{1}{4}[\delta(t)-\delta(t-4)]-\delta'(t-4)=[-\sin t u(t)+\delta(t)]*h(t)=-\sin t u(t)*h(t)+h(t)$$

所以

$$h(t)=\frac{1}{4}[\delta(t)-\delta(t-4)]-\delta'(t-4)+\frac{1}{4}t[u(t)-u(t-4)]$$

对于连续系统的辨识，一般来说难以写出卷积积分的逆运算表达式。对于离散系统的辨识，若激励 $x(n)$ 为因果序列，不难写出

$$y(n)=\sum_{k=0}^{n}x(k)h(n-k)=\sum_{k=0}^{n}h(k)x(n-k) \tag{2-23}$$

写成矩阵形式

$$\begin{bmatrix}y(0)\\y(1)\\y(2)\\\cdots\\y(n)\end{bmatrix}=\begin{bmatrix}x(0) & 0 & 0 & \cdots & 0\\x(1) & x(0) & 0 & \cdots & 0\\x(2) & x(1) & x(0) & \cdots & 0\\\vdots & \vdots & \vdots & \vdots & \vdots\\x(n) & x(n-1) & x(n-2) & \cdots & x(0)\end{bmatrix}\begin{bmatrix}h(0)\\h(1)\\h(2)\\\cdots\\h(n)\end{bmatrix} \tag{2-24}$$

反求出 $h(n)$

$$\begin{aligned}h(0)&=y(0)/x(0)\\h(1)&=[y(1)-h(0)x(1)]/x(0)\\h(2)&=[y(2)-h(0)x(2)-h(1)x(1)]/x(0)\\&\vdots\\h(n)&=\left[y(n)-\sum_{k=0}^{n-1}h(k)x(n-k)\right]\bigg/x(0)\end{aligned} \tag{2-25}$$

【例 2-12】 在地质勘探中，某测试设备发射出的信号 $x(n) = \delta(n) + \frac{1}{2}\delta(n-1)$，接收到的回波信号 $y(n) = \left(\frac{1}{2}\right)^n u(n)$，（1）求地层反射特性 $h(n)$；（2）画出系统方框图。

解：

① 求 $h(n)$。

$$h(0) = y(0)/x(0) = 1$$

$$h(1) = [y(1) - h(0)x(1)]/x(0) = \frac{1}{2} - \frac{1}{2} = 0$$

$$h(2) = [y(2) - \underbrace{h(0)x(2)}_{=0} - h(1)x(1)]/x(0) = \left(\frac{1}{2}\right)^2 - 0 = \left(\frac{1}{2}\right)^2$$

$$h(3) = [y(3) - \underbrace{h(0)x(3) - h(1)x(2)}_{=0} - h(2)x(1)]/x(0) = \left(\frac{1}{2}\right)^3 - \left(\frac{1}{2}\right)^2 \frac{1}{2} = 0$$

$$\vdots$$

$$h(n) = \begin{cases} 0 & n\text{为奇数} \\ \left(\frac{1}{2}\right)^n & n\text{为偶数} \end{cases}$$

②

$$h(n) = \left[y(n) - \sum_{k=0}^{n-1} h(k)x(n-k)\right]/x(0)$$

$$= \left(\frac{1}{2}\right)^n u(n) - \sum_{k=0}^{n-1} h(k)\left[\delta(n-k) + \frac{1}{2}\delta(n-k-1)\right]$$

$$= \left(\frac{1}{2}\right)^n u(n) - \frac{1}{2}h(n-1)$$

即

$$h(n) + \frac{1}{2}h(n-1) = \left(\frac{1}{2}\right)^n u(n)$$

$$\frac{1}{2}h(n-1) + \frac{1}{2}\frac{1}{2}h(n-2) = \frac{1}{2}\left(\frac{1}{2}\right)^{n-1} u(n-1)$$

两式子相减得

$$h(n) - \frac{1}{4}h(n-2) = \delta(n)$$

故系统差分方程为

$$y(n) - \frac{1}{4}y(n-2) = x(n)$$

系统框图如图 2-15 所示。

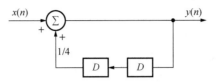

图 2-15　例 2-12 系统框图

反卷积在信号分析和系统应用的诸多领域（如现代地震勘探、超声诊断、雷达探测、光学成像、系统辨识等领域的应用已越来越广泛。

2.6　相　关

为了比较某信号 $x(t)$（或 $x(n)$）与另一延时 τ（或移序 m）的信号之间的相似程度，需引入相关函数的概念。相关函数是鉴别信号的有力工具，被广泛应用于雷达回波的识别、通信同步信号的识别等领域，另外相关还是描述随机信号的重要统计量。

1. 相关的定义

连续实信号 $x_1(t)$ 和 $x_2(t)$，若为能量有限信号，为了衡量它们之间的相关性，引入相关函数（互相关函数）的概念，定义为

$$R_{12}(\tau) = \int_{-\infty}^{+\infty} x_1(t)x_2(t-\tau)\mathrm{d}t = \int_{-\infty}^{+\infty} x_1(t+\tau)x_2(t)\mathrm{d}t$$
$$R_{21}(\tau) = \int_{-\infty}^{+\infty} x_1(t-\tau)x_2(t)\mathrm{d}t = \int_{-\infty}^{+\infty} x_1(t)x_2(t+\tau)\mathrm{d}t$$
（2-26）

离散信号 $x_1(n)$ 和 $x_2(n)$，它们之间的互相关函数定义为

$$R_{12}(m) = \sum_{n=-\infty}^{+\infty} x_1(n)x_2(n-m) = \sum_{n=-\infty}^{+\infty} x_1(n+m)x_2(n)$$
$$R_{21}(m) = \sum_{n=-\infty}^{+\infty} x_1(n-m)x_2(n) = \sum_{n=-\infty}^{+\infty} x_1(n)x_2(n+m)$$
（2-27）

若 $x_1(\cdot)$ 和 $x_2(\cdot)$ 为功率有限实信号，那么互相关函数定义为

$$R_{12}(\tau) = \lim_{T \to \infty} \left[\frac{1}{T} \int_{-\frac{T}{2}}^{+\frac{T}{2}} x_1(t)x_2(t-\tau)\mathrm{d}t \right] = \lim_{T \to \infty} \left[\frac{1}{T} \int_{-\frac{T}{2}}^{+\frac{T}{2}} x_1(t+\tau)x_2(t)\mathrm{d}t \right]$$
$$R_{21}(\tau) = \lim_{T \to \infty} \left[\frac{1}{T} \int_{-\frac{T}{2}}^{+\frac{T}{2}} x_1(t-\tau)x_2(t)\mathrm{d}t \right] = \lim_{T \to \infty} \left[\frac{1}{T} \int_{-\frac{T}{2}}^{+\frac{T}{2}} x_1(t)x_2(t+\tau)\mathrm{d}t \right]$$
$$R_{12}(m) = \lim_{N \to \infty} \left[\frac{1}{N} \sum_{n=0}^{N-1} x_1(n)x_2(n-m) \right] = \lim_{N \to \infty} \left[\frac{1}{N} \sum_{n=0}^{N-1} x_1(n+m)x_2(n) \right]$$
$$R_{21}(m) = \lim_{N \to \infty} \left[\frac{1}{N} \sum_{n=0}^{N-1} x_1(n-m)x_2(n) \right] = \lim_{N \to \infty} \left[\frac{1}{N} \sum_{n=0}^{N-1} x_1(n)x_2(n+m) \right]$$
（2-28）

通常情况下，$R_{12}(\cdot) \neq R_{21}(\cdot)$，可以证明 $R_{12}(\tau) = R_{21}(-\tau)$，$R_{12}(m) = R_{21}(-m)$。若 $x_1(\cdot)$ 与 $x_2(\cdot)$ 是同一信号，这时无需区分 $R_{12}(\cdot)$ 和 $R_{21}(\cdot)$，用 $R(\cdot)$ 表示，称为自相关函数，即

$$R(\tau) = \int_{-\infty}^{+\infty} x(t)x(t-\tau)\mathrm{d}t = \int_{-\infty}^{+\infty} x(t+\tau)x(t)\mathrm{d}t$$

$$R(m) = \sum_{n=-\infty}^{+\infty} x(n)x(n-m) = \sum_{n=-\infty}^{+\infty} x(n+m)x(n)$$

(2-29)

【例 2-13】 求周期信号 $x(t) = A\cos(\Omega t)$ 的自相关函数。

解：对此功率有限信号

$$R(\tau) = \lim_{T \to \infty}\left[\frac{1}{T}\int_{-\frac{T}{2}}^{\frac{T}{2}} x(t)x(t-\tau)\mathrm{d}t\right]$$

$$= \lim_{T \to \infty}\frac{A^2}{T}\int_{-\frac{T}{2}}^{\frac{T}{2}}\cos(\Omega t)\cos[\Omega(t-\tau)]\mathrm{d}t$$

$$= \lim_{T \to \infty}\frac{A^2}{T}\int_{-\frac{T}{2}}^{\frac{T}{2}}\cos(\Omega t)[\cos(\Omega t)\cos(\Omega\tau) + \sin(\Omega t)\sin(\Omega\tau)]\mathrm{d}t$$

$$= \lim_{T \to \infty}\frac{A^2}{T}\cos(\Omega\tau)\int_{-\frac{T}{2}}^{\frac{T}{2}}\cos^2(\Omega t)\mathrm{d}t$$

$$= \frac{A^2}{2}\cos(\Omega\tau)$$

【例 2-14】 已知序列 $x_1(n) = [\underset{\uparrow}{3},2,1]$，$x_2(n) = [\underset{\uparrow}{1},2,4]$，求互相关函数 $R_{12}(m)$（$-3 \leqslant m \leqslant 3$）。

解： $R_{12}(m) = \sum_{n=-\infty}^{+\infty} x_1(n)x_2(n-m) = \sum_{n=0}^{2} x_1(n)x_2(n-m)$

$x_1(n)$: 　　　　　 3　2　1
$x_2(n)$: 　　　　　 1　2　4   　　　 $R_{12}(0) = 3 \times 1 + 2 \times 2 + 1 \times 4 = 11$

$x_1(n)$: 　　　　　 3　2　1
$x_2(n-1)$: 　　　　　 1　2　4   　　　 $R_{12}(1) = 2 \times 1 + 1 \times 2 = 4$

$x_1(n)$: 　　　　　 3　2　1
$x_2(n+1)$: 　　　 1　2　4 　　　 $R_{12}(-1) = 3 \times 2 + 2 \times 4 = 14$

⋮　　　　　　　　 ⋮　　　　　　　　　　　⋮

$R_{12}(m) = [0,\ 12,\ 14,\ \underset{\uparrow}{11},\ 4,\ 1,\ 0]$

2. 相关的性质

（1）对称性。

$R_{12}(\tau) = R_{21}(-\tau)$，$R_{12}(m) = R_{21}(-m)$，$R(\tau) = R_{21}(-\tau)$，$R(m) = R(-m)$

（2）Cauchy-Schwarz 不等式。

$$|R_{12}(\cdot)| \leqslant \sqrt{R_{11}(0)R_{22}(0)}$$

（3）衰减性。

$\lim_{|\tau| \to \infty} R_{12}(\tau) = \lim_{|\tau| \to \infty} R_{21}(\tau) = 0$，$\lim_{|m| \to \infty} R_{12}(m) = \lim_{|m| \to \infty} R_{21}(m) = 0$，

$\lim_{|\tau| \to \infty} R(\tau) = \lim_{|\tau| \to \infty} R(\tau) = 0$，$\lim_{|m| \to \infty} R(m) = \lim_{|m| \to \infty} R(m) = 0$，$R(0)$ 最大。

3. 相关与卷积的关系

能量有限的连续实信号 $x_1(t)$ 和 $x_2(t)$，其相关和卷积表达式分别为

$$R_{12}(\tau) = \int_{-\infty}^{+\infty} x_1(t) x_2(t-\tau) \mathrm{d}t$$

$$x_1(t) * x_2(t) = \int_{-\infty}^{+\infty} x_1(\tau) x_2(t-\tau) \mathrm{d}t$$

将相关表达式中的 t 和 τ 互换后变为

$$R_{12}(t) = \int_{-\infty}^{+\infty} x_1(\tau) x_2(\tau-t) \mathrm{d}\tau$$

与卷积比较显然有，$R_{12}(t) = x_1(t) * x_2(-t)$，可以看出相关是一种与卷积类似的运算，与卷积不同的是没有一个函数的翻褶。如图 2-16 所示给出了相关与卷积的比较实例。

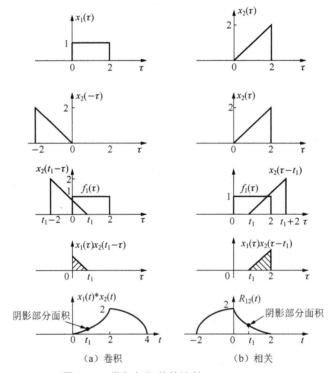

图 2-16　卷积与相关的比较（$0 < t_1 < 2$）

习　题　二

2-1　已知某连续系统传输算子为 $H(p) = \dfrac{2p+6}{p^2+3p+2}$，试写出描述该系统的微分方程并求出该系统的自然频率。

2-2　已知某离散系统差分方程为 $y(n) + 3y(n-1) + 2y(n-2) = 2x(n-1) + 6x(n-2)$，求该系统的传输算子 $H(E)$ 和自然频率。

2-3　已知某连续系统微分方程 $y''(t) + 3y'(t) + 2y(t) = 2x'(t) + 6x(t)$，$y'(0_-) = 0$，$y(0_-) = 2$，激励 $x(t) = u(t)$，求 $t \geqslant 0_+$ 以后系统的自由响应 $y_h(t)$ 和强迫响应 $y_p(t)$。

2-4　已知某离散系统差分方程为 $y(n) + 3y(n-1) + 2y(n-2) = 2x(n-1) + 6x(n-2)$，$y(0) = 0$，$y(1) = 2$，激励 $x(n) = u(n)$，求 $n \geqslant 0$ 以后系统的自由响应 $y_h(n)$ 和强迫响应 $y_p(n)$。

2-5 如图 2-17 所示电路图，已知 $i(0_-)=1\text{A}$，$u_C(0_-)=-7\text{V}$，求关于电流 $i(t)$ 的零输入响应 $i_{zi}(t)$，单位冲激响应 $h(t)$ 和单位阶跃响应 $g(t)$。

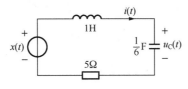

图 2-17 题 2-5

2-6 一乒乓球从离地面 10m 高处自由下落，设球落地后反弹的高度总是其落下高度的 $\dfrac{1}{2}$，令 $y(n)$ 表示第 n 次反弹所达到的高度，列方程并求解 $y(n)$。

2-7 求如图 2-18 所示系统的单位冲激响应和单位阶跃响应。

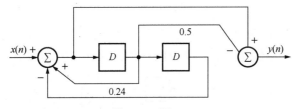

图 2-18 题 2-7

2-8 求下列函数的卷积。

（1） $x(t)=u(t)$，$h(t)=u(t-1)$

（2） $x(t)=\sin 2\pi t[u(t)-u(t-1)]$，$h(t)=u(t)$

（3） $x(t)=e^{-\left(t-\frac{1}{2}\right)}u\left(t-\dfrac{1}{2}\right)$，$h(t)=u\left[-\left(t+\dfrac{1}{2}\right)\right]$

（4） $x(t)=t[u(t)-u(t-2)]$，$h(t)=\delta(1-t)$

（5） $x(t)=1+u(t-1)$，$h(t)=e^{-(t+1)}u(t+1)$

（6） $x(n)=u(n+3)$，$h(n)=u(n-3)$

（7） $x(n)=(\dfrac{1}{4})^n u(n)$，$h(n)=u(n+2)$

（8） $x(n)=\cos\left(\dfrac{\pi}{2}n\right)u(n)$，$h(n)=u(n-1)$

（9） $x(n)=u(n)$，$h(n)=\sum\limits_{i=0}^{+\infty}\delta(n-4i)$

（10） $x(n)=[u(n+10)-2u(n)+u(n-4)]$，$h(n)=\beta^n u(n)$，$|\beta|<1$

2-9 已知连续信号 $x(t)$ 和 $h(t)$ 的波形如图 2-19 所示，求 $y(t)=x(t)*h(t)$。

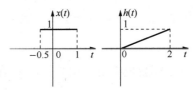

图 2-19 题 2-9

2-10 某人因购房在汇丰银行贷款 450000 元，商业贷款利率为 5.4%，每月 13 号还贷 4700 元，利用卷积和计算每月还贷后的还贷余额。

2-11 设 $x(t)$ 是如图 2-20（a）所示的三角脉冲，$h(t)$ 是如图 2-20（b）所示的单位冲激串，即 $h(t) = \sum_{k=-\infty}^{+\infty} \delta(t-kT)$。对下列 T 值，求出并画出 $y(t) = x(t) * h(t)$。

（1）$T = 4$　（2）$T = 2$　（3）$T = 1.5$　（4）$T = 1$

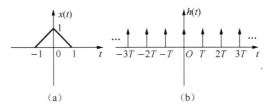

图 2-20　题 2-11

2-12 在如图 2-21 所示的复合系统中，各子系统的单位冲激响应分别为 $h_1(t) = u(t)$（积分器），$h_2(t) = \delta(t-1)$（单位延时器），$h_3(t) = -\delta(t)$（倒相器）求复合系统的单位冲激响应。

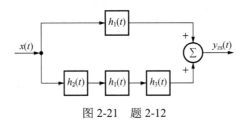

图 2-21　题 2-12

2-13 某系统由 A、B、C 三个子系统组成，如图 2-22（a）所示。已知子系统 A 的单位冲激响应为 $h_A(t) = \frac{1}{2}e^{-4t}u(t)$，子系统 B 和 C 的单位阶跃响应分别为 $g_B(t) = (1-e^{-t})u(t)$ 和 $g_C(t) = 2e^{-3t}u(t)$。（1）求整个系统的单位冲激响应 $h(t)$ 和单位阶跃响应 $g(t)$；（2）若该系统激励 $x(t)$ 的波形如图 2-22（b）所示，求整个系统的零状态响应 $y_{zs}(t)$。

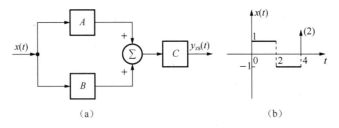

图 2-22　题 2-13

2-14 分别求题 2-3 和题 2-4 所示系统的零输入响应和零状态响应。

2-15 已知某连续系统的激励 $x(t) = e^{-5t}u(t)$ 产生的零状态响应 $y_{zs}(t) = \sin 2t u(t)$，试求该系统的单位冲激响应 $h(t)$。

2-16 已知某离散系统的单位冲激响应 $h(n) = \left(\frac{1}{3}\right)^n u(n)$，在 $x(n)$ 激励下产生的零状态响

应 $y_{zs}(n) = \left[\dfrac{6}{5} \cdot 2^n - \dfrac{1}{5}\left(\dfrac{1}{3}\right)^n\right]u(n)$，求激励 $x(n)$。

2-17 某离散系统的激励 $x(n) = \delta(n) + \delta(n-2)$，测得该系统的零状态响应如图 2-23 所示。求该系统的单位冲激响应 $h(n)$，并利用基本单元绘制系统框图。

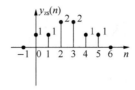

图 2-23 题 2-17

2-18 求函数 $x(t) = e^{-\alpha t}u(t)$，$\alpha > 0$ 的自相关函数 $R(\tau)$。

2-19 求函数 $x_1(t) = 2[u(t) - u(t-1)]$ 和 $x_2(t) = u(t) - u(t-2)$ 的互相关函数 $R_{12}(\tau)$ 和 $R_{21}(\tau)$。

2-20 已知序列 $x_1(n) = 0.5^n R_3(n)$，$x_2(n) = \cos(0.3n) R_6(n)$，其中 $R_N(n)$ 表示宽为 N 的矩形序列，求互相关函数 $R_{12}(m)$ 和 $R_{21}(m)$。

第 3 章 连续信号与系统的频域分析

本章介绍连续信号与系统的频域分析方法，重点介绍傅里叶级数和傅里叶变换的引入、定义及性质，频域系统函数和频域系统响应的求解以及傅里叶变换的应用。

3.1 引 言

信号与系统的分析可以以时间 t 为变量进行，即连续系统的时域分析，也可以从另一个角度来进行分析、研究，即信号的变量不为时间 t。从本章开始由时域转入变换域分析，首先讨论傅里叶变换。本章以正弦函数（正弦和余弦函数可统称为正弦函数）或虚指数函数为基本函数，将任意输入信号表示为一系列不同频率的正弦函数或虚指数函数之和（对于周期信号）或积分（对于非周期信号），讨论连续时间信号与系统的频域分析。频域分析将时间变量变换成频率变量，揭示了信号内在的频率特性以及信号时间特性与其频率特性之间的密切关系。

频域分析的研究与应用至今已经历了一百余年，最初是由法国科学家傅里叶（J.Fourier，1768—1830）提出来的。1807 年傅里叶向巴黎科学研究院提出了一篇描述热传导的论文，指出周期函数可以展开成正弦级数，从而奠定了傅里叶级数的理论基础。不过由于工程方面的实际困难，当时傅里叶分析并没有得到很大的发展。20 世纪以来，谐振电路、滤波器、正弦振动器等的出现，以及工程上各种频率的正弦信号的产生、传输、变换等技术问题的解决，为正弦函数和傅里叶分析的进一步应用开辟了广阔的前景。

百余年来傅里叶分析方法在电力工程、通信和控制领域、力学、光学、量子物理和各种线性系统分析等许多有关数学、物理和工程技术领域中得到了广泛而普遍的应用。但是，这种方法仍然有一定的局限性，如对非线性系统和非平稳信号等问题的分析就很显不足。因此，人们对其他一些正交变换方法产生了浓厚的兴趣，如沃尔什变换、小波变换。

无论如何，傅里叶分析在众多领域不仅始终有着极其广泛的应用，而且也是研究其他变换方法的基础，值得好好掌握。

3.2 正交函数与正交函数集

1. 正交基本概念

若两个实函数 $g_1(t)$、$g_2(t)$ 在区间 (t_1, t_2) 内满足

$$\begin{cases} \int_{t_1}^{t_2} g_1(t)g_2(t)\mathrm{d}t = 0 \\ \int_{t_1}^{t_2} g_i^2(t)\mathrm{d}t = k_i \quad i = 1, 2 \end{cases} \tag{3-1}$$

则说这两个函数在区间(t_1, t_2)正交，或它们是区间(t_1, t_2)上的正交函数。式中k_i为常数。

若定义在区间(t_1, t_2)的实函数集$\{g_i(t)\}$，在该集合中所有的$g_1(t), g_2(t), \cdots, g_n(t)$都满足

$$\begin{cases} \int_{t_1}^{t_2} g_i^2(t)\mathrm{d}t = k_i & i=1, 2, \cdots, n \\ \int_{t_1}^{t_2} g_i(t)g_j(t)\mathrm{d}t = 0 & i \neq j, \ j=1, 2, \cdots, n \end{cases} \tag{3-2}$$

则这个函数集就是正交函数集，当$k_i = 1$时为归一化正交函数集。

2. 正交函数的线性组合

若实函数集$\{g_i(t)\}$是区间(t_1, t_2)内的正交函数集，且除$g_i(t)$之外$\{g_i(t)\}$中不存在这样一个函数$x(t)$，使之能满足

$$0 < \int_{t_1}^{t_2} x^2(t)\mathrm{d}t < \infty \text{ 且 } \int_{t_1}^{t_2} x(t)g_i(t)\mathrm{d}t = 0, \quad i=1, 2, \cdots \tag{3-3}$$

则称函数集$\{g_i(t)\}$为完备正交函数集。若$x(t)$在这个区间能与它们正交，则$x(t)$本身必属于这个正交函数集。若不包括$x(t)$，则这个正交函数集也就不完备。

满足一定条件的信号可以被分解为正交函数的线性组合，即任意信号$x(t)$在区间(t_1, t_2)内可由组成信号空间的n个正交函数的线性组合近似表示为

$$x(t) \approx c_1 g_1(t) + c_2 g_2(t) + \cdots + c_n g_n(t) \tag{3-4}$$

若正交函数集是完备的，则

$$x(t) \approx c_1 g_1(t) + c_2 g_2(t) + \cdots + c_n g_n(t) + \cdots \tag{3-5}$$

3. 三角函数集

三角函数集$\{\cos(n\Omega_1 t), \sin(n\Omega_1 t)\}$是完备的正交函数集。即满足

$$\int_{-\frac{T}{2}}^{\frac{T}{2}} \cos(n\Omega_1 t) \cdot \cos(m\Omega_1 t) = \begin{cases} \dfrac{T}{2}, & m=n \\ 0, & m \neq n \end{cases} \tag{3-6}$$

$$\int_{-\frac{T}{2}}^{\frac{T}{2}} \sin(n\Omega_1 t) \cdot \sin(m\Omega_1 t) = \begin{cases} \dfrac{T}{2}, & m=n \\ 0, & m \neq n \end{cases} \tag{3-7}$$

$$\int_{-\frac{T}{2}}^{\frac{T}{2}} \cos(n\Omega_1 t) \cdot \sin(m\Omega_1)t = 0 \tag{3-8}$$

它具有以下优点：

① 三角函数是基本函数。
② 用三角函数表示信号，建立了时间与频率两个基本物理量之间的联系。
③ 单频三角函数是简谐信号，简谐信号容易产生、传输、处理。
④ 三角函数信号通过线性时不变系统后，仍为同频三角函数信号，仅幅度和相位有变化，计算更方便。

由于三角函数的上述优点，周期信号通常被表示（分解）为无穷多个正弦信号之和。利用欧拉公式还可以将三角函数表示为复指数函数，因此周期函数还可以展开成无穷多个

复指数函数之和,其优点与三角函数级数相同。用这两种基本函数表示的级数,分别称为三角形式傅里叶级数和指数形式傅里叶级数。它们是傅里叶级数中两种不同的表达形式,也简称傅氏级数,其英文缩写为 FS。

3.3 周期信号的傅里叶级数

1. 傅里叶级数展开条件

若周期信号 $x(t)$（周期为 T）满足以下条件:

① 在一个周期内连续或有有限个第一类间断点;
② 在一个周期内函数的极值点有限;
③ 在一个周期内函数绝对可积,即

$$\int_{t_0}^{t_0+T} |x(t)| \mathrm{d}t < \infty \tag{3-9}$$

则该周期信号一定能展开成傅里叶级数的形式。以上条件称为狄里赫利（Dirichlet）条件,不满足条件①的例子如图 3-1 所示。这个信号的周期为 8,它是这样组成的:后一个阶梯的高度和宽度是前一个阶梯的一半。可见在一个周期内它的面积不会超过 8,但不连续点的数目是无穷多个。

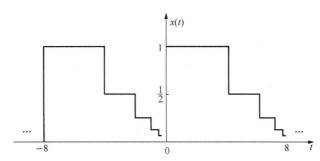

图 3-1　不满足狄里赫利条件（1）的周期信号举例

不满足条件②的例子如图 3-2 所示,$x(t)=\sin\left(\dfrac{2\pi}{t}\right)$,$(0<t\leqslant 1)$,$T=1$,该信号在一个周期内有无穷多的极值点。

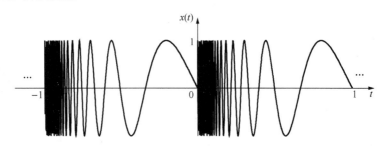

图 3-2　不满足狄里赫利条件②的周期信号举例

不满足条件③的例子如图 3-3 所示，$x(t)=\dfrac{1}{t}$，$T=1$，该信号在一个周期内不满足绝对可积。

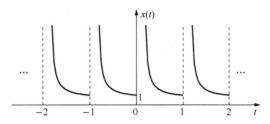

图 3-3　不满足狄里赫利条件③的周期信号举例

通常实际中所遇到的周期信号都能满足此条件，因此，以后除非特殊需要，一般不再考虑这一条件。

2. 周期信号的三角形式傅里叶级数

对于满足狄里赫利条件的任意一个周期为 T 的周期信号 $x(t)$，可以展开成三角形式的傅里叶级数

$$x(t) = a_0 + a_1\cos\Omega_1 t + a_2\cos2\Omega_1 t + \cdots + b_1\sin\Omega_1 t + b_2\sin2\Omega_1 t + \cdots$$
$$= a_0 + \sum_{n=1}^{\infty}(a_n\cos n\Omega_1 t + b_n\sin n\Omega_1 t) \tag{3-10}$$

其中，$\Omega_1=\dfrac{2\pi}{T}$ 为周期信号 $x(t)$ 的角频率，也称为基本角频率，a_0 为直流分量，a_n 为余弦分量的幅度，b_n 为正弦分量的幅度，a_0、a_n、b_n 计算公式如下

$$a_0 = \frac{1}{T}\int_{-\frac{T}{2}}^{\frac{T}{2}} x(t)\mathrm{d}t \tag{3-11}$$

$$a_n = \frac{2}{T}\int_{-\frac{T}{2}}^{\frac{T}{2}} x(t)\cos n\Omega_1 t\mathrm{d}t \tag{3-12}$$

$$b_n = \frac{2}{T}\int_{-\frac{T}{2}}^{\frac{T}{2}} x(t)\sin n\Omega_1 t\mathrm{d}t \tag{3-13}$$

若将式（3-10）中的同频率项合并，则可以得到另一种三角形式的傅里叶级数

$$\begin{aligned}x(t) &= a_0 + \sum_{n=1}^{\infty}(a_n\cos\Omega_1 t + b_n\sin\Omega_1 t) \\ &= a_0 + \sum_{n=1}^{\infty}\sqrt{a_n^2+b_n^2}\left[\frac{a_n}{\sqrt{a_n^2+b_n^2}}\cos\Omega_1 t + \frac{b_n}{\sqrt{a_n^2+b_n^2}}\sin\Omega_1 t\right] \\ &= a_0 + \sum_{n=1}^{\infty}c_n(\cos\varphi_n\cos n\Omega_1 t - \sin\varphi_n\sin n\Omega_1 t) \\ &= c_0 + \sum_{n=1}^{\infty}c_n\cos(n\Omega_1 t + \varphi_n)\end{aligned} \tag{3-14}$$

式（3-14）说明了周期信号可以表示成一个直流分量与一系列不同频率的谐波分量的叠加。式（3-10）和式（3-14）中各系数的对应关系为

$$\begin{cases} a_0 = c_0 \\ a_n = c_n \cos\varphi_n \\ b_n = -c_n \sin\varphi_n \\ c_n = \sqrt{a_n^2 + b_n^2} \\ \varphi_n = -\arctan\dfrac{b_n}{a_n} \end{cases} \tag{3-15}$$

此外，还可以表示为正弦形式

$$x(t) = d_0 + \sum_{n=1}^{\infty} d_n \sin(n\Omega_1 t + \theta_n) \tag{3-16}$$

系数对应关系如下

$$\begin{cases} d_0 = a_0 \\ a_n = d_n \sin\theta_n \\ b_n = d_n \cos\theta_n \\ d_n = \sqrt{a_n^2 + b_n^2} \\ \theta_n = \arctan\dfrac{a_n}{b_n} \end{cases} \tag{3-17}$$

3. 函数对称性与傅里叶系数的关系

周期信号的波形特征与其傅里叶系数之间有一定的对应关系。当周期信号具有对称性时，可以通过一些规律简化这类信号傅里叶系数的求解过程。下面根据信号的对称性，分别研究其对应傅里叶系数的特点。

1）偶函数

若 $x(t)$ 是时间 t 的偶函数，即满足纵轴对称

$$x(t) = x(-t) \tag{3-18}$$

则式（3-12）中被积函数 $x(t)\cos n\Omega_1 t$ 是 t 的偶函数，在对称区间 $\left(-\dfrac{T}{2}, \dfrac{T}{2}\right)$ 的积分等于其半区间 $\left(0, \dfrac{T}{2}\right)$ 的两倍，式（3-13）中被积函数 $x(t)\sin n\Omega_1 t$ 是 t 的奇函数，在对称区间的积分为零。因此，偶函数所对应的傅里叶系数为

$$\begin{cases} a_n = \dfrac{2}{T}\int_{-T/2}^{T/2} x(t)\cos n\Omega_1 t\,\mathrm{d}t = \dfrac{4}{T}\int_{0}^{T/2} x(t)\cos n\Omega_1 t\,\mathrm{d}t \\ b_n = \dfrac{2}{T}\int_{-T/2}^{T/2} x(t)\sin n\Omega_1 t\,\mathrm{d}t = 0 \\ a_0 = \dfrac{1}{T}\int_{-T/2}^{T/2} x(t)\,\mathrm{d}t = \dfrac{2}{T}\int_{0}^{T/2} x(t)\,\mathrm{d}t \end{cases} \tag{3-19}$$

偶函数的傅里叶级数中只含有直流项和余弦项，不含正弦项。

$$x(t) = \sum_{n=0}^{\infty} a_n \cos n\Omega_1 t \tag{3-20}$$

2）奇函数

若 $x(t)$ 是时间 t 的奇函数，即满足原点对称

$$x(t) = -x(-t) \tag{3-21}$$

根据被积函数的奇偶性和积分区间的对称性，其傅里叶级数中只含有正弦项，各系数计算公式如下

$$\begin{cases} a_n = \dfrac{2}{T}\int_{-T/2}^{T/2} x(t)\cos n\Omega_1 t\,\mathrm{d}t = 0 \\ b_n = \dfrac{2}{T}\int_{-T/2}^{T/2} x(t)\sin n\Omega_1 t\,\mathrm{d}t = \dfrac{4}{T}\int_{0}^{T/2} x(t)\sin n\Omega_1 t\,\mathrm{d}t \\ a_0 = \dfrac{1}{T}\int_{-T/2}^{T/2} x(t)\,\mathrm{d}t = 0 \end{cases} \tag{3-22}$$

奇函数的傅里叶级数可表示为

$$x(t) = \sum_{n=0}^{\infty} b_n \sin n\Omega_1 t \tag{3-23}$$

3）奇谐函数

若函数波形沿时间轴平移半个周期与原来的函数波形倒相，这样的函数为奇谐函数，即满足式（3-24），如图 3-4 所示为某奇谐函数的波形图。

$$x(t) = -x\left(t \pm \dfrac{T}{2}\right) \tag{3-24}$$

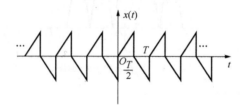

图 3-4　奇谐函数波形举例

对于奇谐函数，其傅里叶系数

$$\begin{aligned} a_n &= \dfrac{2}{T}\int_{-T/2}^{T/2} x(t)\cos n\Omega_1 t\,\mathrm{d}t \\ &= \dfrac{2}{T}\int_{-T/2}^{0} x(t)\cos n\Omega_1 t\,\mathrm{d}t + \dfrac{2}{T}\int_{0}^{T/2} x(t)\cos n\Omega_1 t\,\mathrm{d}t \end{aligned} \tag{3-25}$$

将式（3-24）代入 $\dfrac{2}{T}\int_{-T/2}^{0} x(t)\cos n\Omega_1 t\,\mathrm{d}t$，可得

$$\begin{aligned} \dfrac{2}{T}\int_{-T/2}^{0} x(t)\cos n\Omega_1 t\,\mathrm{d}t &= \dfrac{2}{T}\int_{-T/2}^{0} -x\left(t+\dfrac{T}{2}\right)\cos n\Omega_1\left(t+\dfrac{T}{2}-\dfrac{T}{2}\right)\mathrm{d}t \\ &= \dfrac{2}{T}\int_{-T/2}^{0} -x\left(t+\dfrac{T}{2}\right)\cos n\Omega_1\left(t+\dfrac{T}{2}\right)\cos n\pi\,\mathrm{d}t \\ &= -\cos n\pi\,\dfrac{2}{T}\int_{0}^{T/2} x(t)\cos n\Omega_1 t\,\mathrm{d}t \end{aligned} \tag{3-26}$$

将式（3-26）再代入式（3-25）中

$$\begin{aligned} a_n &= \dfrac{2}{T}\int_{0}^{T/2} x(t)\cos n\Omega_1 t\,\mathrm{d}t - \cos n\pi\,\dfrac{2}{T}\int_{0}^{T/2} x(t)\cos n\Omega_1 t\,\mathrm{d}t \\ &= (1-\cos n\pi)\dfrac{2}{T}\int_{0}^{T/2} x(t)\cos n\Omega_1 t\,\mathrm{d}t \end{aligned}$$

$$= \begin{cases} 0, & n\text{为偶数} \\ \dfrac{4}{T}\displaystyle\int_0^{T/2} x(t)\cos n\Omega_1 t\mathrm{d}t, & n\text{为奇数} \end{cases} \quad (3\text{-}27)$$

同理可得

$$b_n = \begin{cases} 0, & n\text{为偶数} \\ \dfrac{4}{T}\displaystyle\int_0^{T/2} x(t)\sin n\Omega_1 t\mathrm{d}t, & n\text{为奇数} \end{cases} \quad (3\text{-}28)$$

因此，奇谐函数的傅氏级数偶次谐波为零，只含奇次谐波。

4）偶谐函数

当函数波形移动 $\pm\dfrac{T}{2}$ 后可以与原波形重合，则称这种函数为偶谐函数，即满足式（3-29）。偶谐函数的波形实际周期是 $T_1 = \dfrac{T}{2}$，如图3-5 所示为某偶谐函数的波形图。

$$x(t) = x(t \pm \dfrac{T}{2}) \quad (3\text{-}29)$$

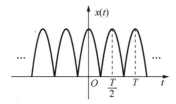

图 3-5 偶谐函数波形举例

对于偶谐函数，其傅里叶系数

$$a_n = \begin{cases} \dfrac{4}{T}\displaystyle\int_0^{T/2} x(t)\cos n\Omega_1 t\mathrm{d}t, & n\text{为偶数} \\ 0, & n\text{为奇数} \end{cases} \quad (3\text{-}30)$$

同理

$$b_n = \begin{cases} \dfrac{4}{T}\displaystyle\int_0^{T/2} x(t)\sin n\Omega_1 t\mathrm{d}t, & n\text{为偶数} \\ 0, & n\text{为奇数} \end{cases} \quad (3\text{-}31)$$

因此，偶谐函数的傅氏级数奇次谐波为零，只有偶次谐波分量。

4. 周期信号的指数形式傅里叶级数

欧拉公式建立了三角函数与指数函数的对应关系，利用这种对应关系可以将三角形式的傅里叶级数转换为指数形式的傅里叶级数。

$$\begin{cases} \cos n\Omega_1 t = \dfrac{1}{2}(\mathrm{e}^{jn\Omega_1 t} + \mathrm{e}^{-jn\Omega_1 t}) \\ \sin n\Omega_1 t = \dfrac{1}{2\mathrm{j}}(\mathrm{e}^{jn\Omega_1 t} - \mathrm{e}^{-jn\Omega_1 t}) \end{cases} \quad (3\text{-}32)$$

将式（3-10）中的 $\cos n\Omega_1 t$、$\sin n\Omega_1 t$ 用公式（3-32）进行替换，可得

$$x(t) = a_0 + \sum_{n=1}^{\infty}\left(\dfrac{a_n - \mathrm{j}b_n}{2}\mathrm{e}^{jn\Omega_1 t} + \dfrac{a_n + \mathrm{j}b_n}{2}\mathrm{e}^{-jn\Omega_1 t}\right) \quad (3\text{-}33)$$

设 $X_n = \dfrac{a_n - \mathrm{j}b_n}{2}$，由于 a_n 是 n 的偶函数，b_n 是 n 的奇函数，有

$$X_{-n} = \dfrac{a_n + \mathrm{j}b_n}{2} \tag{3-34}$$

$$x(t) = a_0 + \sum_{n=1}^{\infty}(X_n \mathrm{e}^{\mathrm{j}n\Omega_1 t} + X_{-n}\mathrm{e}^{-\mathrm{j}n\Omega_1 t}) \tag{3-35}$$

令 $X_0 = a_0$，且 $\displaystyle\sum_{n=1}^{\infty} X_{-n}\mathrm{e}^{-\mathrm{j}n\Omega_1 t} = \sum_{n=-\infty}^{-1} X_n \mathrm{e}^{\mathrm{j}n\Omega_1 t}$，代入（3-35）可得

$$x(t) = \sum_{n=-\infty}^{\infty} X_n \mathrm{e}^{\mathrm{j}n\Omega_1 t} \tag{3-36}$$

式（3-36）即为周期信号指数形式的傅里叶级数，其中 X_n 为指数傅里叶级数的系数。

$$X_n = \dfrac{a_n - \mathrm{j}b_n}{2} = \dfrac{1}{T}\int_{-\frac{T}{2}}^{\frac{T}{2}} x(t)\,\mathrm{e}^{-\mathrm{j}n\Omega_1 t}\mathrm{d}t \tag{3-37}$$

X_n 是关于 n 的复函数，可以表示成模和幅角的形式，$X_n = |X_n|\mathrm{e}^{\mathrm{j}\varphi_n}$，模和幅角分别为傅里叶级数的第 n 次谐波的振幅和初相位，X_n 为进一步研究信号的频谱提供了方便。

5. 两种傅里叶级数的关系

三角形式与指数形式的傅里叶级数系数之间的对应关系见式（3-38）。

$$\begin{cases} X_0 = a_0 = c_0 \\ |X_n| = \dfrac{1}{2}\sqrt{a_n^2 + b_n^2} = \dfrac{1}{2}c_n \\ \varphi_n = \arctan\left(\dfrac{-b_n}{a_n}\right) \end{cases} \tag{3-38}$$

需说明的是，三角形式傅里叶级数中的离散变量 n 只取正整数，而指数形式傅里叶级数中的离散变量 n 从 $-\infty$ 取值，从而导致出现负频率 $n\Omega_1$，负频率的出现只具有数学意义不代表实际中的信号有负频率的情况，实际上负频率必定与正频率成对出现，其和代表了一个正频率的正弦波分量。

6. 周期信号的频谱

满足狄里赫利条件的周期信号可以展开为傅里叶级数形式，式（3-10）表明分解后的正弦和余弦分量的角频率必定是原周期信号 $x(t)$ 角频率 Ω_1 的整数倍。通常将角频率为 Ω_1 的分量称为基波分量，角频率为 $n\Omega_1$ 的分量称为 n 次谐波分量。周期信号的傅里叶级数系数都是关于 $n\Omega_1$ 的函数，以频率 Ω 为横轴，以幅度 c_n 或 $|X_n|$ 为纵轴绘出的图称为信号的幅度频谱图，以相位 φ_n 为纵轴绘出的图称为信号的相位频谱图，由频谱图可直观地看出各频率分量的相对大小和相位情况。

【例3-1】已知周期信号 $x(t)$ 如下，画出其频谱图。

$$x(t) = 1 + \sqrt{2}\cos\Omega_1 t - \cos\left(2\Omega_1 t + \dfrac{5\pi}{4}\right) + \sqrt{2}\sin\Omega_1 t + \dfrac{1}{2}\sin 3\Omega_1 t$$

解：将 $x(t)$ 整理为

$$x(t) = 1 + 2\cos\left(\Omega_1 t - \frac{\pi}{4}\right) + \cos\left(2\Omega_1 t - \frac{5\pi}{4} - \pi\right) + \frac{1}{2}\cos\left(3\Omega_1 t - \frac{\pi}{2}\right)$$

$$= 1 + 2\cos\left(\Omega_1 t - \frac{\pi}{4}\right) + \cos\left(2\Omega_1 t - \frac{\pi}{4}\right) + \frac{1}{2}\cos\left(3\Omega_1 t - \frac{\pi}{2}\right)$$

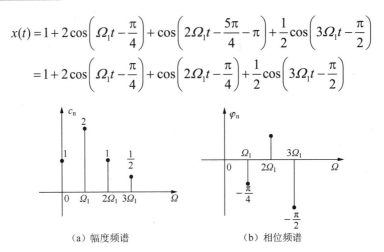

图 3-6　例 3-1 单边频谱

若将 $x(t)$ 展开为指数形式的傅里叶级数，其频谱图如图 3-7 所示。

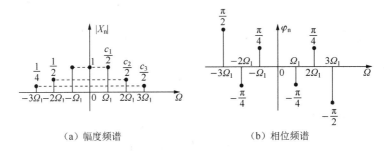

图 3-7　例 3-1 双边频谱图

周期信号频谱的特点：

① 离散性，周期信号的频谱是由不连续的谱线组成的，每根谱线代表一个谐波分量；

② 谐波性，周期信号的频谱只会出现在 $\Omega = n\Omega_1$ 即基波频率 Ω_1 的整数倍频率点上，且任意两根谱线之间的间隔均为 $\Delta\Omega = \Omega_1$；

③ 收敛性，连接各谱线顶点的曲线称为包络线。信号频谱的包络线反映了频率分量的幅度变化情况，随着频率分量的频率增大，包络线呈趋于减小的变化。

指数形式的傅里叶级数的频谱具有负频率，对于这样的频谱，又称为双边频谱图，双边频谱的幅度谱关于纵轴偶对称，相位频谱关于原点奇对称。三角形式的傅里叶级数的频谱只在正频率有值，称为单边频谱图。

7. 周期矩形脉冲信号的傅里叶级数

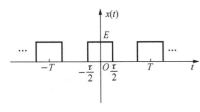

图 3-8　周期矩形脉冲信号波形

周期矩形脉冲信号是典型的周期信号之一，如图 3-8 所示。这种信号波形以脉冲宽度和脉冲幅度为主要描述参数。通过此信号的傅里叶级数及频谱分析，可以了解一般周期信号的频谱特性。

1）三角形式的傅里叶级数

由于 $x(t)$ 是偶函数，可以利用其对称性求其傅里叶级数的系数，其中 $b_n = 0$。根据系数计算公式有

$$a_0 = \frac{1}{T}\int_{-\frac{T}{2}}^{\frac{T}{2}} x(t)\mathrm{d}t = \frac{E\tau}{T} \tag{3-39}$$

$$a_n = \frac{2}{T}\int_{-\frac{T}{2}}^{\frac{T}{2}} x(t)\cos(n\Omega_1 t)\mathrm{d}t = \frac{E\tau\Omega_1}{\pi}Sa\left(\frac{n\Omega_1\tau}{2}\right) \tag{3-40}$$

所以 $x(t)$ 的三角形式傅里叶级数为

$$x(t) = \frac{E\tau}{T} + \frac{2E\tau}{T}\sum_{n=1}^{\infty} Sa\left(\frac{n\pi\tau}{T}\right)\cos(n\Omega_1 t) \tag{3-41}$$

2）指数形式的傅里叶级数

按照式（3-36）可以将 $x(t)$ 展开为指数形式的傅里叶级数形式。

$$X_n = \frac{1}{T}\int_{-\frac{T}{2}}^{\frac{T}{2}} x(t)\mathrm{e}^{-\mathrm{j}n\Omega_1 t}\mathrm{d}t = \frac{1}{T}\int_{-\frac{\tau}{2}}^{\frac{\tau}{2}} E\mathrm{e}^{-\mathrm{j}n\Omega_1 t}\mathrm{d}t = \frac{E}{T}\frac{1}{-\mathrm{j}n\Omega_1}\mathrm{e}^{-\mathrm{j}n\Omega_1 t}\bigg|_{-\frac{\tau}{2}}^{\frac{\tau}{2}} = \frac{-E}{\mathrm{j}n\Omega_1 T}\left(\mathrm{e}^{-\mathrm{j}n\Omega_1 \frac{\tau}{2}} - \mathrm{e}^{\mathrm{j}n\Omega_1 \frac{\tau}{2}}\right)$$

$$= \frac{2E}{n\Omega_1 T}\sin\left(n\Omega_1\frac{\tau}{2}\right) = \frac{E\tau}{T}\frac{\sin\left(n\Omega_1\frac{\tau}{2}\right)}{n\Omega_1\frac{\tau}{2}} = \frac{E\tau}{T}Sa\left(n\Omega_1\frac{\tau}{2}\right) \tag{3-42}$$

因此，周期矩形脉冲信号的指数形式傅里叶级数为

$$x(t) = \sum_{n=-\infty}^{\infty} X_n \mathrm{e}^{\mathrm{j}n\Omega_1 t} = \sum_{n=-\infty}^{\infty} \frac{E\tau}{T}Sa\left(n\Omega_1\frac{\tau}{2}\right)\mathrm{e}^{\mathrm{j}n\Omega_1 t} \tag{3-43}$$

3）频谱分析

为绘制此信号频谱，设 $T = 5\tau$，两种形式的频谱如图 3-9 和图 3-10 所示。

从图 3-9 和图 3-10 可看出两种傅里叶级数频谱图的对应关系，另外由频谱图可以看出，周期矩形信号在频谱中的能量主要集中在第一个过零点 $\Omega = \frac{2\pi}{\tau}$ 之间。实际应用时，通常把 $0 \sim \frac{2\pi}{\tau}$ 的频率范围定义为矩形信号的频带宽度，通常记为 B。

根据式（3-41）和式（3-43），频谱以抽样信号为谱线的包络，直流、基波及各次谐波分量的大小正比于脉冲高度 E 及脉冲宽度 τ，反比于周期 T；谱线间隔为 Ω_1，其值与周期 T 的值有关，$\Omega_1 = \frac{2\pi}{T}$。

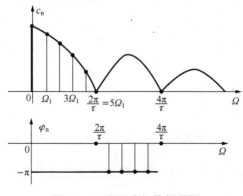

图 3-9　三角形式级数频谱图

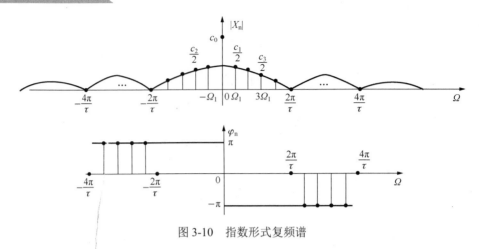

图 3-10 指数形式复频谱

通过以上分析,周期信号的频谱与周期 T 关系密切,T 的取值不仅与谱线值的大小有关,也与谱线间隔有关。只有当 T 具有确定值时,才能将傅里叶级数的频谱图绘制出来。因此,傅里叶级数只适合于具有确定周期值的周期信号分析,对于非周期信号来说,因为不存在确定 T 值,不能采用这种方法进行研究。

3.4 非周期信号的傅里叶变换

3.3 节采用傅里叶级数的方式,对周期信号进行了频域分析。但是,实际中大多数信号为非周期信号,如何对这类信号进行频域分析是本节的主要内容。

1. 从傅里叶级数到傅里叶变换

周期信号与非周期信号的划分主要取决于是否具有确定值的周期 T 的存在。周期信号的 T 是有确定值的,非周期信号的 T 可以看作 $T \to \infty$。从波形分析,周期信号可看作将一个周期内的非周期信号进行周期延拓而得到的。

利用上节的分析结论,周期信号的频谱与周期信号的 T 值有关,对于 $T \to \infty$ 的非周期信号,其频谱为

① 谱线间隔 $\Omega_1 = \dfrac{2\pi}{T}$,当 $T \to \infty$ 时,谱线间隔将趋近于无穷小;

② 谱线高度反比于周期 T,当 $T \to \infty$ 时,各频率分量的幅度(即谱线高度)也都趋近于无穷小,但是这些无穷小量之间仍保持一定的比例关系。

周期为 T 的周期信号频谱为

$$X_n = \frac{1}{T} \int_{-\frac{T}{2}}^{\frac{T}{2}} x(t) \mathrm{e}^{-jn\Omega_1 t} \mathrm{d}t$$

将此式两边同时乘以 T,可得

$$X_n T = \frac{X_n}{1/T} = \int_{-\frac{T}{2}}^{\frac{T}{2}} x(t) \mathrm{e}^{-jn\Omega_1 t} \mathrm{d}t \tag{3-44}$$

式(3-44)中,当 $T \to \infty$ 时,$\Omega_1 \to \mathrm{d}\Omega$;且 $n\Omega_1$ 由之前的离散变量成为连续变量,$n\Omega_1 \to \Omega$。于是有

第 3 章 连续信号与系统的频域分析

$$\lim_{T\to\infty} X_n T = \lim_{T\to\infty} \frac{X_n}{1/T} = \lim_{\Omega_1 \to 0} \frac{X_n}{\Omega_1/2\pi} = \int_{-\infty}^{\infty} x(t)\mathrm{e}^{-\mathrm{j}\Omega t}\mathrm{d}t \qquad (3\text{-}45)$$

将 $\lim\limits_{T\to\infty} X_n T$ 记为 $X(\mathrm{j}\Omega)$，则上式又可写为

$$X(\mathrm{j}\Omega) = \int_{-\infty}^{\infty} x(t)\mathrm{e}^{-\mathrm{j}\Omega t}\mathrm{d}t \qquad (3\text{-}46)$$

$X(\mathrm{j}\Omega)$ 反应了各频率分量的相对幅值和相位，称为函数 $x(t)$ 的频谱密度函数或简称为频谱函数，表示单位频率下的频谱高度，由以上分析可知，它是 Ω 的连续函数。

$$x(t) = \sum_{n=-\infty}^{\infty} X_n \mathrm{e}^{\mathrm{j}n\Omega_1 t} = \sum_{n=-\infty}^{\infty} T X_n \mathrm{e}^{\mathrm{j}n\Omega_1 t} \frac{1}{T} \qquad (3\text{-}47)$$

周期函数的傅里叶级数做同上处理，可得式（3-47）。当 $T \to \infty$ 时，$n\Omega_1 \to \Omega$，成为连续变量，求和成为积分形式；$\dfrac{1}{T} = \dfrac{\Omega_1}{2\pi}$，于是 $\dfrac{1}{T}$ 趋于 $\dfrac{\mathrm{d}\Omega}{2\pi}$，所以 $x(t)$ 为

$$x(t) = \frac{1}{2\pi} \int_{-\infty}^{\infty} X(\mathrm{j}\Omega)\mathrm{e}^{\mathrm{j}\Omega t}\mathrm{d}\Omega \qquad (3\text{-}48)$$

式（3-46）建立了时域信号与频域函数的关系，式（3-48）又建立了频域函数与时域信号的转换关系。称式（3-46）为非周期信号的傅里叶变换，式（3-48）为非周期信号的傅里叶逆变换，它们组成了傅里叶变换对。

因此，描述信号有两种方式，一种是时域描述以时间 t 为变量，另一种是频域描述，周期信号对应于傅里叶级数，非周期信号对应于傅里叶变换。

2. 傅里叶变换存在条件

在前面的傅里叶变换推导时，并没有遵循数学上的严格步骤。数学证明指出，函数的傅里叶变换存在的充分条件是在无限区间内满足绝对可积条件，即

$$\int_{-\infty}^{+\infty} |x(t)|\mathrm{d}t < \infty \qquad (3\text{-}49)$$

但它并非必要条件，当引入奇异函数（如冲激函数）后，许多不满足绝对可积条件的函数也能进行傅里叶变换，这给信号与系统的分析带来很大方便。

3. 非周期信号的频谱

频谱函数 $X(\mathrm{j}\Omega)$ 一般是复函数，可以用幅值和相位的形式来表示，即

$$X(\mathrm{j}\Omega) = |X(\mathrm{j}\Omega)|\mathrm{e}^{\mathrm{j}\varphi(\Omega)} \qquad (3\text{-}50)$$

式中，$|X(\mathrm{j}\Omega)|$ 是频谱函数的模，表示各频率分量的相对大小；$\varphi(\Omega)$ 是频谱函数的相位函数，表示了各频率分量之间的相位关系。由式（3-50）可看出，频谱函数的模和相位函数都是频率 Ω 的函数。将 $|X(\mathrm{j}\Omega)|$ 随频率 Ω 的变化曲线——$|X(\mathrm{j}\Omega)| \sim \Omega$ 曲线称为幅度谱，$\varphi(\Omega)$ 随频率 Ω 的变化曲线——$\varphi(\Omega) \sim \Omega$ 曲线称为相位谱，这两类曲线反映了信号各频率分量的幅值和相位随频率的变化趋势，合称为非周期信号的频谱图。如以上分析，对非周期信号而言，Ω 是连续变量，所以其频谱是连续谱。

1）矩形脉冲信号的傅里叶变换及频谱

矩形脉冲信号常常也被称为门函数，用 $g_\tau(t)$ 表示，是宽度为 τ，幅度为 1 的偶函数，表示为

$$g_\tau(t) = \left[u(t+\frac{\tau}{2}) - u(t-\frac{\tau}{2})\right] \quad (3\text{-}51)$$

根据公式（3-46）求其傅里叶变换

$$\begin{aligned}X(j\Omega) &= \int_{-\infty}^{+\infty} g_\tau(t)e^{-j\Omega t}dt = \int_{-\tau/2}^{\tau/2} e^{-j\Omega t}dt \\ &= \frac{2}{\Omega}\sin\frac{\Omega\tau}{2} = \tau\frac{\sin(\Omega\tau/2)}{\Omega\tau/2} = \tau \cdot Sa\left(\frac{\Omega\tau}{2}\right)\end{aligned} \quad (3\text{-}52)$$

将频谱函数写成模和相位的形式，则有

$$|X(j\Omega)| = \tau\left|Sa\left(\frac{\Omega\tau}{2}\right)\right|$$

$$\varphi(\Omega) = \begin{cases} 0, & \dfrac{n\pi}{\tau} < |\Omega| < \dfrac{2(2n+1)\pi}{\tau} \\ \pm\pi, & \dfrac{2(2n+1)\pi}{\tau} < |\Omega| < \dfrac{4(n+1)\pi}{\tau} \end{cases}$$

矩形脉冲信号的频谱如图 3-11 所示。

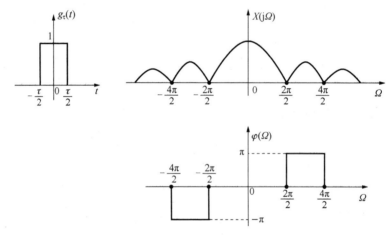

图 3-11 矩形脉冲信号的波形及其频谱

由于矩形脉冲信号的频谱函数 $X(j\Omega)$ 是实函数，其相位谱只有 0、π 两种情况，所以可以通过幅度的正、负来对应两个相位值，即将幅度谱和相位谱在一张图上表示，如图 3-12 所示。

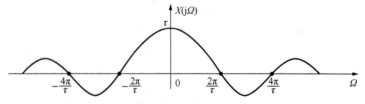

图 3-12 矩形脉冲信号第二种频谱形式

在图 3-12 中，当 $X(j\Omega) > 0$ 时，$\varphi(\Omega)$ 为 0；当 $X(j\Omega) < 0$ 时，$\varphi(\Omega)$ 为 π。

2）单边指数信号的傅里叶变换及频谱

指数信号有多种形式，这里只讨论应用较多的单边指数信号，其表示式和波形图分别见式（3-53）和如图 3-13（a）所示。

$$x(t) = e^{-at}u(t) \qquad a > 0 \tag{3-53}$$

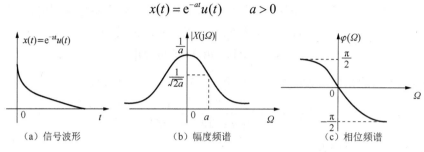

（a）信号波形　　　　（b）幅度频谱　　　　（c）相位频谱

图 3-13　单边指数信号波形及其频谱

根据傅里叶变换公式（3-46）求其傅里叶变换

$$X(j\Omega) = \int_{-\infty}^{\infty} e^{-at}u(t)e^{-j\Omega t}dt = \int_{0}^{\infty} e^{-(a+j\Omega)t}dt$$

$$= \frac{-e^{-(a+j\Omega)t}}{a+j\Omega}\bigg|_{0}^{\infty} = \frac{1}{a+j\Omega} \tag{3-54}$$

幅度谱和相位谱分别为

$$|X(j\Omega)| = \frac{1}{\sqrt{a^2 + \Omega^2}}$$

$$\varphi(\Omega) = -\arctan\frac{\Omega}{a}$$

幅度谱和相位谱如图 3-13（b）和图 3-13（c）所示。

3）双边指数信号的傅里叶变换及频谱

双边指数信号表示为 $x(t) = e^{-a|t|}$ 或 $x(t) = e^{at}u(-t) + e^{-at}u(t)$，其中 $a > 0$。根据傅里叶变换公式及式（3-54），有

$$X(j\Omega) = \frac{1}{a-j\Omega} + \frac{1}{a+j\Omega} = \frac{2a}{a^2 + \Omega^2} \tag{3-55}$$

$$X(j\Omega) = \frac{2a}{a^2 + \Omega^2} = |X(j\Omega)|$$

$$\varphi(\Omega) = 0$$

双边指数函数的波形 $x(t)$、频谱 $X(j\Omega)$ 如图 3-14 所示。

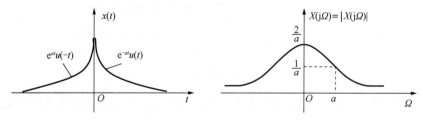

图 3-14　双边指数函数的波形和频谱

4）符号函数的傅里叶变换及频谱

符号函数记为 sgn(t)，表示式为

$$\mathrm{sgn}\,t = -u(-t) + u(t) = \begin{cases} 1 & t > 0 \\ -1 & t < 0 \end{cases}$$

这个函数不满足绝对可积条件,但却存在傅里叶变换。由于不能直接用式(3-46)求傅里叶变换,需要先对其进行处理。将符号函数用以下极限形式表示

$$\operatorname{sgn} t = \lim_{a \to 0}[\mathrm{e}^{-at}u(t) - \mathrm{e}^{at}u(-t)]$$

上式是两个单边指数函数的组合,利用式(3-54),并取极限可得

$$X(\mathrm{j}\Omega) = \lim_{a \to 0}\left[\frac{1}{a+\mathrm{j}\Omega} - \frac{1}{a-\mathrm{j}\Omega}\right] = \frac{2}{\mathrm{j}\Omega} \tag{3-56}$$

幅度谱和相位谱分别为

$$|X(\mathrm{j}\Omega)| = \frac{2}{|\Omega|}$$

$$\varphi(\Omega) = \begin{cases} \pi/2 & \Omega < 0 \\ -\pi/2 & \Omega > 0 \end{cases}$$

符号函数的波形 $x(t)$、幅度谱 $|X(\mathrm{j}\Omega)|$、相位谱 $\varphi(\Omega)$ 如图 3-15 所示。

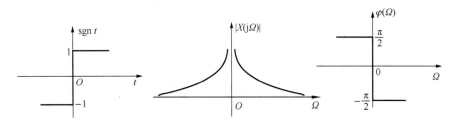

图 3-15 符号函数的波形及其幅度、相位谱

5)冲激函数的傅里叶变换及频谱

时域冲激函数 $\delta(t)$ 的傅里叶变换可由定义直接得到

$$X(\mathrm{j}\Omega) = \int_{-\infty}^{\infty} \delta(t)\mathrm{e}^{-\mathrm{j}\Omega t}\mathrm{d}t = 1 \tag{3-57}$$

由式(3-57)可看出,冲激函数 $\delta(t)$ 的频谱是常数,包含了所有的频率分量。将这种所有频率分量均匀分布的频谱称为白色谱。冲激函数 $\delta(t)$ 的波形及频谱图如图 3-16 所示。

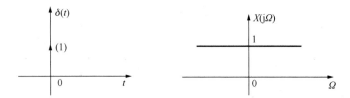

图 3-16 冲激函数的波形及其频谱

如果频域有冲激函数 $\delta(\Omega)$,要求其对应的时域信号,应对其进行傅里叶逆变换,由式(3-48)可得

$$x(t) = \frac{1}{2\pi}\int_{-\infty}^{\infty} \delta(\Omega)\mathrm{e}^{\mathrm{j}\Omega t}\mathrm{d}\Omega = \frac{1}{2\pi} \tag{3-58}$$

根据式(3-58),常数(直流分量)的傅里叶变换为冲激信号,即

$$X(\mathrm{j}\Omega) = \int_{-\infty}^{\infty} 1 \cdot \mathrm{e}^{-\mathrm{j}\Omega t}\mathrm{d}t = 2\pi\delta(\Omega) \tag{3-59}$$

6）阶跃信号的傅里叶变换及频谱

阶跃函数虽也不满足绝对可积条件，但 $u(t)$ 可以表示为直流分量与符号函数和的形式

$$u(t) = \frac{1}{2} + \frac{1}{2}\operatorname{sgn} t$$

对上式两边取傅氏变换

$$FT[u(t)] = \pi\delta(\Omega) + \frac{1}{2} \cdot \frac{2}{\mathrm{j}\Omega} = \pi\delta(\Omega) + \frac{1}{\mathrm{j}\Omega} \qquad (3\text{-}60)$$

阶跃函数的波形、幅度谱 $|X(\mathrm{j}\Omega)|$、相位谱 $\varphi(\Omega)$ 如图 3-17 所示。

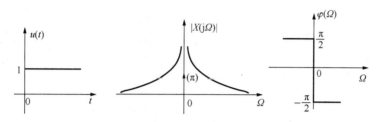

图 3-17 阶跃函数的波形以及幅度、相位谱

3.5 傅里叶变换的性质

通过傅里叶正反变换，建立了时域函数 $x(t)$ 与频域函数 $X(\mathrm{j}\Omega)$ 一一对应的关系，研究信号特性既可以研究它的时域特性，也可研究信号的频域特性。在信号分析的理论研究与实际设计工作中，经常需要了解当信号在一个域进行某种运算后引起另外一个域何种变化，这需要研究傅里叶变换的性质，另外掌握了这些性质，也能很方便求解傅里叶正反变换。

1. 线性性质

若 $x_1(t) \leftrightarrow X_1(\mathrm{j}\Omega)$，$x_2(t) \leftrightarrow X_2(\mathrm{j}\Omega)$，即 $x_1(t)$ 的傅里叶变换为 $X_1(\mathrm{j}\Omega)$，$x_2(t)$ 的傅里叶变换为 $X_2(\mathrm{j}\Omega)$。

则有

$$k_1 x_1(t) + k_2 x_2(t) \leftrightarrow k_1 X_1(\mathrm{j}\Omega) + k_2 X_2(\mathrm{j}\Omega) \qquad (3\text{-}61)$$

式中 k_1、k_2 为常数。

利用傅里叶变换的线性特性，可以将待求信号分解为若干个基本信号之和。

2. 尺度变换

若 $x(t) \leftrightarrow X(\mathrm{j}\Omega)$，则有

$$x(at) \leftrightarrow \frac{1}{|a|} X\left(\mathrm{j}\frac{\Omega}{a}\right) \qquad a \neq 0 \qquad (3\text{-}62)$$

证明：

$$FT[x(at)] = \int_{-\infty}^{\infty} x(at)\mathrm{e}^{-\mathrm{j}\Omega t}\mathrm{d}t \qquad (3\text{-}63)$$

令 $at = t'$，则 $t = \dfrac{t'}{a}$，$\mathrm{d}t = \dfrac{1}{a}\mathrm{d}t'$，由式（3-63）

当 $a > 0$ 时

$$FT[x(at)] = \frac{1}{a}\int_{-\infty}^{\infty} x(t')e^{-j\frac{\Omega}{a}t'}dt' = \frac{1}{a}X\left(j\frac{\Omega}{a}\right)$$

当 $a < 0$ 时

$$FT[x(at)] = \frac{1}{a}\int_{+\infty}^{-\infty} x(t')e^{-j\frac{\Omega}{a}t'}dt = \frac{1}{-a}\int_{-\infty}^{+\infty} x(t')e^{-j\frac{\Omega}{a}t'}dt' = \frac{1}{-a}X\left(j\frac{\Omega}{a}\right)$$

综合上述两种情况,尺度变换特性表示为式(3-62)所示。

特别当 $a = -1$ 时,得到 $x(t)$ 的翻褶函数 $x(-t)$,其频谱也为原频谱的翻褶,即

$$x(-t) \leftrightarrow X(-j\Omega) \tag{3-64}$$

尺度变换特性说明,信号在时域中压缩,对应频域就会扩展;反之,信号在时域中扩展,则对应频域压缩;即信号的等效脉宽与等效频宽成反比,反映在通信系统中,通信速度与占用的频宽就是一对矛盾。图 3-18 以矩形信号为例,给出了时域脉宽变化对应频谱的变化情况。

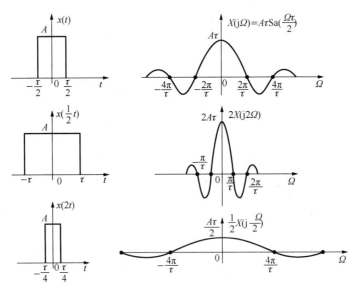

图 3-18 矩形脉冲尺度变换及频谱的变化比较

3. 时移性质

若 $x(t) \leftrightarrow X(j\Omega)$,则有

$$x(t - t_0) \leftrightarrow X(j\Omega)e^{-j\Omega t_0} \tag{3-65}$$

证明:

$$\int_{-\infty}^{\infty} x(t - t_0)e^{-j\Omega t}dt \xrightarrow{t' = t - t_0} \int_{-\infty}^{\infty} x(t')e^{-j\Omega(t' + t_0)}dt'$$

$$= e^{-j\Omega t_0}\int_{-\infty}^{\infty} x(t')e^{-j\Omega t'}dt'$$

$$= X(j\Omega)e^{-j\Omega t_0}$$

时移后信号的频谱与原信号相比,幅度频谱无变化,时移只影响相位频谱。

【例 3-2】 求如图 3-19 所示的三脉冲信号的频谱。

解：设中间的矩形脉冲为 $x_0(t)$，其频谱为 $X_0(j\Omega) = E\tau \cdot Sa\left(\dfrac{\Omega\tau}{2}\right)$。

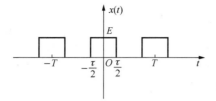

图 3-19 三脉冲信号波形

三脉冲信号 $x(t)$ 为

$$x(t) = x_0(t) + x_0(t+T) + x_0(t-T)$$

利用线性性质和时移性质有

$$\begin{aligned}X(j\Omega) &= X_0(j\Omega)\left(1 + e^{j\Omega T} + e^{-j\Omega T}\right) \\ &= E\tau \cdot Sa\left(\dfrac{\Omega\tau}{2}\right)\left[1 + 2\cos(\Omega T)\right]\end{aligned}$$

4. 频移性质

若 $x(t) \leftrightarrow X(j\Omega)$，则有

$$x(t)e^{j\Omega_0 t} \leftrightarrow X[j(\Omega - \Omega_0)] \tag{3-66}$$

其中，Ω_0 为常数。

证明：

$$\begin{aligned}\int_{-\infty}^{\infty} x(t)e^{j\Omega_0 t}e^{-j\Omega t}dt &= \int_{-\infty}^{\infty} x(t)e^{-j(\Omega-\Omega_0)t}dt \\ &= X[j(\Omega - \Omega_0)]\end{aligned}$$

根据欧拉公式

$$\begin{cases}\cos\Omega_0 t = \dfrac{e^{j\Omega_0 t} + e^{-j\Omega_0 t}}{2} \\ \sin\Omega_0 t = \dfrac{e^{j\Omega_0 t} - e^{-j\Omega_0 t}}{j2}\end{cases}$$

将时域信号与正弦或余弦信号相乘，所对应的频谱会沿频率轴做平移，原频谱一分为二，沿频率轴分别向左或向右平移。这就是通信系统中调制、解调技术的基本原理，如图 3-20 所示。

$$\begin{aligned}x(t)\cos\Omega_0 t &\leftrightarrow \dfrac{1}{2}X[j(\Omega-\Omega_0)] + \dfrac{1}{2}X[j(\Omega+\Omega_0)] \\ x(t)\sin\Omega_0 t &\leftrightarrow \dfrac{1}{j2}X[j(\Omega-\Omega_0)] - \dfrac{1}{2}X[j(\Omega+\Omega_0)]\end{aligned} \tag{3-67}$$

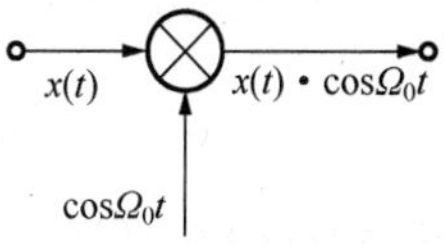

图 3-20 调制原理图

【例 3-3】已知矩形调幅信号 $x(t) = Eg_\tau(t)\cos\Omega_0 t$（图 3-21），求 $x(t)$ 的频谱。

解：图中 $x(t)$ 与余弦函数相乘，相当于将 $x(t)$ 的频谱做了频谱搬移。先求出矩形脉冲的频谱 $G(j\Omega)$，根据式（3-52）

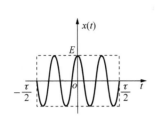

图 3-21 矩形调幅信号波形

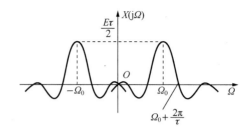

图 3-22 矩形调幅信号频谱图

$$G(j\Omega) = E\tau \cdot Sa\left(\frac{\Omega\tau}{2}\right)$$

再根据式（3-67）可得

$$X(j\Omega) = \frac{1}{2}G[j(\Omega - \Omega_0)] + \frac{1}{2}G[j(\Omega + \Omega_0)]$$

$$= \frac{E\tau}{2}Sa\left[\frac{(\Omega - \Omega_0)\tau}{2}\right] + \frac{E\tau}{2}Sa\left[\frac{(\Omega + \Omega_0)\tau}{2}\right]$$

频谱图如图 3-22 所示。

5. 微分性质

时域微分性质：若 $x(t) \leftrightarrow X(j\Omega)$，则有

$$\frac{dx(t)}{dt} \leftrightarrow j\Omega X(j\Omega) \tag{3-68}$$

同理，可将式（3-68）推广到高阶导数的傅里叶变换

$$\frac{d^n x(t)}{dt^n} \leftrightarrow (j\Omega)^n X(j\Omega) \tag{3-69}$$

频域微分性质：若 $x(t) \leftrightarrow X(j\Omega)$，则有

$$(-jt)x(t) \leftrightarrow \frac{dX(j\Omega)}{d\Omega} \tag{3-70}$$

高阶时有

$$t^n x(t) \leftrightarrow j^n \frac{d^n X(j\Omega)}{d\Omega^n} \tag{3-71}$$

6. 积分性质

时域积分性质：若 $x(t) \leftrightarrow X(j\Omega)$，则有

$$y(t) = \int_{-\infty}^{t} x(\tau)d\tau \leftrightarrow Y(j\Omega) = \pi X(0)\delta(\Omega) + \frac{1}{j\Omega}X(j\Omega) \tag{3-72}$$

若 $x'(t) \leftrightarrow \phi(j\Omega)$，则有

$$x(t) \leftrightarrow X(j\Omega) = \pi[x(-\infty) + x(+\infty)]\delta(\Omega) + \frac{1}{j\Omega}\phi(j\Omega) \tag{3-73}$$

【例 3-4】 求单位阶跃信号的频谱。

解：单位冲激信号的傅里叶变换为 $\delta(t) \leftrightarrow 1$ 因此，利用时域积分性质可得

$$u(t) \leftrightarrow \frac{1}{j\Omega} + \pi\delta(\Omega)$$

频域积分性质：若 $x(t) \leftrightarrow X(j\Omega)$，则有

$$\int_{-\infty}^{\Omega} X(j\eta)d\eta \leftrightarrow \frac{x(t)}{-jt} + \pi x(0)\delta(t) \tag{3-74}$$

7. 对称性

若 $x(t) \leftrightarrow X(j\Omega)$，则有

$$X(jt) \leftrightarrow 2\pi x(-\Omega) \tag{3-75}$$

当 $x(t)$ 为偶函数时，有

$$X(t) \leftrightarrow 2\pi x(\Omega) \tag{3-76}$$

【例 3-5】求常数 1 的傅里叶变换
解：因为 $\delta(t) \leftrightarrow 1$，且冲激信号为偶函数，所以根据对称性质，
$$X(t) = 1 \leftrightarrow 2\pi x(\Omega) = 2\pi\delta(\Omega)$$

8. 奇偶虚实性

一般情况下实信号 $x(t)$ 的频谱 $X(j\Omega)$ 为复函数，$X(j\Omega)$ 的模与幅角、实部与虚部表示形式为

$$\begin{aligned} X(j\Omega) &= \int_{-\infty}^{\infty} x(t)e^{-j\Omega t}dt = \int_{-\infty}^{\infty} x(t)\cos\Omega t\,dt - j\int_{-\infty}^{\infty} x(t)\sin\Omega t\,dt \\ &= R(\Omega) + jI(\Omega) = |X(j\Omega)|e^{-j\varphi(\Omega)} \end{aligned}$$

其中

$$\begin{aligned} R(\Omega) &= \int_{-\infty}^{\infty} x(t)\cos\Omega t\,dt = R(-\Omega), & \text{是}\Omega\text{的偶函数} \\ I(\Omega) &= -j\int_{-\infty}^{\infty} x(t)\sin\Omega t\,dt = -I(-\Omega), & \text{是}\Omega\text{的奇函数} \\ |X(j\Omega)| &= \sqrt{R^2(\Omega) + I^2(\Omega)}, & \text{是}\Omega\text{的偶函数} \\ \varphi(\Omega) &= \arctan\frac{I(\Omega)}{R(\Omega)} = -\varphi(-\Omega), & \text{是}\Omega\text{的奇函数} \end{aligned} \tag{3-77}$$

还可推出若 $x(t)$ 为实偶函数，$X(j\Omega)$ 为实偶函数；$x(t)$ 为实奇函数，$X(j\Omega)$ 为虚奇函数。

9. 卷积定理

时域卷积定理：若 $x_1(t) \leftrightarrow X_1(j\Omega)$，$x_2(t) \leftrightarrow X_2(j\Omega)$，则

$$x_1(t) * x_2(t) \leftrightarrow X_1(j\Omega) \cdot X_2(j\Omega) \tag{3-78}$$

频域卷积定理：若 $x_1(t) \leftrightarrow X_1(j\Omega)$，$x_2(t) \leftrightarrow X_2(j\Omega)$，则

$$x_1(t)x_2(t) \leftrightarrow \frac{1}{2\pi}X_1(j\Omega) * X_2(j\Omega) \tag{3-79}$$

10. 能量信号的能量计算公式

$$E = \int_{-\infty}^{+\infty} x^2(t)dt = \frac{1}{2\pi}\int_{-\infty}^{+\infty} |X(j\Omega)|^2 d\Omega \tag{3-80}$$

3.6 周期信号的傅里叶变换

一般的周期信号可以通过傅里叶级数展开，建立频域的分析基础；满足要求的非周期信号则可以通过傅里叶变换对应到频域进行研究。为了研究的方便，是否可以选用统一的方法进行信号的频域分析呢？

1. 周期信号的傅里叶变换推导

对于非周期信号，前面已经讨论过将其展开为傅里叶级数存在问题。因此，从傅里叶变换出发，讨论信号及系统的频域分析方法。

1) 正弦与余弦的傅里叶变换

正弦和余弦是典型的周期信号，利用欧拉公式可将其转换为指数信号。

$$\cos\Omega_0 t = \frac{1}{2}\left(e^{j\Omega_0 t} + e^{-j\Omega_0 t}\right)$$

$$\sin\Omega_0 t = \frac{1}{2j}\left(e^{j\Omega_0 t} - e^{-j\Omega_0 t}\right)$$

其中，余弦信号是由两个指数信号合成，根据线性性质，余弦信号的傅里叶变换就是这两个指数信号傅里叶变换的和。再利用傅里叶变换的频移性质，将两个指数信号认为是与常数1相乘的结果，于是有

$$1 \cdot e^{j\Omega_0 t} \leftrightarrow 2\pi\delta(\Omega - \Omega_0)$$

$$1 \cdot e^{-j\Omega_0 t} \leftrightarrow 2\pi\delta(\Omega + \Omega_0)$$

因此
$$\cos\Omega_0 t \leftrightarrow \frac{1}{2}\left[2\pi\delta(\Omega - \Omega_0) + 2\pi\delta(\Omega + \Omega_0)\right] = \pi\delta(\Omega + \Omega_0) + \pi\delta(\Omega - \Omega_0) \quad (3-81)$$

同理可得
$$\sin\Omega_0 t \leftrightarrow -j\pi\delta(\Omega - \Omega_0) + j\pi\delta(\Omega + \Omega_0) \quad (3-82)$$

根据式（3-81）和式（3-82）将余弦和正弦信号的频谱画出，分别如图 3-23 和 3-24 所示。

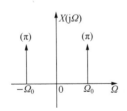

图 3-23 余弦信号频谱

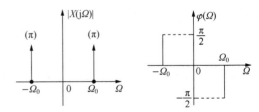

图 3-24 正弦信号频谱

2) 一般周期信号的傅里叶变换

设一般周期信号的周期为 $T = \dfrac{2\pi}{\Omega_1}$，其傅里叶级数为 $x(t) = \sum\limits_{n=-\infty}^{\infty} X_n e^{jn\Omega_1 t}$。

对此周期信号进行傅里叶变换

$$X(\mathrm{j}\Omega) = FT[x(t)]$$
$$= FT\left[\sum_{-\infty}^{\infty} X_n \mathrm{e}^{\mathrm{j}n\Omega_1 t}\right] = \sum_{-\infty}^{\infty} X_n FT\left[\mathrm{e}^{\mathrm{j}n\Omega_1 t}\right]$$
$$= \sum_{-\infty}^{\infty} X_n 2\pi \delta(\Omega - n\Omega_1) = 2\pi \sum_{-\infty}^{\infty} X_n \delta(\Omega - n\Omega_1)$$

因此，一般周期信号的傅里叶变换为

$$X(\mathrm{j}\Omega) = 2\pi \sum_{-\infty}^{\infty} X_n \delta(\Omega - n\Omega_1) \tag{3-83}$$

2. 周期信号傅里叶级数系数的求解

对于周期信号而言，可以通过傅里叶级数展开也可以通过傅里叶变换建立时域与频域的对应。这样，周期和非周期信号就有了共同的频域研究工具——傅里叶变换。

周期信号的傅里叶级数和傅里叶变换如下

$$X(\mathrm{j}\Omega) = \sum_{-\infty}^{\infty} X_n \mathrm{e}^{\mathrm{j}n\Omega_1 t} \qquad \text{傅里叶级数}$$

$$X(\mathrm{j}\Omega) = 2\pi \sum_{-\infty}^{\infty} X_n \delta(\Omega - n\Omega_1) \qquad \text{傅里叶变换}$$

根据两个公式，无论求傅里叶级数还是傅里叶变换，关键是求傅里叶级数的系数 X_n，式（3-37）给出了此系数的定义式

$$X_n = \frac{1}{T} \int_{-\frac{T}{2}}^{\frac{T}{2}} x(t) \mathrm{e}^{-\mathrm{j}n\Omega_1 t} \mathrm{d}t \tag{3-84}$$

此系数是否可以通过其他的方法来求解呢？

周期函数 $x(t)$ 可以看作一个周期内的非周期信号 $x_0(t)$ 经过周期延拓得到的，对 $x_0(t)$ 进行傅里叶变换

$$X_0(\mathrm{j}\Omega) = \int_{-\frac{T}{2}}^{\frac{T}{2}} x_0(t) \mathrm{e}^{-\mathrm{j}\Omega t} \mathrm{d}t \tag{3-85}$$

将式（3-84）和式（3-85）进行比较，两者在系数上相差 $\frac{1}{T}$；在一个周期内，$x(t)$ 与 $x_0(t)$ 相等。所以，可以用周期信号的一个周期内的非周期信号的频谱求解傅里叶级数的系数。

$$X_n = \frac{1}{T} X_0(\mathrm{j}\Omega)\Big|_{\Omega = n\Omega_1} \tag{3-86}$$

【例 3-6】 求周期单位冲激串信号 $\delta_T(t)$（图 3-25）的傅里叶变换。

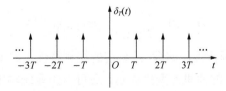

图 3-25 周期单位冲激串信号波形

解：周期单位冲激串信号 $\delta_T(t) = \sum_{n=-\infty}^{\infty} \delta(t-nT)$，可以看成由单位冲激信号周期延拓得到的。

在区间 $(-T, T)$ 内，为单位冲激信号 $\delta(t)$。因为 $\delta(t) \leftrightarrow 1$，所以，周期单位冲激串信号的傅里叶级数的系数为 $X_n = \dfrac{1}{T}$。根据式（3-83）可得

$$X(\mathrm{j}\Omega) = \dfrac{2\pi}{T} \sum_{n=-\infty}^{\infty} \delta(\Omega - n\Omega_1) = \Omega_1 \sum_{n=-\infty}^{\infty} \delta(\Omega - n\Omega_1) = \Omega_1 \delta_{\Omega_1}(\Omega) \tag{3-87}$$

已知傅里叶级数系数，也可以得到此周期函数的傅里叶级数

$$\delta_T(t) = \sum_{n=-\infty}^{\infty} X_n \mathrm{e}^{\mathrm{j}n\Omega_1 t} = \dfrac{1}{T} \sum_{n=-\infty}^{\infty} \mathrm{e}^{\mathrm{j}n\Omega_1 t} \tag{3-88}$$

频谱如图 3-26 所示。

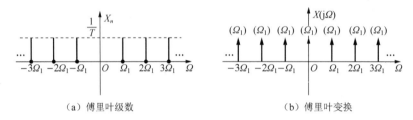

（a）傅里叶级数　　　　　　　　　（b）傅里叶变换

图 3-26　周期单位冲激信号频谱

3.7　线性时不变系统的频域分析

系统的分析方法也可以在变换域进行，根据傅里叶变换，在频域对线性时不变连续系统进行分析。

1. 频域系统函数

在时域可以通过卷积求系统的零状态响应

$$y(t) = y_{zs}(t) = x(t) * h(t) \tag{3-89}$$

对上式两边求傅里叶变换，再根据时域卷积定理可得到

$$Y(\mathrm{j}\Omega) = X(\mathrm{j}\Omega) \cdot H(\mathrm{j}\Omega) \tag{3-90}$$

其中，$H(\mathrm{j}\Omega)$ 是系统单位冲激响应 $h(t)$ 的傅里叶变换。系统单位冲激响应 $h(t)$ 表征的是系统时域特性，而 $H(\mathrm{j}\Omega)$ 表征的是系统频域特性。所以 $H(\mathrm{j}\Omega)$ 称为系统频率响应函数，简称频响函数或系统函数。式（3-90）还可以写成

$$H(\mathrm{j}\Omega) = \dfrac{Y(\mathrm{j}\Omega)}{X(\mathrm{j}\Omega)} = |H(\mathrm{j}\Omega)| \mathrm{e}^{\mathrm{j}\varphi(\Omega)} \tag{3-91}$$

式中，$H(\mathrm{j}\Omega)$ 是系统的幅频特性，$\varphi(\Omega)$ 是系统的相频特性。式（3-91）表明，$H(\mathrm{j}\Omega)$ 除了可由系统单位冲激响应 $h(t)$ 的傅里叶变换表示，还可以由系统输出（零状态响应）的傅里叶变换与输入傅里叶变换之比表示。

2. 系统响应的频域求解

根据式（3-89）和式（3-90），系统的零状态响应既可以在时域用卷积方法求解，也可以利用频域系统函数 $H(j\Omega)$ 和激励信号傅里叶变换的乘积再进行傅里叶逆变换得到。频域法求解能够将计算卷积积分的难度分解到计算两次傅里叶正变换和一次傅里叶反变换上。

【例 3-7】 已知某连续系统的微分方程为

$$y''(t) + 5y'(t) + 6y(t) = x'(t)$$

求系统在激励 $x(t) = e^{-t}u(t)$ 作用下的零状态响应 $y_{zs}(t)$。

解：对系统微分方程两边取傅里叶变换（利用微分性质）

$$(j\Omega)^2 Y(j\Omega) + 5j\Omega Y(j\Omega) + 6Y(j\Omega) = j\Omega X(j\Omega)$$

$$H(j\Omega) = \frac{Y(j\Omega)}{X(j\Omega)} = \frac{j\Omega}{(j\Omega)^2 + 5j\Omega + 6}$$

对激励信号进行傅里叶变换

$$X(j\Omega) = \frac{1}{1+j\Omega}$$

$$Y(j\Omega) = H(j\Omega)X(j\Omega) = \frac{j\Omega}{(j\Omega)^2 + 5j\Omega + 6} \cdot \frac{1}{1+j\Omega}$$

$$= \frac{-0.5}{j\Omega+1} + \frac{2}{j\Omega+2} - \frac{1.5}{j\Omega+3}$$

对频域的零状态响应求傅里叶逆变换，得

$$y_{zs}(t) = -0.5e^{-t} + 2e^{-2t} - 1.5e^{-3t}, \quad t \geq 0$$

3.8 傅里叶变换的应用

将信号和系统进行频域分析可以从另一个角度了解系统的某些特性。采用频域分析法更便于理解滤波、带宽、采样、无失真传输、调制解调等的概念和物理意义。

1. 理想低通滤波器

滤波的概念往往与选频有关，在许多实际应用中系统需要保留信号的部分频率分量，抑制另一部分频率分量，用以提取所需信号。例如要从电视机天线上所有的信号中，选出所需要频道的信号，就要利用滤波器。现代滤波的概念更加广泛，凡是信号频谱经过系统后发生了改变都认为是滤波。

1）理想滤波器的分类

具有通带幅频特性为常数 K，阻带幅频特性为 0 的滤波器是理想滤波器。理想滤波器的特点是对信号中要保留的频率分量直通，而将其余部分衰减到零。理想滤波器可分为理想低通、理想高通、理想带通、理想带阻滤波器等，其幅频特性如图 3-27 所示。

2）理想低通滤波器的频率特性

理想低通滤波器的频域系统函数为

$$H(j\Omega) = |H(j\Omega)|e^{j\varphi(\Omega)} = \begin{cases} Ke^{-j\Omega t_0}, & |\Omega| < \Omega_C \\ 0, & |\Omega| > \Omega_C \end{cases} \quad (3\text{-}92)$$

式中，Ω_C 是通带截止频率，$-t_0$ 是相位斜率。

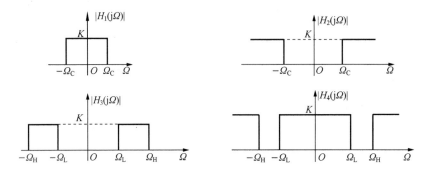

图 3-27　理想滤波器的幅频特性

理想低通滤波器的频率特性如图 3-28 所示。理想低通滤波器的频带宽度等于通带截止频率 Ω_C，它对激励信号中低于 Ω_C 的频率分量可以无失真传输（幅度均匀变化，时延 t_0），而高于 Ω_C 的频率分量则被完全抑制。

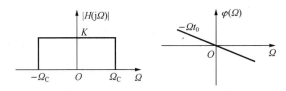

图 3-28　理想低通滤波器的频率特性

3）理想低通滤波器的单位冲激响应

利用公式求理想低通滤波器的单位冲激响应

$$\begin{aligned} h(t) &= \frac{1}{2\pi}\int_{-\Omega_C}^{\Omega_C} Ke^{-j\Omega t_0}e^{j\Omega t}d\Omega = \frac{K}{2\pi}\frac{1}{j(t-t_0)}e^{j\Omega(t-t_0)}\Big|_{-\Omega_C}^{\Omega_C} \\ &= \frac{K\Omega_C}{\pi}Sa[\Omega_C(t-t_0)] \end{aligned} \quad (3\text{-}93)$$

理想低通滤波器的单位冲激响应波形如图 3-29 所示，由图 3-29 可以看出

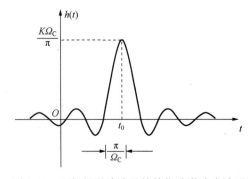

图 3-29　理想低通滤波器的单位冲激响应波形

① 在 $t=0$ 时刻加入的激励，其响应的最大值出现在 t_0 处，说明响应建立需要时间。

② 响应不仅延迟了 t_0，并在响应脉冲建立的前后出现了起伏振荡。从理论上讲，振荡一直延伸到 $\pm\infty$ 处。这是由信号的幅度失真造成的，因为相当一部分的高频分量被理想低通滤波器完全抑制了。

③ $t<0$ 时有响应出现，表明理想低通滤波器系统是非因果的，是物理不可实现的，非因果系统在实际中无法实现，但它具有理论指导意义。

④ $h(t)$ 的峰值 $\dfrac{K\Omega_C}{\pi}$ 与 Ω_C 成正比，主峰宽度 $\dfrac{2\pi}{\Omega_C}$ 与 Ω_C 成反比。当 $\Omega_C \to \infty$ 时，有峰值 $\dfrac{K\Omega_C}{\pi} \to \infty$，主峰宽度 $\dfrac{2\pi}{\Omega_C} \to 0$，$h(t) \to K\delta(t-t_0)$，此时理想低通滤波器无滤波作用变成了无失真传输系统。

4) 理想低通滤波器的单位阶跃响应

单位阶跃信号的前沿很陡，含有丰富的高频分量，其经过理想低通滤波器后产生的响应 $g(t)$ 为

$$g(t) = h(t) * u(t) = \int_{-\infty}^{t} h(\tau)\mathrm{d}\tau = \int_{-\infty}^{t} \frac{K\Omega_C}{\pi} Sa\left[\Omega_C(\tau - t_0)\right]\mathrm{d}\tau \tag{3-94}$$

令 $\Omega_C(\tau - t_0) = x$，则 $\Omega_C \mathrm{d}\tau = \mathrm{d}x$，令积分上限为 $x_C = \Omega_C(t - t_0)$，进行变量替换后

$$g(t) = \frac{K}{\pi} \int_{-\infty}^{x_C} \frac{\sin x}{x} \mathrm{d}x = \frac{K}{\pi} \int_{-\infty}^{0} \frac{\sin x}{x} \mathrm{d}x + \frac{K}{\pi} \int_{0}^{x_C} \frac{\sin x}{x} \mathrm{d}x$$

函数 $\dfrac{\sin x}{x}$ 的积分称为"正弦积分"，通常记 $Si(x_C) = \int_{0}^{x_C} \dfrac{\sin x}{x} \mathrm{d}x$，该积分值在数学手册中有标准表格可查。上式中，定积分 $\int_{-\infty}^{0} \dfrac{\sin x}{x} \mathrm{d}x = \dfrac{\pi}{2}$，所以有

$$g(t) = \frac{K}{2} + \frac{K}{\pi} Si(x_C) = \frac{K}{2} + \frac{K}{\pi} Si[\Omega_C(t - t_0)] \tag{3-95}$$

其波形如图 3-30 所示，由图 3-30 可以看出

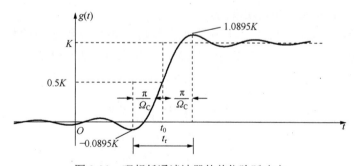

图 3-30 理想低通滤波器的单位阶跃响应

① 响应最小值和最大值发生的时刻分别在 $t_0 - \dfrac{\pi}{\Omega_C}$ 和 $t_0 + \dfrac{\pi}{\Omega_C}$，若定义从 $g(t)$ 最小值上升到最大值为上升时间（响应建立时间）t_r，则

$$t_r = \frac{2\pi}{\Omega_C} \tag{3-96}$$

式（3-96）说明响应建立时间与通带带宽成反比，通带越宽响应上升时间越短，反之亦然。

一般滤波器的响应建立时间与通带带宽的乘积是常数。

② 输出波形的起伏振荡延伸到了 $t<0$ 的时间区域。注意到激励是 $t=0$ 时刻加入的，$t<0$ 时有响应出现说明系统是非因果的。

③ 单位阶跃信号经过理想低通滤波器后发生了明显失真，只要 $\Omega_C<\infty$，则必有振荡，从频域角度看，理想滤波器就像一个"矩形窗"。矩形窗的宽度不同，截取信号频谱的频率分量就不同。利用矩形窗滤取信号频谱时，在时域的不连续点处会出现过冲，振荡的过冲比稳态值高约 9%，增加 Ω_C 可以使响应的上升时间减少，但却无法改变过冲值，这就是吉布斯（Gibbs）现象。

5）物理可实现系统

线性时不变系统是否物理可实现，可以从时域、频域依据相应的判断准则进行判断。

① 时域判断准则。

系统的单位冲激响应满足因果性，即 $h(t)=0$，$t<0$ 或 $h(t)=h(t)u(t)$。

② 频域判断准则。

佩利（Paley）和维纳（Wiener）证明了物理可实现的系统的幅频特性 $|H(j\Omega)|$ 必须满足平方可积，即

$$\int_{-\infty}^{\infty}|H(j\Omega)|^2 \mathrm{d}\Omega<\infty \tag{3-97}$$

而且要满足

$$\int_{-\infty}^{\infty}\frac{|\ln|H(j\Omega)||}{1+\Omega^2}\mathrm{d}\Omega<\infty \tag{3-98}$$

式（3-98）称为佩利-维纳准则，读者可参阅高等教育出版社出版的河田龙夫著，周民强译的《FOURIER 分析》第 343～346 页。幅频特性不满足这个准则的，其系统必为非因果的。这个准则既限制因果系统的幅度函数不能在某一频带内为零，也限制幅度特性衰减不能太快。因为当 $|H(j\Omega)|$ 在 $\Omega_1<\Omega<\Omega_2$ 为零时，有 $\ln|H(j\Omega)|\to\infty$，使其积分不收敛，所以准则只允许在某些不连续点的幅值为零，但不允许某个频带的幅值为零，并且一些幅度特性衰减太快的系统函数也是物理不可实现的。

若一个系统的 $|H(j\Omega)|$ 已被验证满足上述准则，还需找到适当的相位函数 $\varphi(\Omega)$ 与 $|H(j\Omega)|$ 一起构成一个物理可实现系统的频响特性 $H(j\Omega)$，$H(j\Omega)$ 的实部 $H_R(j\Omega)$ 与虚部 $H_I(j\Omega)$ 之间存在相互制约的关系，即满足希尔伯特（Hilbert）变换

$$H_R(j\Omega)=\frac{1}{\pi}\int_{-\infty}^{+\infty}\frac{H_I(j\omega)}{\Omega-\omega}\mathrm{d}\omega$$
$$H_I(j\Omega)=-\frac{1}{\pi}\int_{-\infty}^{+\infty}\frac{H_R(j\omega)}{\Omega-\omega}\mathrm{d}\omega \tag{3-99}$$

证明：

$$h(t)=h(t)u(t)$$

两边进行傅里叶变换得

$$H(j\Omega)=FT[h(t)]=FT[h(t)u(t)]$$

设

$$H(j\Omega)=FT[h(t)]=H_R(j\Omega)+jH_I(j\Omega) \quad\text{①}$$

根据傅里叶变换的频域卷积定理

$$FT[h(t)u(t)] = \frac{1}{2\pi}[H_R(j\Omega) + jH_I(j\Omega)] * \left[\pi\delta(\Omega) + \frac{1}{j\Omega}\right]$$

$$= \frac{1}{2}H_R(j\Omega) + \frac{j}{2}H_I(j\Omega) + \frac{1}{2\pi}H_I(j\Omega) * \Omega - \frac{j}{2\pi}H_R(j\Omega) * \frac{1}{\Omega} \quad ②$$

$$= \frac{1}{2}H_R(j\Omega) + \frac{1}{2\pi}\int_{-\infty}^{+\infty}\frac{H_I(j\omega)}{\Omega - \omega}d\omega + j\left[\frac{1}{2}H_I(j\Omega) - \frac{1}{2\pi}\int_{-\infty}^{+\infty}\frac{H_R(j\omega)}{\Omega - \omega}d\omega\right]$$

①和②式实部和虚部对应相等可得证

$$H_R(j\Omega) = \frac{1}{\pi}\int_{-\infty}^{+\infty}\frac{H_I(j\omega)}{\Omega - \omega}d\omega$$

$$H_I(j\Omega) = -\frac{1}{\pi}\int_{-\infty}^{+\infty}\frac{H_R(j\omega)}{\Omega - \omega}d\omega$$

这说明具有实因果单位冲激响应的连续时间系统的频域系统函数可完全由它的实部来表征，这一性质称为实部自满特性。

由佩利-维纳准则推知，所有的理想滤波器都是物理不可实现的。研究它们的意义在于对所有可实现系统，总是按照一定的规律去逼近理想滤波器。逼近的数学模型不同，可以得到不同的滤波器，常用的有巴特沃斯（Butterworth）滤波器、切比雪夫（Chebyshev）滤波器、贝塞尔（Bessel）滤波器等。所以只要实际滤波器以某种方式逼近理想滤波器的方法存在，就不失讨论理想滤波器的意义。

2. 信号的采样

模拟信号在传输时易受干扰，通常要将模拟信号转换为抗干扰的数字信号，再传输、处理。采样又称为抽样是模数转换的第一环节，数字信号处理的过程如图 3-31 所示。

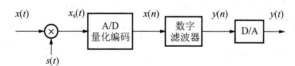

图 3-31 数字信号处理的过程

采样就是利用"采样器"，从连续信号中"抽取"某些信号，使连续的模拟信号成为离散信号，经过抽样器后的离散的样值函数通常称为"采样"信号。采样信号是离散信号，用 $x_s(t)$ 表示。采样信号在时间上离散化了，但它还不是数字信号，还需经量化编码才能转变为数字信号。连续的模拟信号经过采样后是否能保留原连续信号的全部信息，可以利用频域进行分析。

1）时域采样

最简单的采样器如图 3-32（a）所示，是一个电子开关。开关接通，信号通过；开关断开，信号被断路。这个电子开关的作用等效于周期脉冲序列 $p(t)$ 与原信号相乘，如图 3-32（b）所示。

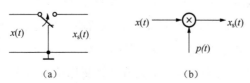

图 3-32 采样器与其等效模型

$p(t)$ 又被称为采样脉冲序列,当 $p(t)$ 为零时,乘法器输出为零,等效为开关断开,信号不能通过,反之亦然。于是采样信号 $x_s(t)$ 可表示为

$$x_s(t) = x(t)p(t) \tag{3-100}$$

式中,$p(t)$ 是周期为 T 的周期函数,相应的采样频率 $f_s = \dfrac{1}{T}$,采样角频率 $\Omega_s = \dfrac{2\pi}{T}$。

从时域来看,连续信号 $x(t)$ 经过采样后变为离散信号 $x_s(t)$,被采样后的信号 $x_s(t)$ 是否能够包含原信号 $x(t)$ 的所有信息呢?我们利用频域进行分析。

设 $x(t)$ 的频谱函数为 $X(j\Omega)$,$x_s(t)$ 的频谱函数 $X_s(j\Omega)$。对于采样脉冲序列,其傅里叶级数为

$$p(t) = \sum_{n=-\infty}^{\infty} P_n e^{jn\Omega_s t} \tag{3-101}$$

对式(3-101)取傅氏变换,得到采样脉冲序列 $p(t)$ 的频谱为

$$\begin{aligned} P(j\Omega) &= FT[p(t)] = FT\left[\sum_{n=-\infty}^{\infty} P_n e^{jn\Omega_s t}\right] \\ &= \sum_{n=-\infty}^{\infty} P_n FT[e^{jn\Omega_s t}] = 2\pi \sum_{n=-\infty}^{\infty} P_n \delta(\Omega - n\Omega_s) \end{aligned} \tag{3-102}$$

在时域,采样信号等于原信号与采样脉冲序列 $p(t)$ 的乘积,根据频域卷积定理

$$x_s(t) \leftrightarrow X_s(j\Omega) = \frac{1}{2\pi} X(j\Omega) * P(j\Omega) \tag{3-103}$$

将式(3-102)带入(3-103)得

$$X_s(j\Omega) = \frac{1}{2\pi} X(j\Omega) * 2\pi \sum_{n=-\infty}^{\infty} P_n \delta(\Omega - n\Omega_s) = \sum_{n=-\infty}^{\infty} P_n X[j(\Omega - n\Omega_s)] \tag{3-104}$$

式(3-104)表明,时域采样信号频谱 $X_s(j\Omega)$ 是原信号频谱 $X(j\Omega)$ 以采样角频率 Ω_s 为间隔的周期重复,其中 P_n 为加权系数。

若采样脉冲序列 $p(t)$ 为周期冲激序列,则这种采样过程被称为理想采样。所得到的采样信号 $x_s(t)$ 的频谱函数为

$$X_s(j\Omega) = \sum_{n=-\infty}^{\infty} P_n X[j(\Omega - n\Omega_s)] = \frac{1}{T} \sum_{n=-\infty}^{\infty} X[j(\Omega - n\Omega_s)] \tag{3-105}$$

理想采样信号过程与频谱分析如图 3-33 所示。

2)采样定理

通过以上分析,采样信号在频域是原信号频谱函数的周期延拓。周期延拓的间隔是由采样脉冲序列的周期 T 所决定的,$\Omega_s = \dfrac{2\pi}{T}$,称为采样角频率。采样角频率的取值对采样信号的频谱波形影响如图 3-34 所示。

图 3-34 中,Ω_m 是原信号频谱最高频率,由图 3-34 可见,不同的 Ω_s 对 $X_s(j\Omega)$ 的影响不同。当 $\Omega_s \geq 2\Omega_m$ 时,不存在波形重叠,能够保留原信号的全部信息,可用一个理想低通滤波器(虚线框)提取出原信号频谱,从而恢复 $x(t)$;而当 $\Omega_s < 2\Omega_m$ 时,$X_s(j\Omega)$ 有混叠,无法完整截取原信号频谱,也就不可能不失真地恢复原信号 $x(t)$。

采样定理说明了在什么条件下,采样信号能够保留原信号的全部信息。

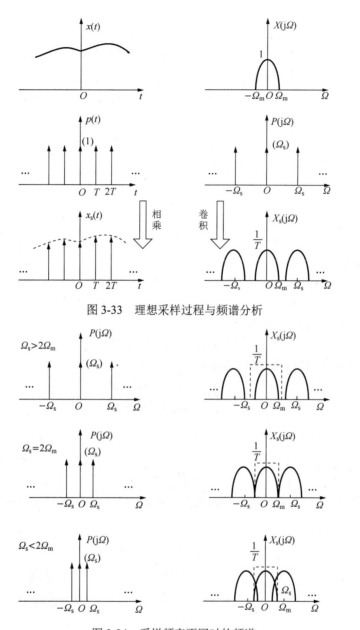

图 3-33 理想采样过程与频谱分析

图 3-34 采样频率不同时的频谱

时域采样定理

一个频谱受限信号 $x(t)$ 的最高频率设为 f_m,该信号可以用等间隔的抽样值惟一地表示。采样间隔必须不大于 $T = \dfrac{1}{2f_m}$,或者说最低采样频率 f_s 为 $2f_m$。即满足

$$T = \frac{1}{f_s} \leqslant \frac{1}{2f_m} \tag{3-106}$$

或
$$f_s \geqslant 2f_m \qquad \Omega_s \geqslant 2\Omega_m \tag{3-107}$$

式中,采样的最低允许值 $f_s = 2f_m = f_N$,称为"奈奎斯特(Nyquist)频率"。

由于连续时间信号时域与频域之间存在对偶关系,相应的在频域也存在采样定理。

频域采样定理

若信号 $x(t)$ 是时间受限信号，集中在 $-t_m$ 到 t_m 的时间范围内，在频域以不大于 $\dfrac{1}{2t_m}$ 的频率等间隔在频域中对 $x(t)$ 频谱 $X(j\Omega)$ 进行采样，则采样后的频谱 $X_s(j\Omega)$ 所对应的时域信号 $x_s(t)$ 以 $T>2t_m$ 为周期对 $x(t)$ 进行周期延拓，时域波形不发生混叠，在时域用矩形脉冲作为选通信号就可以无失真地恢复 $x(t)$。

【例 3-8】 确定信号 $x(t)=Sa(50\pi t)$ 的奈奎斯特频率。

解：利用傅里叶变换的对称性可得

$$X(j\Omega)=\frac{1}{50}g_{100\pi}(\Omega)$$

此信号最高频率 $f_m=\dfrac{\Omega_m}{2\pi}=\dfrac{50\pi}{2\pi}=25\text{Hz}$，所以奈奎斯特频率 $f_N=50\text{Hz}$。

3）原信号的恢复

当采样满足采样定理，采样信号可以包含原信号的所有信息。采用一矩形频谱函数（理想低通滤波器）与 $X_s(j\Omega)$ 相乘可以提取原信号 $x(t)$ 的频谱 $X(j\Omega)$，从而将原信号恢复出来，原信号的恢复过程如图 3-35 所示。

$$X(j\Omega)=X_s(j\Omega)H(j\Omega) \quad (3\text{-}108)$$

其中，取理想低通滤波器频率系统函数为

$$H(j\Omega)=\begin{cases} T, & |\Omega|<\Omega_C \\ 0, & |\Omega|>\Omega_C \end{cases}$$

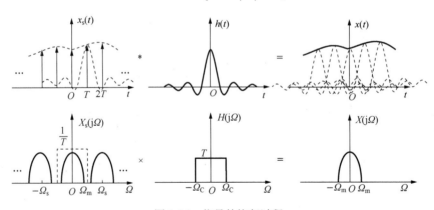

图 3-35 信号的恢复过程

理想低通滤波器的的截止频率应满足

$$\Omega_m \leqslant \Omega_C \leqslant \Omega_s - \Omega_m \quad (3\text{-}109)$$

根据时域卷积定理，式（3-108）对应的时域信号为

$$x(t)=x_s(t)*h(t) \quad (3\text{-}110)$$

其中

$$h(t)=FT^{-1}\left[H(j\Omega)\right]=\frac{T\Omega_C}{\pi}Sa(\Omega_C t)$$

将此式带入式（3-110）中，可得

$$x(t) = x_s(t) * h(t) = \left[\sum_{n=-\infty}^{\infty} x(nT)\delta(t-nT)\right] * \frac{T\Omega_C}{\pi} Sa(\Omega_C t)$$
$$= \sum_{n=-\infty}^{\infty} \frac{T\Omega_C}{\pi} x(nT) Sa\left[\Omega_C(t-nT)\right] \tag{3-111}$$

式（3-111）表明，$x(t)$ 可由无穷多个加权系数为 $x(nT)$ 的内插抽样函数之和恢复。

由于理想低通滤波器是物理不可实现的非因果系统。所以除了原信号的频谱分量外，实际采样信号经过实际低通滤波器后，还会有相邻部分的频率分量，使重建信号与原信号有差别，解决的方法是提高采样频率 f_s 或用更高阶的滤波器。

3. 无失真传输

信号经系统传输，为了不丢失信息，系统应该不失真地传输信号，即保持原信号的所有信息。

1）信号失真分类

① 线性失真。

这种失真的主要特征是不会使信号产生新的频率分量。包括幅度失真和相位失真，幅度失真指的是系统对信号中各频率分量的幅度产生不同程度的衰减（放大），使各频率分量之间的相对振幅关系发生了变化；相位失真指的是系统对信号中各频率分量产生的相移与频率不成正比，使各频率分量在时间轴上的相对位置发生了变化。

② 非线性失真。

这种失真主要特征是信号通过系统后产生了新的频率分量，由信号通过非线性系统产生。

2）无失真传输

所谓无失真传输是信号通过系统的输出波形与输入相比，只有幅度大小及时延的不同而形状不变，即

$$y(t) = Kx(t-t_0) \tag{3-112}$$

式中，K 是系统的增益，t_0 是延迟时间，二者均为常数。

对式（3-112）两边进行傅里叶变换并利用傅里叶变换的时移性得

$$Y(j\Omega) = KX(j\Omega)e^{-j\Omega t_0} \tag{3-113}$$

因此无失真传输系统的频率特性

$$H(j\Omega) = \frac{Y(j\Omega)}{X(j\Omega)} = Ke^{-j\Omega t_0} \tag{3-114}$$

幅频和相频特性为

$$\begin{cases} |H(j\Omega)| = K \\ \varphi(\Omega) = -t_0 \Omega \end{cases} \tag{3-115}$$

对应的幅频及相频特性如图 3-36 所示。

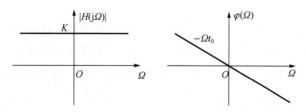

图 3-36 无失真传输系统的幅频及相频特性

无失真传输要求系统：

① 具有无限宽的均匀带宽，幅频特性在全频域内为常数；

② 相移与频率成正比，即相频特性是通过原点的直线。

信号通过无失真传输系统的延时时间是相频特性的斜率。实际应用中相频特性也常用"群时延"表示，群时延定义为

$$\tau = -\frac{\mathrm{d}\varphi(\Omega)}{\mathrm{d}\Omega} \tag{3-116}$$

【例 3-9】 已知某系统的振幅、相频特性如图 3-37 所示，求：

① 给定输入 $x_1(t) = 2\cos10\pi t + \sin12\pi t$ 及 $x_2(t) = 2\cos10\pi t + \sin26\pi t$ 时的输出 $y_1(t)$ 和 $y_2(t)$；

② $y_1(t)$ 和 $y_2(t)$ 有无失真？若有指出为何种失真。

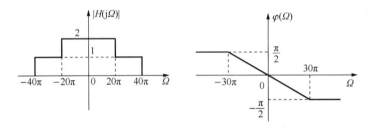

图 3-37 传输系统的幅频及相频特性

解：① 利用频域分析方法可得激励为 $x_1(t)$、$x_2(t)$ 时的响应为

$$y_1(t) = 2\left[2\cos\left(10\pi t - \frac{10\pi}{60}\right) + \sin\left(12\pi t - \frac{12\pi}{60}\right)\right]$$

$$= 4\cos\left(10\pi t - \frac{\pi}{6}\right) + 2\sin\left(12\pi t - \frac{\pi}{5}\right)$$

$$y_1(t) = 2\left[2\cos\left(10\pi\left(t - \frac{1}{60}\right)\right) + \sin\left(12\pi\left(t - \frac{1}{60}\right)\right)\right]$$

同理求 $y_2(t)$

$$y_2(t) = 4\cos\left(10\pi t - \frac{\pi}{6}\right) + \sin\left(26\pi t - \frac{13\pi}{30}\right)$$

$$y_2(t) = 4\cos\left(10\pi\left(t - \frac{1}{60}\right)\right) + \sin\left(26\pi\left(t - \frac{1}{60}\right)\right)$$

② 根据无失真传输系统时域判断条件，$y_1(t)$ 无失真，$y_2(t)$ 有失真。$y_2(t)$ 通过系统时，由于各频率分量放大倍数不同，造成了幅度失真。

工程设计中针对不同的实际应用，对系统有不同的要求。对传输系统一般要求无失真，但在对信号处理时失真往往是必要的。在通信、电子技术中失真的应用也十分广泛，如各类调制技术就是利用非线性系统，产生所需要的频率分量；而滤波是提取所需要的频率分量，衰减其余部分。

习 题 三

3-1 讨论如图 3-38 所示的前 6 个沃尔什（Walsh）函数在（0，1）区间是否为正交函数。

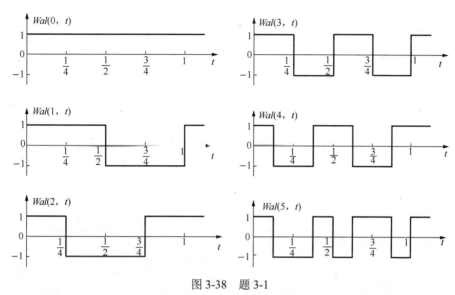

图 3-38 题 3-1

3-2 求如图 3-39 所示周期锯齿信号的指数形式傅里叶级数，并大致画出频谱图。

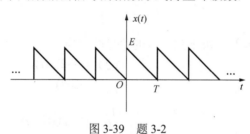

图 3-39 题 3-2

3-3 求如图 3-40 所示半波整流余弦脉冲的傅里叶系数。

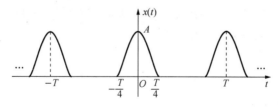

图 3-40 题 3-3

3-4 如图 3-41 所示周期信号 $u_i(t)$ 加到 RC 低通滤波电路，已知 $u_i(t)$ 的频率 $f=1\text{kHz}$，电压幅度 $E=1\text{V}$，$R=1\text{k}\Omega$，$C=0.1\mu\text{F}$。分别求：

（1）稳态时电容两端电压 $u_o(t)$ 的直流分量、基波和五次谐波之幅度。

（2）求上述各分量与 $u_i(t)$ 相应分量的比值，讨论此电路对各频率分量响应的特点。

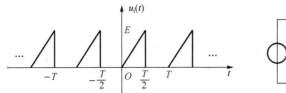
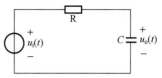

图 3-41 题 3-4

3-5 求如图 3-42 所示信号 $x(t)$ 的傅里叶变换 $X(j\Omega)$。

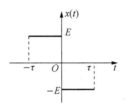

图 3-42 题 3-5

3-6 求如图 3-43 所示信号 $x(t)$ 的傅里叶变换 $X(j\Omega)$。

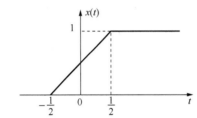
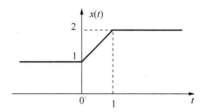

图 3-43 题 3-6

3-7 已知 $x(t) \leftrightarrow X(j\Omega)$，求下列信号的傅里叶变换。

(1) $tx(2t)$ (2) $(t-2)x(t)$

(3) $(t-2)x(-2t)$ (4) $t\dfrac{dx(t)}{dt}$

(5) $x(1-t)$ (6) $(1-t)x(1-t)$

(7) $x(2t-5)$ (8) $\dfrac{dx(t)}{dt} * \dfrac{1}{\pi t}$

3-8 证明下列函数的频谱密度函数，当 $\tau \to 0$ 时均逼近于 $\delta(t)$ 的频谱密度函数 1。即这些函数在 $\tau \to 0$ 时都可视为单位冲激函数。

(1) 双边指数函数 $\dfrac{1}{2\tau}e^{-\frac{|t|}{\tau}}$

(2) 抽样函数 $\dfrac{1}{\pi\tau}Sa\left(\dfrac{t}{\tau}\right)$

(3) 三角脉冲 $\dfrac{1}{\tau}\left(1-\dfrac{|t|}{\tau}\right)[u(t+\tau)-u(t-\tau)]$

3-9 计算下列能量信号的能量。

(1) $10e^{-t}u(t)$

（2）$\dfrac{2\sin 2t}{t}\cos 1000t$

（3）$\dfrac{1}{1+t^2}$

3-10 如图 3-44 所示系统，激励为 $x(t)$，$h(t)=\dfrac{1}{\pi t}$，求零状态响应 $y(t)$。

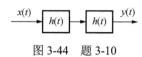

图 3-44 题 3-10

3-11 用傅里叶变换求如图 3-45 所示周期信号 $x(t)$ 的傅里叶级数。

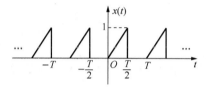

图 3-45 题 3-11

3-12 已知某系统的频域系统函数为 $H(\mathrm{j}\varOmega)=\dfrac{1-\mathrm{j}\varOmega}{1+\mathrm{j}\varOmega}$，求：

（1）单位阶跃响应 $h(t)$；

（2）在激励 $x(t)=\mathrm{e}^{-t}u(t)$ 引起的零状态响应 $y_{\mathrm{zs}}(t)$。

3-13 已知某系统频域系统函数为 $H(\mathrm{j}\varOmega)=\dfrac{\mathrm{j}\varOmega}{-\varOmega^2+\mathrm{j}5\varOmega+6}$，系统起始状态 $y(0_-)=2$，$y'(0_-)=1$，激励 $x(t)=\mathrm{e}^{-t}u(t)$，求全响应。

3-14 如图 3-46 所示系统，$H(\mathrm{j}\varOmega)$ 为理想低通滤波器，$x(t)=\dfrac{1}{\pi}Sa(t)\cos 1000t$，$s(t)=\cos 1000t$，求响应 $y(t)$。

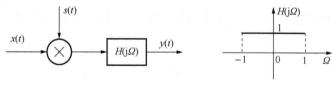

图 3-46

3-15 如图 3-47 所示系统，$H(\mathrm{j}\varOmega)$ 为理想带通滤波器，$x(t)=\dfrac{1}{\pi}Sa(2t)$，$s(t)=\cos 1000t$，求零状态响应 $y(t)$。

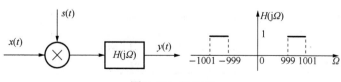

图 3-47 题 3-15

3-16 如图 3-48 所示系统，已知 $x(t) = \dfrac{2}{\pi}Sa(2t)$，$H(j\Omega) = j\,\text{sgn}(\Omega)$，求系统输出 $y(t)$。

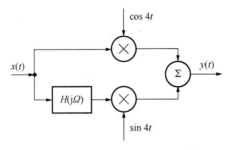

图 3-48 题 3-16

3-17 设某电视每秒发送 30 幅图像，每幅图像分为 512 条水平扫描线，每条水平线在 650 个点上采样，求采样频率 f_s。若此频率刚好是奈奎斯特频率，求电视信号的最高频率 f_m。

3-18 如图 3-49 所示系统，$x_1(t) = Sa(10^3\pi t)$，$x_2(t) = Sa(2000\pi t)$，$p(t) = \displaystyle\sum_{n=-\infty}^{+\infty}\delta(t-nT)$，$x(t) = x_1(t)x_2(t)$，$x_s(t) = x(t)p(t)$。

（1）为从 $x_s(t)$ 无失真恢复 $x(t)$，求最大采样间隔 $T_{\max}$；

（2）当 $T = T_{\max}$ 时，画出 $x_s(t)$ 的幅度谱 $|X_s(j\Omega)|$。

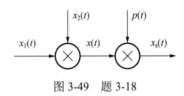

图 3-49 题 3-18

3-19 若连续信号 $x(t)$ 的频谱是带状的（$\Omega_1 \sim \Omega_2$），

（1）利用卷积定理说明当 $\Omega_2 = 2\Omega_1$ 时，最低抽样率只要等于 Ω_2 就可以使抽样信号不产生频谱混叠；

（2）证明带通抽样定理，该定理要求最低抽样率 Ω_s 满足下列关系 $\Omega_s = \dfrac{2\Omega_2}{m}$，其中 m 为不超过 $\dfrac{\Omega_2}{\Omega_2 - \Omega_1}$ 的最大整数。

3-20 如图 3-50 所示电路为由电阻 R_1、R_2 组成的分压器，分布电容并接于 R_1、R_2 两端，求频率特性 $H(j\Omega) = \dfrac{U_2(j\Omega)}{U_1(j\Omega)}$；为了能达到无失真的传输，R 和 C 应满足什么关系？

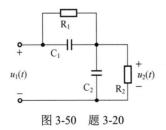

图 3-50 题 3-20

第 4 章 离散信号与系统的频域分析

本章介绍离散信号与系统的频域分析方法，介绍了 DFS、DTFT、DFT 的引入、定义及性质，DFT 的快速算法 FFT 及应用。

4.1 引　言

本章以虚指数信号 $e^{j\omega n}$ 为基本信号，将任意输入信号表示为一系列不同频率的虚指数信号之和（对于周期信号）或积分（对于非周期信号），讨论离散时间信号与系统的频域分析。

4.2 周期序列的离散傅里叶级数（DFS）

对周期为 N 的周期序列 $x_N(n)$，基本频率 $\omega_1 = \dfrac{2\pi}{N}$，第 k 次谐波分量为 $C_k e^{j\frac{2\pi}{N}kn}$，因有 $e^{j\frac{2\pi}{N}(k+lN)n} = e^{j\frac{2\pi}{N}kn}$（$l$ 为任意整数），所以周期序列的傅里叶级数只能取 $k=0 \sim N-1$ 的 N 个独立谐波分量。

$$x_N(n) = \sum_{k=0}^{N-1} C_k e^{j\frac{2\pi}{N}kn} \tag{4-1}$$

为求 C_k，对式（4-1）两端同乘 $e^{-j\frac{2\pi}{N}mn}$ 并对 n 在一个周期 N 求和，有

$$\sum_{n=0}^{N-1} x_N(n) e^{-j\frac{2\pi}{N}mn} = \sum_{n=0}^{N-1} \left[\sum_{k=0}^{N-1} C_k e^{j\frac{2\pi}{N}kn} \right] e^{-j\frac{2\pi}{N}mn} = \sum_{k=0}^{N-1} C_k \sum_{n=0}^{N-1} e^{j\frac{2\pi}{N}(k-m)n} \tag{4-2}$$

式中

$$\sum_{n=0}^{N-1} e^{j\frac{2\pi}{N}(k-m)n} = \frac{1-e^{j\frac{2\pi}{N}(k-m)N}}{1-e^{j\frac{2\pi}{N}(k-m)}} = \frac{1-e^{j(k-m)2\pi}}{1-e^{j\frac{2\pi}{N}(k-m)}} = \begin{cases} N, & k=m \\ 0, & k \neq m \end{cases} \tag{4-3}$$

所以

$$\sum_{n=0}^{N-1} x_N(n) e^{-j\frac{2\pi}{N}mn} = C_m N \tag{4-4}$$

$$C_m = \frac{1}{N} \sum_{n=0}^{N-1} x_N(n) e^{-j\frac{2\pi}{N}mn} \tag{4-5}$$

$$C_k = \frac{1}{N}\sum_{n=0}^{N-1} x_N(n) e^{-j\frac{2\pi}{N}kn}, \quad 0 \leq k \leq N-1 \tag{4-6}$$

因 $e^{-j\frac{2\pi}{N}(k+lN)n} = e^{-j\frac{2\pi}{N}kn}$，$l$ 为任意整数，说明 C_k 是以 N 为周期的周期函数，$C_k = C_{k+lN}$。令 $X_N(k) = NC_k = \sum_{n=0}^{N-1} x_N(n) e^{-j\frac{2\pi}{N}kn}$，称其为周期序列 $x_N(n)$ 的离散傅里叶级数系数，用 DFS（Discrete Fourier Series）表示，显然 $X_N(k)$ 也是以 N 为周期的周期函数。而式（4-1）就可写成 $x_N(n) = \frac{1}{N}\sum_{k=0}^{N-1} X_N(k) e^{j\frac{2\pi}{N}kn}$，为书写方便，令 $W_N = e^{-j\frac{2\pi}{N}}$，将周期序列的离散傅里叶级数对整理如下

$$X_N(k) = \mathrm{DFS}[x_N(n)] = \sum_{n=0}^{N-1} x_N(n) e^{-j\frac{2\pi}{N}kn} = \sum_{n=0}^{N-1} x_N(n) W_N^{kn} \tag{4-7}$$

$$x_N(n) = \mathrm{IDFS}[X_N(k)] = x_N(n) = \frac{1}{N}\sum_{k=0}^{N-1} X_N(k) e^{j\frac{2\pi}{N}kn} = \frac{1}{N}\sum_{k=0}^{N-1} X_N(k) W_N^{-kn} \tag{4-8}$$

式（4-8）表明离散周期序列 $x_N(n)$ 包含了 N 次谐波分量，可以证明这 N 次谐波分量是相互正交的，其中第 k 次谐波分量的频率为 $\frac{2\pi}{N}k$，频谱间隔为 $\frac{2\pi}{N}$，幅度为 $\frac{X_N(k)}{N}$，因此 $X_N(k)$ 可以表示周期序列的频谱分布规律。

【例 4-1】 设有矩形序列 $x(n) = R_4(n)$，将 $x(n)$ 以 $N = 8$ 为周期进行周期延拓，得到 $x_N(n)$，如图 4-1 所示，求 $X_N(k) = \mathrm{DFS}[x_N(n)]$。

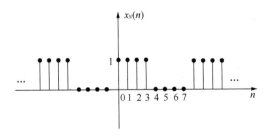

图 4-1 例 4-1 的周期序列

解：

$$X_N(k) = \mathrm{DFS}[x_N(n)] = \sum_{n=0}^{7} x_N(n) e^{-j\frac{2\pi}{8}kn} = \sum_{n=0}^{3} e^{-j\frac{\pi}{4}kn} = \frac{1 - e^{-j\frac{\pi}{4}k \cdot 4}}{1 - e^{-j\frac{\pi}{4}k}} = \frac{1 - e^{-j\pi k}}{1 - e^{-j\frac{\pi}{4}k}}$$

$$= \frac{e^{-j\frac{\pi}{2}k}\left(e^{j\frac{\pi}{2}k} - e^{-j\frac{\pi}{2}k}\right)}{e^{-j\frac{\pi}{8}k}\left(e^{j\frac{\pi}{8}k} - e^{-j\frac{\pi}{8}k}\right)} = e^{-j\frac{3\pi}{8}k}\frac{\sin\frac{\pi}{2}k}{\sin\frac{\pi}{8}k}$$

幅度谱 $|X_N(k)|$，相位谱 $\arg[X_N(k)]$，如图 4-2 所示。

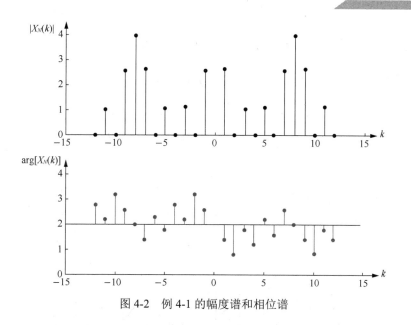

图 4-2 例 4-1 的幅度谱和相位谱

4.3 非周期序列的离散时间傅里叶变换（DTFT）

1. DTFT 的引入

非周期序列 $x(n)$ 可看成是周期 $N \to \infty$ 的周期信号，这样，频谱间隔 $\frac{2\pi}{N}$ 将变成无穷小量 $d\omega$，离散谱变成连续谱，第 k 次谐波分量的频率 $\frac{2\pi}{N}k$ 变成连续量 ω，式（4-7）中的求和范围将扩展为 $(-\infty, +\infty)$，由此引出非周期序列的离散时间傅里叶变换（Discrete Time Fourier Transform，DTFT）为

$$X(e^{j\omega}) = \text{DTFT}[x(n)] = \sum_{n=-\infty}^{+\infty} x(n)e^{-j\omega n} \tag{4-9}$$

$X(e^{j\omega})$ 存在的充分条件是序列 $x(n)$ 绝对可和，即满足 $\sum_{n=-\infty}^{+\infty}|x(n)| < \infty$，另外容易看出

$$X(e^{j\omega}) = \sum_{n=-\infty}^{+\infty} x(n)e^{-j\omega n} = \sum_{n=-\infty}^{+\infty} x(n)e^{-j(\omega+2\pi)n} = X(e^{j(\omega+2\pi)}) \tag{4-10}$$

说明非周期序列的离散时间傅里叶变换 $X(e^{j\omega})$ 是数字域角频率 ω 的连续周期函数，周期为 2π，因此一般只分析 $-\pi \sim \pi$ 之间或 $0 \sim 2\pi$ 范围内的频谱就够了。在 $\omega=0$ 和 $\omega=2\pi$ 处的 $X(e^{j\omega})$ 表示信号 $x(n)$ 的直流分量，$\omega=\pi$ 处的 $X(e^{j\omega})$ 表示信号 $x(n)$ 的最高频率分量。

式（4-8）在 $N \to \infty$ 的情况下可引出 $X(e^{j\omega})$ 的反变换

$$x(n) = \text{IDTFT}[X(e^{j\omega})] = \frac{1}{2\pi}\int_{-\pi}^{\pi} X(e^{j\omega})e^{j\omega n}d\omega \tag{4-11}$$

【例 4-2】 设 $x(n) = R_4(n)$，求 $X(e^{j\omega}) = \text{DTFT}[x(n)]$。

解：

$$X(e^{j\omega}) = \sum_{n=-\infty}^{+\infty} R_4(n) e^{-j\omega n} = \sum_{n=0}^{3} e^{-j\omega n} = e^{-j\frac{3}{2}\omega} \frac{\sin(2\omega)}{\sin(0.5\omega)}$$

幅度谱 $|X(e^{j\omega})|$，相位谱 $\arg[X(e^{j\omega})]$ 如图 4-3 所示。

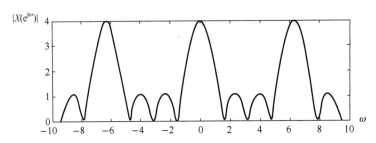

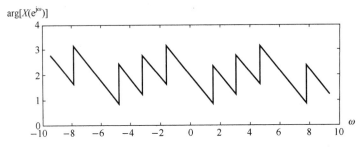

图 4-3 例 4-2 的幅度谱和相位谱

【例 4-3】 设实指数序列 $x(n) = a^{|n|}(|a|<1)$，求 $X(e^{j\omega}) = \text{DTFT}[x(n)]$。

解：

$$X(e^{j\omega}) = \sum_{n=-\infty}^{+\infty} a^{|n|} e^{-j\omega n} = \sum_{n=-\infty}^{-1} a^{-n} e^{-j\omega n} + \sum_{n=0}^{+\infty} a^n e^{-j\omega n}$$

对上式右端第一个求和式进行变量代换，令 $m = -n$ 得

$$X(e^{j\omega}) = \sum_{m=1}^{+\infty} a^m e^{j\omega m} + \sum_{n=0}^{+\infty} a^n e^{-j\omega n} = \frac{1}{1-ae^{j\omega}} - 1 + \frac{1}{1-ae^{-j\omega}} = \frac{1-a^2}{1-2a\cos\omega + a^2}$$

可以看出此例的 $X(e^{j\omega})$ 为实函数，$a = 0.8$ 时，$X(e^{j\omega})$ 如图 4-4 所示。

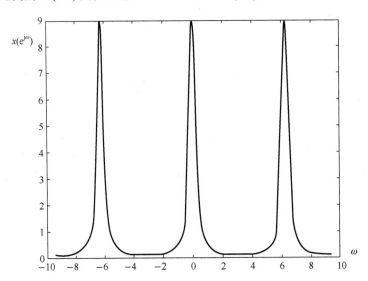

图 4-4　例 4-3 的 $X(\mathrm{e}^{\mathrm{j}\omega})$

【例 4-4】 设 $x(n)=\mathrm{e}^{\mathrm{j}\omega_0 n}(-\pi<\omega_0\leqslant\pi)$，求 $X(\mathrm{e}^{\mathrm{j}\omega})=\mathrm{DTFT}[x(n)]$。

解：

$$X(\mathrm{e}^{\mathrm{j}\omega})=\sum_{n=-\infty}^{+\infty}\mathrm{e}^{\mathrm{j}\omega_0 n}\mathrm{e}^{-\mathrm{j}\omega n}=\sum_{n=-\infty}^{+\infty}\mathrm{e}^{-\mathrm{j}(\omega-\omega_0)n}$$

当 $\omega=\omega_0$ 时，有 $X(\mathrm{e}^{\mathrm{j}\omega_0})=\sum_{n=-\infty}^{+\infty}1=\infty$，此时幂级数发散，当 $\omega\neq\omega_0$ 时，因求和的每一项均为复指数，根据 Euler 公式可看成由余弦序列和正弦序列分别作为实部和虚部构成的，二者均为无穷长振荡序列，也不收敛，说明常规的 DTFT 不存在，类似于连续的复指数信号 $\mathrm{e}^{\mathrm{j}\Omega_0 t}$，引入 $\delta(\Omega)$ 的概念后，其连续的傅里叶变换为 $2\pi\delta(\Omega-\Omega_0)$，在此引入 $\delta(\omega)$ 的概念，考虑 $\dfrac{1}{2\pi}\int_{-\pi}^{\pi}\sum_{m=-\infty}^{+\infty}2\pi\delta(\omega-\omega_0-2\pi m)\mathrm{e}^{\mathrm{j}\omega n}\mathrm{d}\omega$，当 $-\pi<\omega_0\leqslant\pi$ 时，在积分区间 $-\pi\sim\pi$ 内，被积函数仅有一项 $2\pi\delta(\omega-\omega_0)$，因此有

$$\frac{1}{2\pi}\int_{-\pi}^{\pi}\sum_{m\to-\infty}^{+\infty}2\pi\delta(\omega-\omega_0-2\pi m)\mathrm{e}^{\mathrm{j}\omega n}\mathrm{d}\omega=\frac{1}{2\pi}\int_{-\pi}^{\pi}2\pi\delta(\omega-\omega_0)\mathrm{e}^{\mathrm{j}\omega_0 n}\mathrm{d}\omega=\mathrm{e}^{\mathrm{j}\omega_0 n}$$

即 $\mathrm{e}^{\mathrm{j}\omega_0 n}=\mathrm{IDTFT}\left[2\pi\sum_{m\to-\infty}^{+\infty}\delta(\omega-\omega_0-2\pi m)\right]$，其中 m 为整数。说明

$$X(\mathrm{e}^{\mathrm{j}\omega})=\mathrm{DTFT}[\mathrm{e}^{\mathrm{j}\omega_0 n}]=2\pi\sum_{m=-\infty}^{+\infty}\delta(\omega-\omega_0-2\pi m)$$

根据 Euler 公式易推出

$$\mathrm{DTFT}[\cos\omega_0 n]=\pi\sum_{m=-\infty}^{+\infty}[\delta(\omega-\omega_0-2\pi m)+\delta(\omega+\omega_0-2\pi m)]$$

$$\mathrm{DTFT}[\sin\omega_0 n]=-\mathrm{j}\pi\sum_{m=-\infty}^{+\infty}[\delta(\omega-\omega_0-2\pi m)-\delta(\omega+\omega_0-2\pi m)]$$

对于一般周期序列 $x_N(n)$，展成 DFS 后第 k 次谐波分量为 $\dfrac{X_N(k)}{N}\mathrm{e}^{\mathrm{j}\frac{2\pi}{N}kn}$，对其进行 DTFT 为

$$\frac{2\pi X_N(k)}{N}\sum_{m=-\infty}^{+\infty}\delta\left(\omega-\frac{2\pi}{N}k-2\pi m\right) \tag{4-12}$$

因此，$x_N(n)$ 的 DTFT 为

$$X(\mathrm{e}^{\mathrm{j}\omega})=\mathrm{DTFT}[x_N(n)]=\sum_{k=0}^{N-1}\frac{2\pi X_N(k)}{N}\sum_{m=-\infty}^{+\infty}\delta\left(\omega-\frac{2\pi}{N}k-2\pi m\right) \tag{4-13}$$

2. DTFT 的性质和定理

DTFT 的性质和定理与连续时间傅里叶变换的性质定理大致相同，现直接列于表 4-1。

表 4-1　DTFT 的性质和定理

序　列	DTFT
$x(n)$	$X(e^{j\omega})$
$h(n)$	$H(e^{j\omega})$
$ax_1(n)+bx_2(n)$	$aX_1(e^{j\omega})+bX_2(e^{j\omega})$
$x(n-n_0)$	$e^{-j\omega n_0}X(e^{j\omega})$
$x^*(n)$	$X^*(e^{-j\omega})$
$x(-n)$	$X(e^{-j\omega})$
$x^*(-n)$	$X^*(e^{j\omega})$
$x(n)*h(n)$	$X(e^{j\omega})H(e^{j\omega})$
$x(n)h(n)$	$\dfrac{1}{2\pi}\int_{-\pi}^{\pi}X(e^{j\theta})H(e^{j(\omega-\theta)})d\theta$
$nx(n)$	$j\dfrac{dX(e^{j\omega})}{d\omega}$
$\mathrm{Re}[x(n)]$	$X_e(e^{j\omega})$
$j\mathrm{Im}[x(n)]$	$X_o(e^{j\omega})$
$x_e(n)$	$\mathrm{Re}[X(e^{j\omega})]$
$x_o(n)$	$j\mathrm{Im}[X(e^{j\omega})]$
Parseval 定理 $\sum_{n=-\infty}^{+\infty}|x(n)|^2=\dfrac{1}{2\pi}\int_{-\pi}^{\pi}|X(e^{j\omega})|^2 d\omega$	

3. 离散系统频率特性

离散系统差分方程为 $\sum_{k=0}^{N}a_k y(n-k)=\sum_{k=0}^{M}b_k x(n-k)$，对该式两端进行 DTFT 并利用移序性，将差分方程变换到频域得

$$Y(e^{j\omega})\sum_{k=0}^{N}a_k e^{-j\omega k}=X(e^{j\omega})\sum_{k=0}^{M}b_k e^{-j\omega k}$$

定义

$$H(e^{j\omega})=\frac{Y(e^{j\omega})}{X(e^{j\omega})}=\frac{\sum_{k=0}^{M}b_k e^{-j\omega k}}{\sum_{k=0}^{N}a_k e^{-j\omega k}}=\mathrm{DTFT}[h(n)] \tag{4-14}$$

$H(e^{j\omega})$ 称为系统的频率特性，$H(e^{j\omega})=|H(e^{j\omega})|e^{j\varphi(\omega)}$，$|H(e^{j\omega})|$ 称为幅频特性，表示该系统的增益随频率 ω 的变化，$\varphi(\omega)=\arg[H(e^{j\omega})]$ 称为相频特性，表示系统的输出信号相对于输入信号的相位滞后随频率 ω 的变化。系统频率特性包含了离散系统所有的信息，可以通过它计算出系统对任意输入信号 $x(n)$ 的响应 $y(n)$，计算方法如图 4-5 所示。

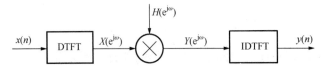

图 4-5　利用频率特性计算系统的输出

【例 4-5】 已知一离散系统单位冲激响应 $h(n)=0.8^n u(n)$，$x(n)=0.8\cos\left(\dfrac{\pi}{10}n+\dfrac{\pi}{8}\right)$，求系统的响应 $y(n)$。

解：

$$x(n)=0.8\cos\left(\dfrac{\pi}{10}n+\dfrac{\pi}{8}\right)=0.8\cos\left[\dfrac{\pi}{10}\left(n+\dfrac{5\pi}{4}\right)\right]$$

$$X(e^{j\omega})=\text{DTFT}[x(n)]=\pi 0.8 e^{j\omega\frac{5\pi}{4}}\sum_{m=-\infty}^{+\infty}\left[\delta\left(\omega-\dfrac{\pi}{10}-2\pi m\right)+\delta\left(\omega+\dfrac{\pi}{10}-2\pi m\right)\right]$$

$$H(e^{j\omega})=\text{DTFT}[h(n)]=\sum_{n=0}^{+\infty}0.8^n e^{-j\omega n}=\dfrac{1}{1-0.8e^{-j\omega}}$$

$$y(t)=\dfrac{1}{2\pi}\int_{-\pi}^{\pi}Y(e^{j\omega})\mathrm{d}\omega=\dfrac{1}{2\pi}\int_{-\pi}^{\pi}X(e^{j\omega})H(e^{j\omega})\mathrm{d}\omega$$

$$=\dfrac{1}{2\pi}\int_{-\pi}^{\pi}\left\{\pi 0.8 e^{j\omega\frac{5}{4}}\sum_{m=-\infty}^{+\infty}\left[\delta\left(\omega-\dfrac{\pi}{10}-2\pi m\right)+\delta\left(\omega+\dfrac{\pi}{10}-2\pi m\right)\right]\right\}\cdot\dfrac{1}{1-0.8e^{-j\omega}}\mathrm{d}\omega$$

$$=\dfrac{1}{2\pi}\int_{-\pi}^{\pi}\pi 0.8 e^{j\omega\frac{5}{4}}\left[\delta\left(\omega-\dfrac{\pi}{10}\right)+\delta\left(\omega+\dfrac{\pi}{10}\right)\right]\dfrac{1}{1-0.8e^{-j\omega}}\mathrm{d}\omega$$

$$=\dfrac{1}{2\pi}\int_{-\pi}^{\pi}\pi 0.8\left[e^{j\frac{\pi}{8}}\delta\left(\omega-\dfrac{\pi}{10}\right)\dfrac{1}{1-0.8e^{-j\frac{\pi}{10}}}+e^{-j\frac{\pi}{8}}\delta\left(\omega+\dfrac{\pi}{10}\right)\dfrac{1}{1-0.8e^{j\frac{\pi}{10}}}\right]\mathrm{d}\omega$$

$$=\dfrac{1}{2\pi}\int_{-\pi}^{\pi}\pi 0.8\left[e^{j0.3927}\delta\left(\omega-\dfrac{\pi}{10}\right)2.9073e^{-j0.8020}+e^{-\pi 0.3927}\delta\left(\omega+\dfrac{\pi}{10}\right)2.9073e^{j0.8020}\right]\mathrm{d}\omega$$

$$=\dfrac{1}{2\pi}\int_{-\pi}^{\pi}\pi 0.8\left[\delta\left(\omega-\dfrac{\pi}{10}\right)2.9073e^{-j0.4093}+e^{-j0.3927}\delta\left(\omega+\dfrac{\pi}{10}\right)2.9073e^{j0.4093}\right]\mathrm{d}\omega$$

$$=0.8\times 2.9073\cos\left(\dfrac{\pi}{10}n-0.4093\right)$$

$$=2.3258\cos\left(\dfrac{\pi}{10}n-0.4093\right)$$

此例说明线性时不变离散系统对单一频率的输入只能引起单一同频的输出，幅度和相角的改变取决于系统的 $|H(e^{j\omega})|$ 和 $\arg[H(e^{j\omega})]$，当激励包含不同频率时，可根据叠加原理来计算系统的输出。

4.4 非周期序列的离散傅里叶变换（DFT）

对于有限长序列，还有一种更为重要的数学变换，即（Discrete Fourier Transform，DFT），DFT 的出现解决了如何将数字计算机的应用和信号分析与处理紧密结合起来这样一个重大问题。DFT 不仅是数字信号处理的重要理论成果，而且在实现各种数字信号处理如滤波、谱分析、检测、增强等中还起着核心作用，这是因为 DFT 存在很多快速算法，即快速傅里叶变换（Fast Fourier Transform，FFT），FFT 算法的出现使得数字信号处理技术得到了迅速发展并日趋丰富和完善。

1. DFT 的引入

离散信号的分析和处理主要是靠计算机去完成,而计算机只能处理有限长和离散的数据,显然 DFS 和 DTFT 均无法直接用计算机来实现。因为周期序列实际上只有有限个独立值有意义,因此周期序列 $x_N(n)$ 可看作有限长序列 $x(n)$ 的周期延拓,有限长序列 $x(n)$ 可看作周期序列 $x_N(n)$ 的主值区间,如图 4-6 所示。

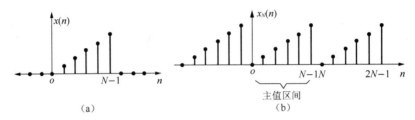

图 4-6 有限长序列进行周期延拓

周期序列 $x_N(n)$ 可以记为

$$x_N(n) = \sum_{m=-\infty}^{+\infty} x(n+mN) = x((n))_N \tag{4-15}$$

其中,$x((n))_N$ 称 n 模 N,若 $n = n_1 + mN$($0 \leq n_1 \leq N-1$),则 $x((n))_N$ 的商为 m,余数为 n_1,例如 $((25))_9 = 7$,$((-4))_9 = 5$。

类似的,$X_N(k) = \sum_{m=-\infty}^{+\infty} X(k+mN) = X((k))_N$。

将 DFS 的两边(时域、频域)各取主值区间,就得到关于有限长序列的 DFT,设 $x(n)$ 是一个长度为 M 的有限长序列,则定义 $x(n)$ 的 N 点($N \geq M$)离散傅里叶变换为

$$X(k) = \text{DFT}[x(n)] = \sum_{n=0}^{N-1} x(n) e^{-j\frac{2\pi}{N}kn} = \sum_{n=0}^{N-1} x(n) W_N^{kn}, \quad k = 0, 1, \cdots, N-1 \tag{4-16}$$

$X(k)$ 的离散傅里叶反变换为

$$x(n) = \text{IDFT}[X(k)] = \frac{1}{N}\sum_{k=0}^{N-1} X(k) e^{j\frac{2\pi}{N}kn} = \frac{1}{N}\sum_{k=0}^{N-1} X(k) W_N^{-kn}, \quad n = 0, 1, \cdots, N-1 \tag{4-17}$$

对比 DFT 与 DTFT 的定义式,$X(k)$ 还可看作 $X(e^{j\omega})$ 在一个周期内的 N 点等间隔采样频率点 $\omega_k = \frac{2\pi}{N}k$ 上的值。

【例 4-6】 设 $x(n) = R_4(n)$,求 $x(n)$ 的 4 点、8 点和 16 点 DFT。

解:

变换区间 $N = 4$ 时

$$X(k) = \sum_{n=0}^{3} x(n) e^{-j\frac{2\pi}{4}kn} = \frac{1 - e^{-j2\pi k}}{1 - e^{-j\frac{\pi}{2}k}}, \quad k = 0, 1, 2, 3$$

变换区间 $N = 8$ 时

$$X(k) = \sum_{n=0}^{7} x(n) e^{-j\frac{2\pi}{8}kn} = \frac{1 - e^{-j2\pi k}}{1 - e^{-j\frac{\pi}{4}k}}, \quad k = 0, 1, \cdots, 7$$

变换区间 $N = 16$ 时

$$X(k) = \sum_{n=0}^{15} x(n) \mathrm{e}^{-\mathrm{j}\frac{2\pi}{15}kn} = \frac{1-\mathrm{e}^{-\mathrm{j}2\pi k}}{1-\mathrm{e}^{-\mathrm{j}\frac{2\pi}{15}k}}, \quad k=0,\,1,\,\cdots,\,15$$

显然，DFT 的结果与变换区间长度 N 的取值有关，如图 4-7 所示。

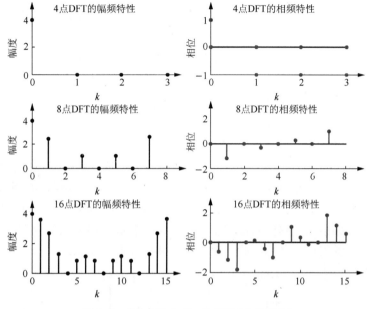

图 4-7　$R_4(n)$ 的 4 点、8 点和 16 点 DFT

前面说过 $X(k)$ 可看做 $X(\mathrm{e}^{\mathrm{j}\omega})$ 在一个周期内的 N 点等间隔采样频率点 $\omega_k = \dfrac{2\pi}{N}k$ 上的值，将 DFT 的频谱图横坐标 k 换成 ω 进行标定，$\omega_k = \dfrac{2\pi}{N}k$，如图 4-8 所示，读者可以一目了然地看出 DFT 与 DTFT 的关系。

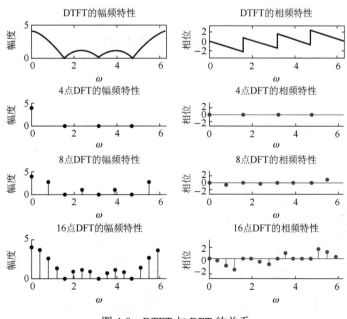

图 4-8　DTFT 与 DFT 的关系

2. DFT 的性质

DFT 本质上是和 DFS 紧密相关，性质上有着极大的相似，并由 DFT 隐含周期性（对应于 DFS 的显式周期性）所保证。

1）线性

有限长序列 $x_1(n)$ 和 $x_2(n)$ 的长度分别为 N_1 和 N_2，若进行 N 点 DFT，$N \geqslant \max[N_1, N_2]$，且

$$X_1(k) = \mathrm{DFT}[x_1(n)]$$
$$X_2(k) = \mathrm{DFT}[x_2(n)]$$

则对于任意常数 a 和 b，有

$$\mathrm{DFT}[ax_1(n) + bx_2(n)] = aX_1(k) + bX_2(k) \tag{4-18}$$

2）循环移位（圆周移位）性

① 序列的循环移位。

设长度为 M 的有限长序列 $x(n)$，$M \leqslant N$，以 N 为周期进行周期延拓后得到 $x_N(n)$，再将 $x_N(n)$ 右移 m 位得 $x_N(n-m)$，取 $x_N(n-m)$ 的主值序列后得到 $x(n)$ 的循环移位序列 $x_N(n-m)R_N(n)$。之所以采用循环移位是因为若直接移位，再取主值区间，在计算 DFT 时肯定会丢失信息，如果循环移位则保留了信息，可以看成圆周上均匀分布的 N 个点，不管怎么移信息都在，圆周移位名称由此而来，如图 4-9 所示，$m = 2$。

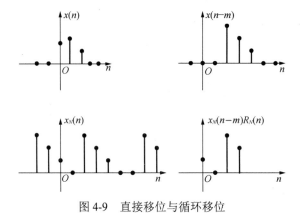

图 4-9 直接移位与循环移位

② 时域循环移位定理。

若有

$$\mathrm{DFT}[x(n)] = X(k)$$

则有

$$\mathrm{DFT}[x_N(n-m)R_N(n)] = W_N^{mk} X(k) \tag{4-19}$$

证明：

$$\mathrm{DFT}[x_N(n-m)R_N(n)] = \sum_{n=0}^{N-1} x_N(n-m) \mathrm{e}^{-\mathrm{j}\frac{2\pi}{N}kn}$$

令 $i = n - m$ 有

$$\sum_{n=0}^{N-1} x_N(n-m) \mathrm{e}^{-\mathrm{j}\frac{2\pi}{N}kn} = \sum_{i=-m}^{N-m-1} x_N(i) \mathrm{e}^{-\mathrm{j}\frac{2\pi}{N}k(i+m)}$$

$$= \left[\sum_{i=-m}^{N-m-1} x_N(i) \mathrm{e}^{-\mathrm{j}\frac{2\pi}{N}ki}\right] \mathrm{e}^{-\mathrm{j}\frac{2\pi}{N}km}$$

因 $x_N(i)$ 和 $\mathrm{e}^{-\mathrm{j}\frac{2\pi}{N}ki}$ 均是以 N 为周期的周期函数，所以方括号内的求和范围可改为 $i=0$ 到 $i=N-1$，因此有

$$\left[\sum_{i=-m}^{N-m-1} x_N(i)\mathrm{e}^{-\mathrm{j}\frac{2\pi}{N}ki}\right]\mathrm{e}^{-\mathrm{j}\frac{2\pi}{N}km} = \left[\sum_{i=0}^{N-1} x_N(i)\mathrm{e}^{-\mathrm{j}\frac{2\pi}{N}ki}\right]\mathrm{e}^{-\mathrm{j}\frac{2\pi}{N}km}$$

$$= \left[\sum_{i=0}^{N-1} x(i)\mathrm{e}^{-\mathrm{j}\frac{2\pi}{N}ki}\right]\mathrm{e}^{-\mathrm{j}\frac{2\pi}{N}km} = X(k)W_N^{mk}$$

得证。

该性质说明有限长序列循环移位将导致频谱相移，而对幅度谱无影响。

③ 频域循环移位定理（调制定理）。

若有

$$\mathrm{DFT}[x(n)] = X(k)$$

则有

$$\mathrm{IDFT}[X_N(k-l)R_N(k)] = W_N^{ln}x(n) \tag{4-20}$$

证明与时域循环移位定理类似，从略。

该定理说明频域循环移位将对应时域序列产生相移。

3）循环卷积性

① 序列的循环卷积。

设有限长因果序列 $x(n)$ 和 $h(n)$ 的长度分别为 N_1 和 N_2，它们的 N 点循环卷积为

$$x(n) \circledN h(n) = \left[\sum_{m=0}^{N-1} x(m)h_N(n-m)\right]R_N(n) \tag{4-21}$$

其中，$\circledN$ 表示 N 点循环卷积，$N \geqslant \max(N_1, N_2)$，$x(n)$ 和 $h(n)$ 需补零至 N 位，循环卷积的结果仍为 N 位。

循环卷积实际上是换元、翻褶、循环移位、相乘、相加的过程，用图 4-10 来说明循环卷积过程，将 $x(m)$ 按顺时针方向排列在固定不动的内圆盘上，$h(m)$ 逆时针排列在外圆盘上（表示 $h(-m)$），$n>0$ 时顺时针转动外圆 n 位（表示 $h(-m)$ 循环移位成 $h_N[-(m-n)]$，即 $h_N(n-m)$），每移动一个位置，对应元素相乘并相加，便可得到一个循环卷积的结果，该图 $N=8$，$n=2$。

下面再来比较循环卷积与线性卷积的关系，设有限长因果序列 $x(n)$ 和 $h(n)$ 的长度分别为 N_1 和 N_2，它们的线性卷积为 $x(n)*h(n) = \sum_{m=-\infty}^{+\infty} x(m)h(n-m)$。

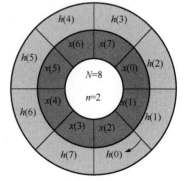

图 4-10 循环卷积计算过程示意

在线性卷积的计算过程中，序列经翻褶后向右平移，在左端将依次留出空位，而在循环卷积的计算过程中，序列经翻褶后循环移位，右端移出的样值又从左端移入，这将造成两种卷积的计算结果往往不一致。

线性卷积是系统时域分析的重要方法，而循环卷积可以利用计算机进行计算（计算

机中采用矩阵相乘或 FFT 的方法计算循环卷积），为了借助循环卷积求线性卷积，使循环卷积与线性卷积的结果相同，可以采用补零的方法，容易得出线性卷积的结果为 N_1+N_2-1 位，只要将 $x(n)$ 和 $h(n)$ 均补零至 $N \geqslant N_1+N_2-1$ 位，这样在循环卷积时，右端移出去的样值是零值，从而使左端移入的也是零值，保证了循环卷积与线性卷积的计算过程和结果相同。

【例 4-7】 已知 $x(n)=[\underset{\uparrow}{1}, 0, 1, 2, 1]$，$h(n)=[\underset{\uparrow}{1}, 1, 0, 1, 2]$，分别求出 $x(n)$ 与 $h(n)$ 的线性卷积，5 点循环卷积，9 点循环卷积和 12 点循环卷积。

解：（1）线性卷积。

$$y(n)=x(n)*h(n)=\sum_{m=-\infty}^{+\infty}x(m)h(n-m)$$

$x(m)$:　　　　　　　　　1　0　1　2　1　　　　　$y(0)=1\times1=1$
$h(-m)$:　　2　1　0　1

$x(m)$:　　　　　　　　　1　0　1　2　1　　　　　$y(0)=1\times1+0\times1=1$
$h(1-m)$:　　2　1　0　1　1

$x(m)$:　　　　　　　　　1　0　1　2　1　　　　　$y(0)=1\times0+0\times1+1\times1=1$
$h(2-m)$:　　2　1　0　1　1

⋮

$y(n)=[\underset{\uparrow}{1}, 1, 1, 4, 5, 2, 4, 5, 2]$

（2）5 点循环卷积。

$$\begin{bmatrix}1 & 2 & 1 & 0 & 1\\ 1 & 1 & 2 & 1 & 0\\ 0 & 1 & 1 & 2 & 1\\ 1 & 0 & 1 & 1 & 2\\ 2 & 1 & 0 & 1 & 1\end{bmatrix}\begin{bmatrix}1\\0\\1\\2\\1\end{bmatrix}=\begin{bmatrix}3\\5\\6\\6\\5\end{bmatrix}$$

$x(n) ⑤ h(n)=[\underset{\uparrow}{3}, 5, 6, 6, 5]$

（3）9 点循环卷积。

$$\begin{bmatrix}1 & 0 & 0 & 0 & 0 & 2 & 1 & 0 & 1\\ 1 & 1 & 0 & 0 & 0 & 0 & 2 & 1 & 0\\ 0 & 1 & 1 & 0 & 0 & 0 & 0 & 2 & 1\\ 1 & 0 & 1 & 1 & 0 & 0 & 0 & 0 & 2\\ 2 & 1 & 0 & 1 & 1 & 0 & 0 & 0 & 0\\ 0 & 2 & 1 & 0 & 1 & 1 & 0 & 0 & 0\\ 0 & 0 & 2 & 1 & 0 & 1 & 1 & 0 & 0\\ 0 & 0 & 0 & 2 & 1 & 0 & 1 & 1 & 0\\ 0 & 0 & 0 & 0 & 2 & 1 & 0 & 1 & 1\end{bmatrix}\begin{bmatrix}1\\0\\1\\2\\1\\0\\0\\0\\0\end{bmatrix}=\begin{bmatrix}1\\1\\1\\4\\5\\2\\4\\5\\2\end{bmatrix}$$

$x(n) ⑨ h(n)=[\underset{\uparrow}{1}, 1, 1, 4, 5, 2, 4, 5, 2]$

(4) 12 点循环卷积。

$$\begin{bmatrix} 1 & 0 & 0 & 0 & 0 & 0 & 0 & 0 & 2 & 1 & 0 & 1 \\ 1 & 1 & 0 & 0 & 0 & 0 & 0 & 0 & 0 & 2 & 1 & 0 \\ 0 & 1 & 1 & 0 & 0 & 0 & 0 & 0 & 0 & 0 & 2 & 1 \\ 1 & 0 & 1 & 1 & 0 & 0 & 0 & 0 & 0 & 0 & 0 & 2 \\ 2 & 1 & 0 & 1 & 1 & 0 & 0 & 0 & 0 & 0 & 0 & 0 \\ 0 & 2 & 1 & 0 & 1 & 1 & 0 & 0 & 0 & 0 & 0 & 0 \\ 0 & 0 & 2 & 1 & 0 & 1 & 1 & 0 & 0 & 0 & 0 & 0 \\ 0 & 0 & 0 & 2 & 1 & 0 & 1 & 1 & 0 & 0 & 0 & 0 \\ 0 & 0 & 0 & 0 & 2 & 1 & 0 & 1 & 1 & 0 & 0 & 0 \\ 0 & 0 & 0 & 0 & 0 & 2 & 1 & 0 & 1 & 1 & 0 & 0 \\ 0 & 0 & 0 & 0 & 0 & 0 & 2 & 1 & 0 & 1 & 1 & 0 \\ 0 & 0 & 0 & 0 & 0 & 0 & 0 & 2 & 1 & 0 & 1 & 1 \end{bmatrix} \begin{bmatrix} 1 \\ 0 \\ 1 \\ 2 \\ 1 \\ 0 \\ 0 \\ 0 \\ 0 \\ 0 \\ 0 \\ 0 \end{bmatrix} = \begin{bmatrix} 1 \\ 1 \\ 1 \\ 4 \\ 5 \\ 2 \\ 4 \\ 5 \\ 2 \\ 0 \\ 0 \\ 0 \end{bmatrix}$$

$$x(n) ⑫ h(n) = [\underset{\uparrow}{1}, 1, 1, 4, 5, 2, 4, 5, 2, 0, 0, 0]$$

上述几种卷积结果如图 4-11 所示。线性卷积的长度为 $5+5-1=9$，可以发现只有循环卷积的区间长度 $\geqslant 9$ 时，循环卷积与线性卷积才相等。

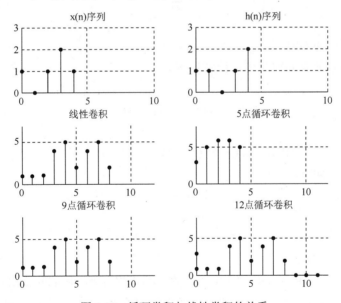

图 4-11 循环卷积与线性卷积的关系

② 时域循环卷积定理。

设有限长因果序列 $x(n)$ 和 $h(n)$ 的长度分别为 N_1 和 N_2，$N \geqslant \max(N_1, N_2)$，它们的 N 点循环卷积为

$$y(n) = x(n) Ⓝ h(n) = \left[\sum_{m=0}^{N-1} x(m) h_N(n-m) \right] R_N(n) \tag{4-22}$$

则 $y(n)$ 的 N 点 DFT 为

$$Y(k) = \text{DFT}[y(n)] = X(k)H(k)$$

其中，$\text{DFT}[x(n)] = X(k)$，$\text{DFT}[h(n)] = H(k)$。

③ 频域循环卷积定理。

设 $y(n) = x(n) \cdot h(n)$，则

$$Y(k) = \text{DFT}[y(n)] = \frac{1}{N} X(k) \otimes H(k) = \left(\sum_{l=0}^{N-1} X(l) H_N(k-l) \right) R_N(k)$$

$$= \left[\sum_{l=0}^{N-1} H(l) X_N(k-l) \right] R_N(k) \qquad (4-23)$$

4）Parseval 定理

$$\sum_{n=0}^{N-1} |x(n)|^2 = \frac{1}{N} \sum_{k=0}^{N-1} |X(k)|^2 \qquad (4-24)$$

证明：

$$\frac{1}{N} \sum_{k=0}^{N-1} |X(k)|^2 = \frac{1}{N} \sum_{k=0}^{N-1} X(k) X^*(k) = \frac{1}{N} \sum_{k=0}^{N-1} X(k) \left(\sum_{n=0}^{N-1} x(n) W_N^{kn} \right)^*$$

$$= \frac{1}{N} \sum_{k=0}^{N-1} X(k) \sum_{n=0}^{N-1} x^*(n) W_N^{-kn} = \sum_{k=0}^{N-1} x^*(n) \cdot \frac{1}{N} \sum_{n=0}^{N-1} X(k) W_N^{-kn}$$

$$= \sum_{k=0}^{N-1} x^*(n) \cdot x(n) = \sum_{n=0}^{N-1} |x(n)|^2$$

得证。

5）复共轭序列的 DFT

设 $x^*(n)$ 是 $x(n)$ 的复共轭序列，长度为 N，

已知

$$X(k) = \text{DFT}[x(n)]$$

则

$$\text{DFT}[x^*(n)] = X^*(N-k) \qquad 0 \leq k \leq N-1 \qquad (4-25)$$

且由于 $X(k)$ 隐含周期性，有

$$X(N) = X(0)$$

同理可证

$$\text{DFT}[x^*(N-n)] = X^*(k) \qquad (4-26)$$

6）DFT 的共轭对称性

DFT 有对称性，但由于 DFT 中讨论的序列 $x(n)$ 及其离散傅立叶变换 $X(k)$ 均为有限长序列，且定义区间为 0 到 $N-1$，所以这里的对称性是指关于 $N/2$ 点的对称性。下面讨论 DFT 的共轭对称性质。

① 有限长共轭对称序列和共轭反对称序列。

长度为 N 的有限长序列 $x(n)$，若满足

$$x(n) = x^*(N-n), \quad 0 \leq n \leq N-1 \qquad (4-27)$$

称序列 $x(n)$ 为共轭对称序列，一般用 $x_{ep}(n)$ 来表示。若满足

$$x(n) = -x^*(N-n), \quad 0 \leq n \leq N-1 \qquad (4-28)$$

称序列 $x(n)$ 为共轭反对称序列，一般用 $x_{op}(n)$ 来表示

即

$$x_{\text{ep}}(n) = x_{\text{ep}}^*(N-n), \quad 0 \leqslant n \leqslant N-1 \tag{4-29}$$

$$x_{\text{op}}(n) = -x_{\text{op}}^*(N-n), \quad 0 \leqslant n \leqslant N-1 \tag{4-30}$$

当 N 为偶数时，将 $n = \dfrac{N}{2} - n$ 代入式（4-29）与式（4-30），得

$$x_{\text{ep}}\left(\frac{N}{2} - n\right) = x_{\text{ep}}^*\left(\frac{N}{2} + n\right), \quad 0 \leqslant n \leqslant \frac{N}{2} - 1 \tag{4-31}$$

$$x_{\text{op}}\left(\frac{N}{2} - n\right) = -x_{\text{op}}^*\left(\frac{N}{2} + n\right), \quad 0 \leqslant n \leqslant \frac{N}{2} - 1 \tag{4-32}$$

式（4-31）与式（4-32）说明 N 为偶数时，共轭对称序列与其共轭序列以 $n = N/2$ 成偶对称，共轭反对称序列与其共轭序列以 $n = N/2$ 成奇对称。

当 N 为奇数时，将 $n = \dfrac{N-1}{2} - n$ 代入式（4-29）与式（4-30），得

$$x_{\text{ep}}\left(\frac{N-1}{2} - n\right) = x_{\text{ep}}^*\left(\frac{N+1}{2} + n\right), \quad 0 \leqslant n \leqslant \frac{N-1}{2} - 1 \tag{4-33}$$

$$x_{\text{op}}\left(\frac{N-1}{2} - n\right) = -x_{\text{op}}^*\left(\frac{N+1}{2} + n\right), \quad 0 \leqslant n \leqslant \frac{N-1}{2} - 1 \tag{4-34}$$

式（4-33）与式（4-34）说明 N 为奇数时，共轭对称序列与其共轭序列以 $n = (N-1)/2$ 成偶对称，共轭反对称序列与其共轭序列以 $n = (N-1)/2$ 成奇对称。

设一长度为 N 的有限长序列 $x(n)$，令

$$x_{\text{ep}}(n) = \frac{1}{2}[x(n) + x^*(N-n)]$$

$$x_{\text{op}}(n) = \frac{1}{2}[x(n) - x^*(N-n)]$$

则有

$$x(n) = x_{\text{ep}}(n) + x_{\text{op}}(n) \tag{4-35}$$

这说明任一有限长序列，都可以表示成一个共轭对称序列与共轭反对称序列的和，在频域下同样有类似结论

$$X(k) = X_{\text{ep}}(k) + X_{\text{op}}(k) \tag{4-36}$$

式中

$$X_{\text{ep}}(k) = \frac{1}{2}[X(k) + X^*(N-k)] \tag{4-37}$$

$$X_{\text{op}}(k) = \frac{1}{2}[X(k) - X^*(N-k)] \tag{4-38}$$

② 复数序列 DFT 的共轭对称性。

当 $x(n)$ 为长度 N 的复数序列时，有

$$x(n) = x_r(n) + jx_i(n) \qquad 0 \leqslant n \leqslant N-1$$

$$x_r(n) = \text{Re}[x(n)] = \frac{1}{2}[x(n) + x^*(n)]$$

$$jx_i(n) = j\text{Im}[x(n)] = \frac{1}{2}[x(n) - x^*(n)]$$

有

$$\begin{aligned}\mathrm{DFT}[x_r(n)] &= \frac{1}{2}\mathrm{DFT}[x(n)+x^*(n)] \\ &= \frac{1}{2}[X(k)+X^*(N-k)] \\ &= X_{\mathrm{ep}}(k)\end{aligned} \qquad (4\text{-}39)$$

同理可得

$$\mathrm{DFT}[\mathrm{j}x_i(n)] = \frac{1}{2}\mathrm{DFT}[x(n)-x^*(n)] = X_{\mathrm{op}}(k) \qquad (4\text{-}40)$$

即

$$X(k) = X_{\mathrm{ep}}(k) + X_{\mathrm{op}}(k)$$

式（4-39）和式（4-40）说明复数序列实部部分的离散傅立叶变换是原序列离散傅立叶变换的共轭对称分量；复数序列虚部部分的离散傅立叶变换是原序列离散傅里叶变换的共轭反对称分量。

另一方面有

$$x(n) = x_{\mathrm{ep}}(n) + x_{\mathrm{op}}(n)$$

$$\mathrm{DFT}[x_{\mathrm{ep}}(n)] = \frac{1}{2}\mathrm{DFT}[x(n)+x^*(N-n)] = \frac{1}{2}[X(k)+X^*(k)] = \mathrm{Re}[X(k)] \qquad (4\text{-}41)$$

$$\mathrm{DFT}[x_{\mathrm{op}}(n)] = \frac{1}{2}\mathrm{DFT}[x(n)-x^*(N-n)] = \frac{1}{2}[X(k)-X^*(k)] = \mathrm{j}\mathrm{Im}[X(k)] \qquad (4\text{-}42)$$

即

$$X(k) = X_{\mathrm{R}}(k) + \mathrm{j}X_{\mathrm{I}}(k)$$

式（4-41）和式（4-42）说明复序列共轭对称分量序列的离散傅立叶变换是原序列离散傅立叶变换的实部部分；复序列共轭对称分量的离散傅立叶变换是原序列离散傅立叶变换的虚部部分。

【例 4-8】 已知 $x(n) = [2.5, 0, 1.6, -3, -2, 2, 1.6, -3, -1, 4, 4.5, -2]$，求共轭对称分量和共轭反对称分量，并验证共轭对称性。

解：下面仅给出计算公式，中间过程省去，计算结果如图 4-12 所示。

$$x_{\mathrm{ep}}(n) = \frac{1}{2}[x(n)+x^*(N-n)]$$

$$x_{\mathrm{op}}(n) = \frac{1}{2}[x(n)-x^*(N-n)]$$

$$X(k) = \mathrm{DFT}[x(n)] = \sum_{n=0}^{N-1}x(n)\mathrm{e}^{-\mathrm{j}\frac{2\pi}{N}kn} = \sum_{n=0}^{N-1}x(n)W_N^{kn}$$

$$\mathrm{DFT}[x_{\mathrm{ep}}(n)] = \sum_{n=0}^{N-1}x_{\mathrm{ep}}(n)\mathrm{e}^{-\mathrm{j}\frac{2\pi}{N}kn} = \sum_{n=0}^{N-1}x_{\mathrm{ep}}(n)W_N^{kn}$$

$$\mathrm{DFT}[x_{\mathrm{op}}(n)] = \sum_{n=0}^{N-1}x_{\mathrm{op}}(n)\mathrm{e}^{-\mathrm{j}\frac{2\pi}{N}kn} = \sum_{n=0}^{N-1}x_{\mathrm{op}}(n)W_N^{kn}$$

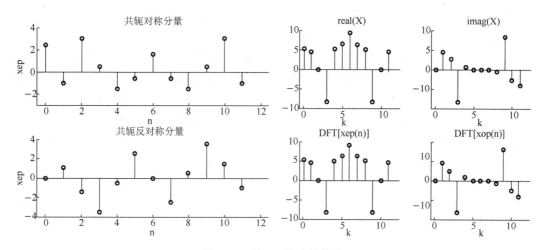

图 4-12 例 4-8 的计算结果

离散傅立叶变换的对称性，在求实序列的离散傅立叶变换中有重要作用。例如，有两个实数序列 $x_1(n)$ 和 $x_2(n)$，为求其离散傅立叶变换，可以分别用 $x_1(n)$ 和 $x_2(n)$ 作为虚部和实部构造一个复数序列 $x(n)$，求出 $x(n)$ 的离散傅立叶变换 $X(k)$，然后根据式（4-37）和（4-38）得到 $X(k)$ 的共轭对称分量 $X_{ep}(k)$ 和 $X_{op}(k)$，分别对应 $X_1(k)$ 和 $X_2(k)$，从而实现一次 DFT 的计算可得到两个序列 DFT 的高效算法。而 DFT 可以通过快速 FFT 变换来实现。

4.5 离散傅里叶变换的快速算法（FFT）

DFT 的出现为使用计算机进行傅里叶分析提供了理论依据，但直接按定义计算 DFT 的计算量太大，所以在快速傅里叶变换 FFT（Fast Fourier Transform）出现以前，DFT 在谱分析和信号的实时处理是不切实际的。直到 1965 年，J.W.Cooley 和 J.W.Tukey 在《计算数学》（Math.Computation，Vol.19，1965）杂志上发表了著名的《机器计算傅里叶级数的一种算法》论文后，情况才发生了根本的变化。

1. FFT 的引入

一个长度为 N 的有限长序列的 DFT 为

$$X(k) = \text{DFT}[x(n)] = \sum_{n=0}^{N-1} x(n) e^{-j\frac{2\pi}{N}kn} = \sum_{n=0}^{N-1} x(n) W_N^{kn}, \quad k = 0, 1, \cdots, N-1 \qquad (4\text{-}43)$$

$X(k)$ 的离散傅里叶反变换为

$$x(n) = \text{IDFT}[X(k)] = \frac{1}{N}\sum_{k=0}^{N-1} X(k) e^{j\frac{2\pi}{N}kn} = \frac{1}{N}\sum_{k=0}^{N-1} X(k) W_N^{-kn}, \quad n = 0, 1, \cdots, N-1 \qquad (4\text{-}44)$$

$x(n)$ 和 $X(k)$ 均可以是复数，正反变换仅在右边差一比例因子 $\frac{1}{N}$ 和 W_N 指数上差一负号，反变换的快速算法可将输入和输出重新安排后由正变换的快速算法计算，这里仅讨论正变换的快速算法。

若 $x(n)$ 为复数，直接用式（4-43），计算 DFT 每一个值就需要 N 次复数乘法和 $(N-1)$ 次复数加法，因此计算全部 N 个值总共需要 N^2 次复数乘法和 $N(N-1)$ 次复数加法，而每次复数乘法需要 4 次实数乘法和 2 次实数加法，每次复数加法需要 2 次实数加法，所以序列 $x(n)$ 的直接计算 DFT 需要 $4N^2$ 次实数乘法和 $N(4N-2)$ 次实数加法，通用计算机或专用硬件计算 DFT 还需储存和读取 N 个复数输入序列值 $x(n)$ 和 复系数 W_N^{kn}，由于计算的总次数和时间大致上正比于 N^2，当 N 很大时，运算量相当可观，这对于实时信号处理来说，将对处理设备的计算速度提出难以实现的要求，因此必须减少运算量，才能使 DFT 得到实际应用。

减少 DFT 运算量的大多数方法均利用了 W_N^{kn} 的对称性、周期性、可约性，表现为

对称性：$\quad (W_N^{nk})^* = W_N^{-nk} = W_N^{(N-n)k} = W_N^{n(N-k)}$ \hfill (4-45)

周期性：$\quad W_N^{nk} = W_N^{(N+n)k} = W_N^{n(N+k)}$ \hfill (4-46)

可约性：$\quad W_N^{nk} = W_{mN}^{mnk} = W_{N/m}^{nk/m}$ \hfill (4-47)

另外还有些特殊点，$W_N^0 = 1$，$W_N^{N/2} = -1$，$W_N^{(k+N/2)} = -W_N^k$，FFT 的基本思想是利用系数 W_N^{kn} 的特性，合并 DFT 运算中的某些项，将长序列的 DFT 分解成短序列的 DFT，从而减少运算量，最简单常用的方法是基 2FFT 算法，分时域抽取法 FFT（Decimation-In-Time FFT，简称 DIT-FFT）和频域抽取法 FFT（Decimation-In-Frequency FFT，简称 DIF-FFT）。

2. DIT-FFT（Cooley-Tukey 算法）

1）算法原理

设序列 $x(n)$ 长度为 $N = 2^M$，M 为整数，若不满足则补零，例如 $x(n)$ 长度为 9，应补 7 个 0 至 $N = 2^4 = 16$ 位。然后按 n 的奇偶将 $x(n)$ 分成两个 $N/2$ 点的子序列

$$x(2r) = x_1(r), \quad x(2r+1) = x_2(r) \quad r = 0,\ 1, \cdots, N/2 - 1$$

则 $x(n)$ 的 DFT 为

$$\begin{aligned} X(k) &= \sum_{n=\text{偶数}} x(n) W_N^{kn} + \sum_{n=\text{奇数}} x(n) W_N^{kn} \\ &= \sum_{r=0}^{N/2-1} x(2r) W_N^{2kr} + \sum_{r=0}^{N/2-1} x(2r+1) W_N^{k(2r+1)} \\ &= \sum_{r=0}^{N/2-1} x_1(r)(W_N^2)^{kr} + W_N^k \sum_{r=0}^{N/2-1} x_2(r)(W_N^2)^{kr} \\ &= \sum_{r=0}^{N/2-1} x_1(r) W_{N/2}^{kr} + W_N^k \sum_{r=0}^{N/2-1} x_2(r) W_{N/2}^{kr} \\ &= X_1(k) + W_N^k X_2(k) \quad k = 0,\ 1, \cdots, N-1 \end{aligned}$$

其中

$$X_1(k) = \sum_{r=0}^{N/2-1} x_1(r) W_{N/2}^{kr}, \quad X_2(k) = \sum_{r=0}^{N/2-1} x_2(r) W_{N/2}^{kr}$$

因为 $X_1(k)$ 和 $X_2(k)$ 隐含周期 $N/2$，且 $W_N^{k+N/2} = -W_N^k$，因此有

$$X(k) = X_1(k) + W_N^k X_2(k) \quad k = 0, 1, \cdots, N/2 - 1 \hfill (4-48)$$

$$X(k + N/2) = X_1(k) - W_N^k X_2(k) \quad k = 0, 1, \cdots, N/2 - 1 \hfill (4-49)$$

这样，当序列时域奇偶分组后，频域实现了前后分组，式（4-48）与式（4-49）可用如图 4-13 所示的蝶形运算流图表示。

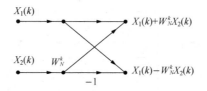

图 4-13 时域抽取法蝶形运算流图

设输入序列 $x(n)$ 的长度为 $N=8$,则序列 $x(n)$ 经过一次时域奇偶分组后,N 点 DFT 分解为两个 $N/2$ 点的 DFT,如图 4-14 所示。

一次分解后的运算量见表 4-2,显然运算量减少了近一半,如此可继续将一个 $N/2$ 点的 DFT 分解为两个 $N/4$ 点的 DFT,将 $x_1(r)$ 按奇偶分组分解成两个 $N/4$ 点的子序列

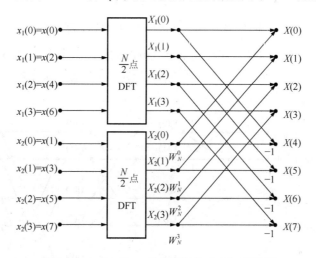

图 4-14 8 点 DFT 一次时域抽取分解运算流图

表 4-2 一次分解后的 DIT-FFT 运算量

	复 数 乘 法	复 数 加 法
一个 $N/2$ 点的 DFT	$(N/2)^2$	$N/2(N/2-1)$
两个 $N/2$ 点的 DFT	$N^2/2$	$N(N/2-1)$
一个蝶形运算	1	2
$N/2$ 个蝶形运算	$N/2$	N
总计	$N^2/2 + N/2 \approx N^2/2$	$N(N/2-1)+N = N^2/2$

$$x_1(2l) = x_3(l),\ x_1(2l+1) = x_4(l),\ l = 0, 1, \cdots, N/4-1$$
$$X_1(k) = X_3(k) + W_{N/2}^k X_4(k) \quad k = 0, 1, \cdots, N/4-1$$
$$X_1(k+N/4) = X_3(k) - W_{N/2}^k X_4(k) \quad k = 0, 1, \cdots, N/4-1$$

类似的,将 $x_2(r)$ 按奇偶分组分解成两个 $N/4$ 点的子序列

$$x_2(2l) = x_5(l),\ x_2(2l+1) = x_6(l),\ l = 0, 1, \cdots, N/4-1$$
$$X_2(k) = X_5(k) + W_{N/2}^k X_6(k) \quad k = 0, 1, \cdots, N/4-1$$
$$X_2(k+N/4) = X_5(k) - W_{N/2}^k X_6(k) \quad k = 0, 1, \cdots, N/4-1$$

两次分解后的运算流图如图 4-15 所示。

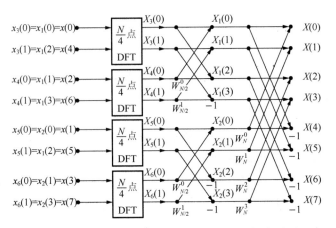

图 4-15　8 点 DFT 两次时域抽取分解运算流图

依此类推，经过 M 次分解后，可以将 N 点 DFT 分解为 N 个 1 点 DFT 和 M 级蝶形运算，而 1 点 DFT 就是时域序列本身。一个完整的 8 点 DIT-FFT 运算流图如图 4-16 所示，图中利用了关系式 $W_{N/m}^{k} = W_{N}^{mk}$。

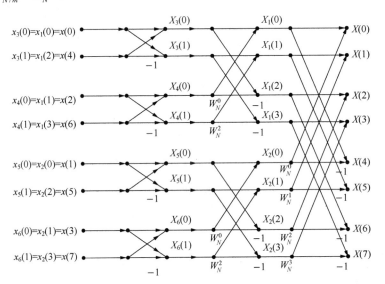

图 4-16　8 点 DIT-FFT 运算流图

2）DIT-FFT 与直接 DFT 运算量比较

当 $N = 2^M$ 时，共有 M 级蝶形，每级有 $N/2$ 个蝶形，每个蝶形有 1 次复数乘法和 2 次复数加法，所以共有复数乘法 $C_m = \dfrac{N}{2}M = \dfrac{N}{2}\log_2^N$ 次，复数加法 $C_a = NM = N\log_2^N$ 次。而直接计算 DFT 的复数乘法为 N^2 次，复数加法 $N(N-1)$ 次。单看复数乘法，当 $N = 1024$ 时

$$\frac{C_m(\text{FFT})}{C_m(\text{DFT})} = \frac{N^2}{\dfrac{N}{2}\log_2^N} = \frac{1048576}{5120} = 204.8$$

运算效率提高了 200 多倍，不同 N 下的 FFT 与 DFT 复数乘法次数的比值如图 4-17 所示，不同 N 下的 FFT 与 DFT 复数加法次数的比值如图 4-18 所示，可以看出，N 越大，运

算效率提高的越明显。

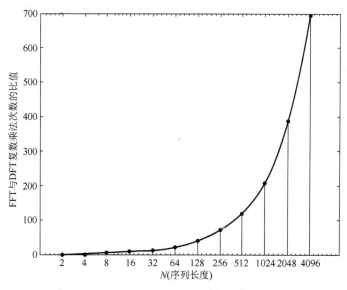

图 4-17　不同 N 下的 FFT 与 DFT 复数乘法次数的比值

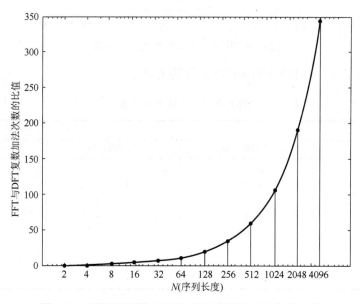

图 4-18　不同 N 下的 FFT 与 DFT 复数加法次数的比值

3）DIT-FFT 算法特点和规律

① 原位计算（In Place Computation）。

由图 4-16 可以看出，当 $N=2^M$ 时，共有 M 级蝶形，同一级中，每个蝶形的两个输入数据只对计算本次蝶形有用，且每个蝶形的输入输出数据节点同在一条水平线上，因此可以计算完一个蝶形后，将所得输出数据立即存入原输入数据所占用的存储单元中，这种利用同一存储单元存储蝶形计算输入输出数据的方法称为原位计算，可节省大量内存，降低设备和运算成本。计算 N 点 FFT 需用 N 个存储单位存储 N 个输入序列值，另外还需 $N/2$ 个存储单元存放 W_N 系数。

② 倒位序。

原位计算时，FFT 输出的 $X(k)$ 为顺序排列，设 $N=8$，即 $X(0)$、$X(1)$、…、$X(7)$，但输入序列 $x(n)$ 是按 $x(0)$、$x(4)$、$x(2)$、$x(6)$、$x(1)$、$x(5)$、$x(3)$、$x(7)$ 的顺序存入存储单元（我们称之为倒位序），即为乱序输入，顺序输出，这种顺序看起来相当杂乱，然而它是有规律的，造成这种现象的原因是输入序列 $x(n)$ 不断奇偶分组造成的。

如图 4-19 所示的树状图描述了奇偶分组形成倒位序的过程。

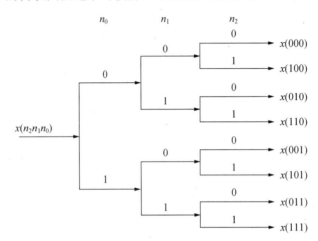

图 4-19　倒位序形成树状图（$N=8$）

表 4-3 说明了 $N=8$ 时顺序和倒位序之间的关系。

表 4-3　顺序和倒位序二进制对照表（$N=8$）

顺　　序		倒　位　序	
十进制数 i	二进制数 $n_2n_1n_0$	二进制数 $n_0n_1n_2$	十进制数 j
0	0　0　0	0　0　0	0
1	0　0　1	1　0　0	4
2	0　1　0	0　1　0	2
3	0　1　1	1　1　0	6
4	1　0　0	0　0　1	1
5	1　0　1	1　0　1	5
6	1　1　0	0　1　1	3
7	1　1　1	1　1　1	7

在实际运算中，先按顺序排列将输入序列存入存储单元，再通过变址得到倒位序排列，将倒位序排列的数据仍存放在原来顺序排列的存储单元中，这可以由计算机程序来实现。

③ 蝶形运算两节点的距离和 W_N^r 的确定。

以图 4-16 的 8 点 FFT 为例，其第一级每个蝶形的两节点间的距离为 1，第二级每个蝶形的两节点距离为 2，第三级每个蝶形的两节点距离为 4。由此，对于 $N=2^M$ 点 FFT，输入倒位序输出正常顺序时，其第 m 级运算每个蝶形两节点间的距离为 2^{m-1}，第 m 级的蝶形运算表达式为

$$X_m(k) = X_{m-1}(k) + X_{m-1}(k+2^{m-1})W_N^r$$
$$X_m(k+2^{m-1}) = X_{m-1}(k) - X_{m-1}(k+2^{m-1})W_N^r$$

对于旋转因子 W_N^r 中的系数 r，观察图 4-16 可以总结出规律，即前一级总是取后一级序号的偶部分，最后一级 $r = 0, 1, \cdots, N/2-1$。

3. DIF-FFT（Sande-Tukey 算法）

设序列 $x(n)$ 长度为 $N = 2^M$，M 为整数，然后将 $x(n)$ 分成前后两个 $N/2$ 点的子序列，则 $x(n)$ 的 DFT 可表示为

$$\begin{aligned}
X(k) &= \sum_{n=0}^{N/2-1} x(n) W_N^{kn} + \sum_{n=N/2}^{N-1} x(n) W_N^{kn} \\
&= \sum_{n=0}^{N/2-1} x(n) W_N^{kn} + \sum_{n=0}^{N/2-1} x\left(n+\frac{N}{2}\right) W_N^{k(n+N/2)} \\
&= \sum_{n=0}^{N/2-1} [x(n) + x\left(n+\frac{N}{2}\right) W_N^{kN/2}] W_N^{kn} \\
&= \sum_{n=0}^{N/2-1} [x(n) + (-1)^k x\left(n+\frac{N}{2}\right)] W_N^{kn} \qquad k = 0, 1, \cdots, N-1
\end{aligned}$$

按 k 的奇偶将 $X(k)$ 分成两部分

$$\begin{aligned}
X(2r) &= \sum_{n=0}^{N/2-1} \left[x(n) + x\left(n+\frac{N}{2}\right)\right] W_N^{2rn} \\
&= \sum_{n=0}^{N/2-1} \left[x(n) + x\left(n+\frac{N}{2}\right)\right] W_{N/2}^{rn} \qquad r = 0, 1, \cdots, N/2-1 \\
X(2r+1) &= \sum_{n=0}^{N/2-1} \left[x(n) - x\left(n+\frac{N}{2}\right)\right] W_N^{(2r+1)n} \\
&= \sum_{n=0}^{N/2-1} \left[x(n) - x\left(n+\frac{N}{2}\right)\right] W_N^n W_{N/2}^{rn} \qquad r = 0, 1, \cdots, N/2-1
\end{aligned}$$

令

$$\begin{aligned}
x_1(n) &= x(n) + x\left(n+\frac{N}{2}\right) \\
x_2(n) &= \left[x(n) - x\left(n+\frac{N}{2}\right)\right] W_N^n
\end{aligned}, \quad n = 0, 1, \cdots, N/2-1$$

$X(2r)$ 和 $X(2r+1)$ 分别是 $x_1(n)$ 和 $x_2(n)$ 的 $N/2$ 点 DFT，记为

$$X_1(k) = X(2r) = \sum_{n=0}^{N/2-1} x_1(n) W_{N/2}^{rn}$$

$$X_2(k) = X(2r+1) = \sum_{n=0}^{N/2-1} x_2(n) W_{N/2}^{rn}$$

这样，当序列时域前后分组后，频域实现了奇偶分组，上边两式可用如图 4-20 所示的蝶形运算流图表示。

设输入序列 $x(n)$ 的长度为 $N = 8$，类似 DIT-FFT，经多次分组后，一个完整的 8 点 DIF-FFT 运算流图如图 4-21 所示。

最后需说明的是，上述两种 FFT 的算法流图形式并不惟一，只要保证各支路传输比不变，改变输入与输出点及中间节点的排列顺序，就可以得到其他变形的 FFT 运算流图。

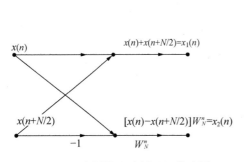

图 4-20 频域抽取法蝶形运算流图

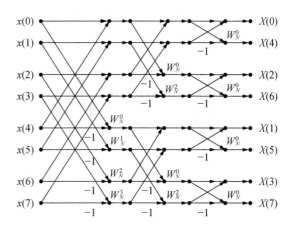

图 4-21 8 点 DIF-FFT 运算流图

4.6 DFT 的应用

FFT 的出现使 DFT 在数字通信、语音信号处理、图像处理、功率谱估计、系统分析与仿真、雷达信号处理、光学、医学、地震及数值分析等各个领域都得到了广泛应用。各种应用一般都以卷积和相关运算的具体计算为依据，或以 DFT 对连续傅里叶变换的近似为基础。

1. 利用 DFT 计算线性卷积

4.4 节中提到过，可以借助循环卷积求线性卷积，设 $x(n)$ 和 $h(n)$ 分别是长度 N_1 和 N_2 的有限长序列，其线性卷积的长度为 N_1+N_2-1 位，将 $x(n)$ 和 $h(n)$ 均补零至 $N \geq N_1+N_2-1$ 位，循环卷积与线性卷积的计算结果相同。而循环卷积的计算可以利用 DFT 和 IDFT 计算，由 DFT 的时域循环卷积定理

$$y(n) = x(n) \circledN h(n) = \left[\sum_{m=0}^{N-1} x(m) h_N(n-m)\right] R_N(n) \quad (4\text{-}50)$$

可得 $y(n)$ 的 N 点 DFT 为

$$Y(k) = \text{DFT}[y(n)] = X(k)H(k) \quad (4\text{-}51)$$

$$y(n) = \text{IDFT}[Y(k)] \quad (4\text{-}52)$$

该过程可如图 4-22 所示来说明。

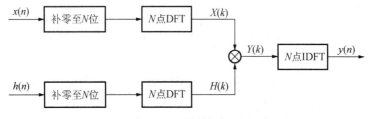

图 4-22 用 DFT 计算循环卷积原理框图

下面讨论直接计算和利用 DFT 计算线性卷积的运算量。设有限长因果序列 $x(n)$ 和 $h(n)$

的长度分别为 N_1 和 N_2，它们的线性卷积为 $x(n)*h(n) = \sum_{m=-\infty}^{+\infty} x(m)h(n-m)$，每个 $x(n)$ 都要与所有的 $h(n)$ 相乘一次，共有乘法 $m_{\text{Direct}} = N_1 \cdot N_2$ 次。

用 FFT 计算循环卷积的步骤如下

① 求 $X(k) = \text{DFT}[x(n)]$，N 点；

② 求 $H(k) = \text{DFT}[h(n)]$，N 点；

③ 计算 $Y(k) = X(k)H(k)$；

④ 计算 $y(n) = \text{IDFT}[Y(k)]$，N 点；

步骤①②④均可用 FFT 算法来实现，乘法运算量为 $\dfrac{3N}{2}\log_2^N$ 次，加上步骤③的 N 次相乘运算总共有 $m_{\text{FFT}} = \left(\dfrac{3N}{2}\log_2^N + N\right)$ 次乘法运算，二者比值

$$\dfrac{m_{\text{Direct}}}{m_{\text{FFT}}} = \dfrac{N_1 \cdot N_2}{\dfrac{3N}{2}\log_2^N + N} \tag{4-53}$$

现在分两种情况讨论。

① 当 $x(n)$ 和 $h(n)$ 的长度差不多时，例如设 $N_1 = N_2 = M$，$N = 2M - 1$，有

$$\dfrac{m_{\text{Direct}}}{m_{\text{FFT}}} = \dfrac{M^2}{\dfrac{3}{2}(2M-1)\log_2^{(2M-1)} + (2M-1)}$$

不同 M 下直接计算和利用 DFT 计算线性卷积的运算量之比如图 4-23 所示和见表 4-4。

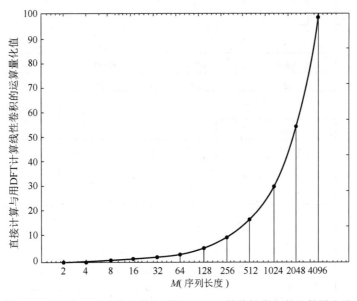

图 4-23　不同 M 下直接计算和利用 DFT 计算线性卷积的运算量之比

表 4-4　不同 M 下直接计算和利用 DFT 计算线性卷积的运算量之比

M	8	16	32	64	128	256	512	1024	2048	4096
比值	0.62	0.98	1.63	2.81	4.95	8.88	16.02	29.27	53.91	99.92

当 $M \leqslant 16$ 时，直接计算的运算量要比用 DFT 计算的运算量小，但 M 越大，用 DFT 计算线性卷积的优势就越突出，如 $M = 4096$ 时，DFT 方法运算速度要比直接计算快 100 倍。

② 当 $x(n)$ 和 $h(n)$ 的长度差很多时，实际中经常碰到 $N_1 \gg N_2$ 的情况，若仍选取 $N \geqslant N_1 + N_2 - 1$ 点的 DFT 计算线性卷积，一则需对短序列补很多零，二则必须将长序列全部输入完后才能进行快速运算，这不仅要求计算机设备存储容量大，还使处理延时很大不能用于实时处理。解决这个问题的办法是将长序列分段计算，方法有重叠相加法和重叠保留法两种，此处仅介绍重叠相加法。

设序列 $h(n)$ 的长度为 N，$x(n)$ 无限长，将 $x(n)$ 等长分段，每段长度取 M，则 $x(n)$ 与 $h(n)$ 的线性卷积可表示为

$$y(n) = x(n) * h(n) = \left[\sum_{i=0}^{M} x_i(n)\right] * h(n) = \sum_{i=0}^{M} [x_i(n) * h(n)] = \sum_{i=0}^{M} y_i(n)$$

说明计算线性卷积时，可先计算分段线性卷积 $y_i(n) = x_i(n) * h(n)$，然后将分段卷积结果叠加起来即可，如图 4-24 所示。每一分段卷积 $y_i(n)$ 的长度为 $N + M - 1$，因此相邻分段卷积 $y_i(n)$ 和 $y_{i+1}(n)$ 有 $N - 1$ 个点重叠，必须将所有重叠部分叠加才能得到正确的线性卷积结果 $y(n)$，当第二个分段卷积 $y_1(n)$ 计算完后，叠加重叠点便可得到输出序列 $y(n)$ 的前 $2M$ 个值，同样，分段卷积 $y_i(n)$ 计算完后可得到 $y(n)$ 的第 i 段的 M 个序列值，这样就实现了边输入边计算边输出，这种方法不要求大的存储容量且运算量和延时也大大减少，在计算机运行速度快的情况下能够实现实时处理。

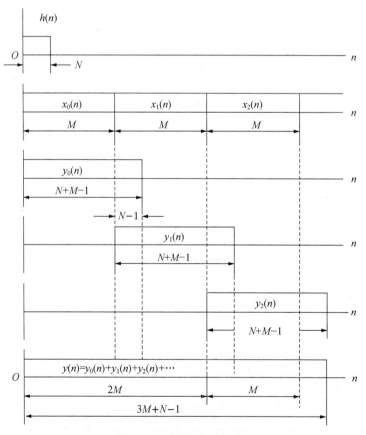

图 4-24 重叠相加法示意

【例 4-9】 已知 $h(n) = R_5(n)$，$x(n) = [\cos(\pi n/10) + \cos(2\pi n/5)]u(n)$，用重叠相加法计算 $y(n) = x(n) * h(n)$。

解：$h(n)$ 长度 $N = 5$，对 $x(n)$ 进行分段，每段长度 $M = 10$。重叠相加法计算的时域示意图如图 4-25 所示。

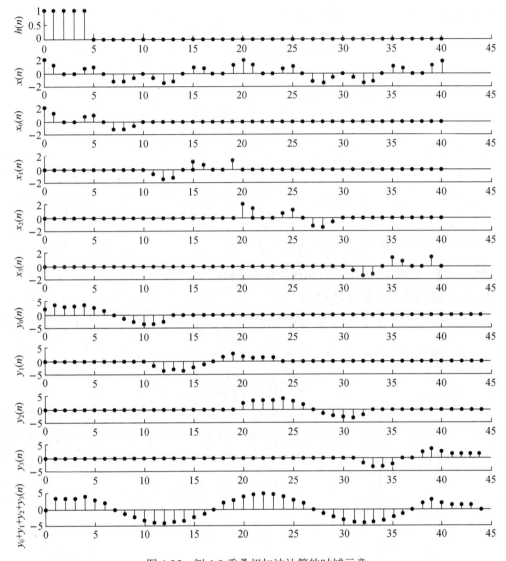

图 4-25 例 4-9 重叠相加法计算的时域示意

2. 利用 DFT 计算连续时间信号的傅里叶变换

设 $x(t)$ 是连续时间信号，并假设 $t < 0$ 时 $x(t) = 0$，则其傅里叶变换由式（4-54）给出

$$X(j\Omega) = \int_0^\infty x(t) e^{-j\Omega t} dt \tag{4-54}$$

对该信号进行采样，选择采样间隔 T_s 足够小，使每一个 T_s 秒的间隔 $nT_s \leqslant t < (n+1)T_s$ 内，若 $x(t)$ 的变化很小，则式中积分可近似为

$$X(j\Omega) = \sum_{n=0}^\infty \left(\int_{nT_s}^{(n+1)T_s} e^{-j\Omega t} dt \right) x(nT_s)$$

$$= \sum_{n=0}^{\infty}\left[\frac{-1}{\mathrm{j}\Omega}\mathrm{e}^{-\mathrm{j}\Omega t}\right]_{t=nT_\mathrm{s}}^{t=(n+1)T_\mathrm{s}} x(nT_\mathrm{s})$$

$$= \frac{1-\mathrm{e}^{-\mathrm{j}\Omega T_\mathrm{s}}}{\mathrm{j}\Omega}\sum_{n=0}^{\infty}\mathrm{e}^{-\mathrm{j}\Omega nT_\mathrm{s}}x(nT_\mathrm{s}) \tag{4-55}$$

假设存在整数 N 足够大，对于所有 $n \geq N$ 的整数，幅值 $|x(nT_\mathrm{s})| \approx 0$，则

$$X(\mathrm{j}\Omega) = \frac{1-\mathrm{e}^{-\mathrm{j}\Omega T_\mathrm{s}}}{\mathrm{j}\Omega}\sum_{n=0}^{N-1}\mathrm{e}^{-\mathrm{j}\Omega nT_\mathrm{s}}x(nT_\mathrm{s}) \tag{4-56}$$

当 $\Omega = 2\pi k/NT_\mathrm{s}$ 时，式（4-56）变为

$$X\left(\mathrm{j}\frac{2\pi k}{NT_\mathrm{s}}\right) = \frac{1-\mathrm{e}^{-\mathrm{j}2\pi k/N}}{\mathrm{j}2\pi k/NT_\mathrm{s}}\sum_{n=0}^{N-1}\mathrm{e}^{-\mathrm{j}2\pi nk/N}x(nT_\mathrm{s}) = \frac{1-\mathrm{e}^{-\mathrm{j}2\pi k/N}}{\mathrm{j}2\pi k/NT_\mathrm{s}}X(k) \tag{4-57}$$

其中 $X(k)$ 代表抽样信号 $x(n) = x(nT_\mathrm{s})$ 的 N 点 DFT，$k = 0, 1, 2, \cdots, N-1$。

首先用 FFT 算法求出 $X(k)$，再利用（4-57）式近似求出连续谱在 $\Omega = 2\pi k/NT_\mathrm{s}$ 处的频谱值。显然，这种方法的频率分辨率 $F = \frac{\Delta\Omega}{2\pi} = \frac{1}{NT_\mathrm{s}}$(Hz)，令 $T_\mathrm{p} = NT_\mathrm{s}$，称为截断时间长度或信号的记录时间，因此有 $F = \frac{1}{T_\mathrm{p}} = \frac{1}{NT_\mathrm{s}} = \frac{f_\mathrm{s}}{N}$。

【例 4-10】 用 FFT 对 $x(t) = \mathrm{e}^{-t}u(t)$ 进行谱分析。

解：根据连续傅里叶变换定义

$$X(\mathrm{j}\Omega) = FT[x(t)] = \frac{1}{1+\mathrm{j}\Omega}$$

连续的幅度谱

$$|X(\mathrm{j}\Omega)| = \frac{1}{1+\Omega^2}$$

因为 $x(t)$ 无限长，需对其进行截断，再对 $x(t)$ 进行采样得到 $x(n)$，利用 FFT 求出 N 点 $X(k)$，代入（4-57）式，当 $x(t)$ 截断成 $T_\mathrm{c} = 10\mathrm{s}$，$N = 1024$，$T_\mathrm{s} = 0.02\,\mathrm{s}$ 时，连续谱与近似谱如图 4-26 所示。

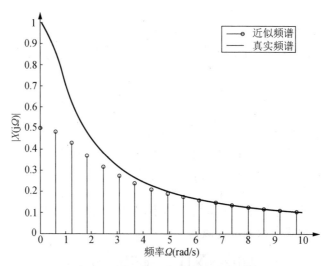

图 4-26　$T_\mathrm{c} = 10$，$N = 1024$，$T_\mathrm{s} = 0.02$

可以看出很多近似值已经接近连续谱在这些频率上真实值，但还有较大误差，现在仅减小采样间隔，令 $T_s = 0.01$，得到连续谱与近似谱如图 4-27 所示。

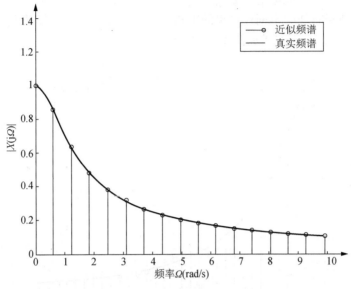

图 4-27　$T_c = 10$，$N = 1024$，$T_s = 0.01$

可以看出这种情况下的近似值已相当接近连续谱了，采样间隔变小导致误差变小的原因实质上归结为混叠现象的减弱。为了增加更多细节，即离散谱线增多，在上一步的基础上仅增加 N 的数量，令 $N = 2048$，得到连续谱与近似谱如图 4-28 所示。

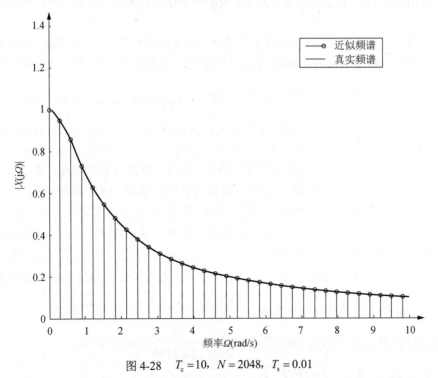

图 4-28　$T_c = 10$，$N = 2048$，$T_s = 0.01$

可以看出，图 4-28 比图 4-27 具有更多细节。需说明的是，离散谱近似连续谱存在着栅栏效应，因为离散谱线之间的频谱是看不到的，这就好像从 N 个栅栏缝隙中观看信号的频谱情况，有可能会漏掉大的频谱分量，为了将原来被栅栏挡住的频谱分量检测出来，对有限长序列可以采取在原序列尾部补零的方法。

现在再来看截断时间的不同对结果的影响，在上一步的基础上仅减小 $x(t)$ 的持续时间，令 $T_c = 2$，得到连续谱与近似谱如图 4-29 所示。

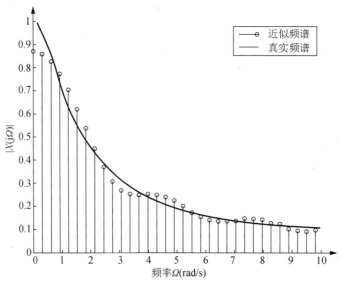

图 4-29　$T_c = 2$，$N = 2048$，$T_s = 0.01$

可以看出这种情况下近似效果变差了，说明对 $x(t)$ 进行截断的时间不同，引起的截断误差也不同。

利用 DFT 计算连续时间信号的傅里叶变换，误差是不可避免的，因为 DFT 进行谱分析时首先要对连续信号进行采样，根据香农采样定理，如果连续信号的频率在 $\Omega > \Omega_b$ 时，幅度谱 $|X(j\Omega)|$ 很小，只要 $\Omega_s \geq 2\Omega_b$，即采样间隔 $T_s \leq \dfrac{\pi}{\Omega_b}$ 时频谱混叠现象才不严重，而只有持续时间无限长的连续信号才可能频谱有限宽，再者用 DFT 进行谱分析时还要对信号进行加窗截断，这就不可避免地会造成频谱泄露和谱间干扰现象。如果已知信号只在时间区间 $0 \leq t \leq t_1$ 内存在，通过预滤波和减小采样间隔 T_s，可以有效改善混叠现象；通过对 $nT_s > t_1$ 时的采样信号 $x(n) = x(nT_s)$ 补零，使 N 足够大可以改善栅栏效应，减小频谱泄露，应用其他窗函数或近代谱估计方法可以降低谱间干扰，读者可以参阅相关数字信号处理书籍。

【例 4-11】 用 FFT 对实信号进行谱分析，要求谱分辨率 $F \leq 10\text{Hz}$，信号最高频率 $f_b = 2.5\text{kHz}$，试确定最小记录时间 $T_{p\min}$，最大的采样间隔 $T_{s\max}$，最少的采样点数 $N_{\min}$。如果 f_b 不变，要求谱分辨率提高 1 倍，那么最少的采样点数和最小的记录时间是多少？

解：$T_p = \dfrac{1}{F} \geq \dfrac{1}{10} = 0.1\text{s}$，因此 $T_{p\min} = 0.1\text{s}$。

根据采样定理，$f_s \geq 2f_b$，所以 $T_{s\max} = \dfrac{1}{2f_b} = \dfrac{1}{2 \times 2500} = 0.2 \times 10^{-3}\text{s}$。

$F = \dfrac{f_s}{N} \Rightarrow N_{\min} = \dfrac{2f_b}{F} = \dfrac{2 \times 2500}{10} = 500$，为了使用 FFT，希望 N 为 2 的整数次幂，选

$N = 512 = 2^7$。

若要使谱分辨率提高 1 倍，即 $F = 5\text{Hz}$，则有

$$N_{\min} = \frac{2 \times 2500}{5} = 1000, \quad T_{p\min} = \frac{1}{5} = 0.2\text{s}$$

为了使用 FFT，选用 $N = 1024 = 2^8$。

习 题 四

4-1 设 $x(n) = [\underset{\uparrow}{1},\ 1]$，将 $x(n)$ 以 $N = 4$ 为周期进行周期延拓，形式为周期序列 $x_N(n)$，画出 $x(n)$ 和 $x_N(n)$ 的波形，求出 $x_N(n)$ 的 DFS $X_N(k)$ 和 DTFT。

4-2 设 $X(e^{j\omega})$ 为序列 $x(n)$ 的 DTFT，试求下面序列的傅里叶变换。

(1) $x(n - n_0)$ (2) $x^*(n)$
(3) $x(-n)$ (4) $nx(n)$
(5) $x(2n)$ (6) $x^2(n)$

4-3 如图 4-30 所示序列 $x(n)$ 的 DTFT 用 $X(e^{j\omega})$ 表示，不直接求出 $X(e^{j\omega})$，完成下列运算：

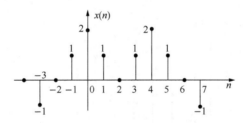

图 4-30　题 4-3

(1) $X(e^{j0})$ (2) $\int_{-\pi}^{\pi} X(e^{j\omega}) \mathrm{d}\omega$

(3) $\int_{-\pi}^{\pi} |X(e^{j\omega})|^2 \mathrm{d}\omega$ (4) $\int_{-\pi}^{\pi} \left|\frac{\mathrm{d}X(e^{j\omega})}{\mathrm{d}\omega}\right|^2 \mathrm{d}\omega$

4-4 已知模拟信号 $x(t) = 2\cos(2\pi f_0 t)$，式中 $f_0 = 100\text{Hz}$，以采样频率 $f_s = 400\text{Hz}$ 对 $x(t)$ 进行采样得到 $x(n)$，试分别求出 $x(t)$ 和 $x(n)$ 的傅里叶变换 $X(j\Omega)$ 和 $X(e^{j\omega})$。

4-5 已知 LTI 离散系统频率特性 $H(e^{j\omega}) = |H(e^{j\omega})| e^{j\varphi(\omega)}$，单位冲激响应 $h(n)$ 为实序列，试证明该系统在 $x(n) = A\cos(\omega_0 n + \theta)$ 激励下产生的稳态响应为

$$y(n) = A|H(e^{j\omega_0})|\cos[\omega_0 n + \theta + \varphi(\omega_0)]$$

4-6 已知 $x(n) = e^{-0.5n}[u(n) - u(n-4)]$，画出它的 8 点 DFT 和 DTFT 的幅度谱。

4-7 已知一个数字滤波器的单位冲激响应 $h(n) = 0.95^n$，$0 \leq n \leq 3$。计算它的 4 点 DFT 并画出频谱图。

4-8 已知下列三个序列

(1) $x_1(n) = [\underset{\uparrow}{1},\ 2,\ 3,\ 4]$

(2) $x_2(n) = [\underset{\uparrow}{1}, 2, 3, 4, 1, 2, 3, 4]$

(3) $x_2(n) = [\underset{\uparrow}{1}, 2, 3, 4, 1, 2, 3, 4, 1, 2, 3, 4]$

比较它们的 DFT 有什么异同。

4-9 已知序列 $x(n) = [\underset{\uparrow}{1}, 2, 3, 3, 2, 1]$。

(1) 求 $x(n)$ 的傅里叶变换 $X(\mathrm{e}^{\mathrm{j}\omega})$，并画出幅频特性和相频特性曲线。

(2) 计算 $x(n)$ 的 N（$N \geqslant 6$）点离散傅里叶变换 $X(k)$，画出幅频特性和相频特性曲线。

(3) 对比 $X(\mathrm{e}^{\mathrm{j}\omega})$ 和 $X(k)$ 的幅频特性和相频特性曲线，验证 $X(k)$ 是 $X(\mathrm{e}^{\mathrm{j}\omega})$ 的等间隔采样，采样间隔为 $2\pi/N$。

(4) 计算 $X(k)$ 的 N 点 IDFT，验证 DFT 和 IDFT 的唯一性。

4-10 已知序列 $x(n)$ 的 8 点 DFT $X(k)$ 如图 4-31 所示。

(1) 在 $x(n)$ 的每两个相邻采样值之间插入一个零值，得到一个长为 16 点的序列 $y(n)$，即 $y(n) = \begin{cases} x(n/2), & n\text{为偶数} \\ 0, & n\text{为奇数} \end{cases}$，用 $X(k)$ 表示 $y(n)$ 的 16 点 DFT $Y(k)$，画出 $Y(k)$。

(2) 在 $x(n)$ 的后面添加 8 个零值，得到一个长为 16 点的序列 $v(n)$，即

$v(n) = \begin{cases} x(n), & 0 \leqslant n \leqslant 7 \\ 0, & 8 \leqslant n \leqslant 15 \end{cases}$，用 $X(k)$ 表示 $v(n)$ 的 16 点 DFT $V(k)$，画出 $V(k)$。

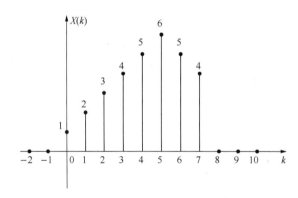

图 4-31 题 4-10

4-11 设 $x(n) = \delta(n) + 3\delta(n-1)$，$h(n) = \delta(n) + 2\delta(n-1) + \delta(n-2)$，计算它们的线性卷积、3 点循环卷积和 4 点循环卷积并进行比较。

4-12 若 $X(k) = \mathrm{DFT}[x(n)]$，试证明 DFT 的初值定理，即 $x(0) = \dfrac{1}{N}\sum_{k=0}^{N-1}X(k)$。

4-13 某数字信号处理器的速度为计算每次复数乘法和复数加法均需要 10ns，用来计算 $N = 1024$ 点 DFT，直接计算需要多少时间？用 FFT 计算呢？照这样计算，用 FFT 进行快速卷积来对信号进行处理时，估计可实现实时处理的信号最高频率是多少？

4-14 分别画出 16 点基 2 DIT-FFT 和 DIF-FFT 运算流图，并计算其复数乘法次数。

4-15 一模拟信号由两个正弦信号组成

$$x(t) = \sin(2000\pi t) + 0.5\sin(4000\pi t + 3\pi/4)$$

以 $f_s = 8\mathrm{kHz}$ 的速率采样后得到序列

$$x(n) = \sin(\pi n/4) + 0.5\sin(\pi n/2 + 3\pi/4)$$

$x(n)$ 的 8 个数据如下

$x(0) = 0.3536$，$x(1) = 0.3536$，$x(2) = 0.6464$，$x(3) = 1.0607$

$x(4) = 0.3536$，$x(5) = -1.0607$，$x(6) = -1.3536$，$x(7) = -0.3536$

利用基 2DIT-FFT 算法计算 8 点 DFT。

4-16 设一线性时不变滤波器的单位冲激响应 $h(n)$ 是长为 64 点的有限长序列，$x(n)$ 是滤波器的输入序列，共 8000 个数据，现在考虑用 $N = 128$ 点 FFT 计算滤波器的输出，设选择重叠相加法，为了完成对输入信号的滤波，试估计共需进行多少个 128 点 FFT 运算。

4-17 宽带音频信号常用采样频率 $f_s = 44.1$kHz，假设采集了 4096 个样值，该音频信号的长度为多少 s？

4-18 设模拟信号 $x(t)$ 以 8kHz 采样得到序列 $x(n)$，计算 $x(n)$ 的 512 点 DFT $X(k)$，$X(k)$ 的频率间隔是多少？$k = 0$、127、255 和 511 点处对应的频率是多少？

4-19 有一频谱分析用的 FFT 处理器，其采样点数必须是 2 的整数幂，假设没有采用任何的数据处理措施，已知条件是频率分辨率 $F \leqslant 10$Hz，信号最高频率 $f_h = 4$kHz，求：

（1）最小记录时间 $T_{p\min}$；

（2）最低采样频率 $f_{s\min}$；

（3）最少采样点数 $N_{\min}$。

4-20 有一调幅信号 $x(t) = [1 + \cos(2\pi \cdot 100t)]\cos(2\pi \cdot 600t)$，用 FFT 进行谱分析，要求能分辨出所有频率分量，问

（1）采样频率应为多少？

（2）采样间隔应为多少？

（3）采样点数应为多少？

（4）若用 $f_s = 3000$Hz 进行采样，截断出 512 点 $x(n)$，求 512 点 DFT，进行谱分析，粗略画出 $X(k)$ 的幅频特性 $|X(k)|$。

第 5 章　连续信号与系统的复频域分析

本章重点介绍了拉普拉斯变换的定义和性质，拉普拉斯反变换的求解方法，连续系统的 s 域分析，连续系统的系统函数，连续系统的模拟图、框图、信号流图与 Mason 公式，连续系统的稳定性分析。

5.1　引　言

19 世纪末，英国工程师赫维赛德（O.Heaviside，1850—1925）发明了运算法解决电工程计算中遇到的一些基本问题，这种方法很快地被很多人使用。但由于缺乏严密的数学论证，受到当时很多数学家的怀疑，后来人们在法国数学家、天文学家拉普拉斯（Laplace，1749—1827）的著作中为赫维赛德运算法找到了可靠的数学依据，并重新取名为拉普拉斯变换（简称拉氏变换）法。自此，拉氏变换方法在电学、力学等诸多工程科学领域中得到了广泛应用。拉普拉斯变换是一种积分变换，它将时域中的常数线性微分方程变换为复频域中的常系数线性代数方程。

复频域分析是分析 LTI 系统的有效工具。与傅氏变换分析法相比，它可以扩大信号变换的范围，而且求解比较简便，因而应用更为广泛。一些不存在傅里叶变换的时间函数，其拉普拉斯变换却存在，这在一定程度上弥补了傅里叶变换的不足，使得拉普拉斯变换更有生命力。

本章首先从傅里叶变换中导出拉普拉斯变换，将频域扩展为复频域，将拉普拉斯变换理解为广义的傅氏变换，对拉氏变换给出一定的物理解释。然后讨论拉氏正/反变换及拉氏变换的一些基本性质，并以此为基础，着重讨论线性时不变系统的复频域分析法。最后介绍双边拉普拉斯变换、线性系统的模拟和信号流图。

5.2　拉普拉斯变换

在前面章节的讨论中，信号既可用时域表示，也可进行傅里叶变换用频域表示，但并不是所有的时域信号都可以有对应的频域信号。事实上有许多信号，如阶跃信号 $u(t)$、单边斜坡信号 $tu(t)$、单边正弦信号 $\sin tu(t)$ 等，它们不满足绝对可积的条件，因而不能直接得到其傅里叶变换表达式。虽然借助于广义函数仍可求得它们的傅里叶变换，但同时也增加了分析的难度。另外还有一些常见信号，例如增长指数信号 $e^{\alpha t}(\alpha>0)$，由于不满足绝对可积条件而不存在傅里叶变换。为了简化某些常用信号的变换过程和使更多的常用信号存在变换，故将傅里叶变换推广为拉普拉斯变换（Laplace Transform）。

1. 从傅里叶变换到拉普拉斯变换

对于一个不满足绝对可积的条件信号 $x(t)$，如果用一个实指数函数 $e^{-\sigma t}$ 与之相乘，只要

σ 的数值选择得当，就可以使 $x(t)\mathrm{e}^{-\sigma t}$ 满足绝对可积条件，称 $\mathrm{e}^{-\sigma t}$ 为收敛因子。

对 $x(t)\mathrm{e}^{-\sigma t}$ 取傅氏变换，有

$$FT\left[x(t)\mathrm{e}^{-\sigma t}\right]=\int_{-\infty}^{\infty}x(t)\mathrm{e}^{-\sigma t}\mathrm{e}^{-\mathrm{j}\Omega t}\mathrm{d}t=\int_{-\infty}^{\infty}x(t)\mathrm{e}^{-(\sigma+\mathrm{j}\Omega)t}\mathrm{d}t \tag{5-1}$$

令 $s=\sigma+\mathrm{j}\Omega$，则式（5-1）的结果用 $X(s)$ 表示为

$$X(s)=\int_{-\infty}^{\infty}x(t)\mathrm{e}^{-st}\mathrm{d}t \tag{5-2}$$

又根据傅里叶反变换式，可知

$$\begin{aligned}x(t)\mathrm{e}^{-\sigma t}&=\frac{1}{2\pi}\int_{-\infty}^{\infty}X(s)\mathrm{e}^{\mathrm{j}\Omega t}\mathrm{d}\Omega\\&=\frac{1}{2\pi}\int_{\sigma-\mathrm{j}\infty}^{\sigma+\mathrm{j}\infty}X(s)\mathrm{e}^{\mathrm{j}\Omega t}\frac{1}{\mathrm{j}}\mathrm{d}s\\&=\frac{1}{2\pi\mathrm{j}}\int_{\sigma-\mathrm{j}\infty}^{\sigma+\mathrm{j}\infty}X(s)\mathrm{e}^{\mathrm{j}\Omega t}\mathrm{d}s\end{aligned} \tag{5-3}$$

两边乘以 $\mathrm{e}^{\sigma t}$，得

$$x(t)=\frac{1}{2\pi\mathrm{j}}\int_{\sigma-\mathrm{j}\infty}^{\sigma+\mathrm{j}\infty}X(s)\mathrm{e}^{st}\mathrm{d}s \tag{5-4}$$

由式（5-2）定义的函数 $X(s)$ 称为 $x(t)$ 的双边拉普拉斯变换，简称拉氏变换。它是复频率 s 的函数，记为 $\mathrm{LT}\left[x(t)\right]$。

式（5-4）称为 $X(s)$ 的拉普拉斯反变换，简称拉氏反变换。它是时间 t 的函数，记为 $\mathrm{LT}^{-1}\left[X(s)\right]$。或称 $x(t)$ 是 $X(s)$ 的原函数，$X(s)$ 是 $x(t)$ 的象函数。

傅氏变换是将信号分解为无限多个频率 Ω、复振幅为 $\dfrac{X(\mathrm{j}\Omega)}{2\pi}\mathrm{d}\Omega$ 的虚指数分量 $\mathrm{e}^{\mathrm{j}\Omega t}$ 之和，而拉氏变换是将信号分解为无限多个复频率为 $s=\sigma+\mathrm{j}\Omega$、复振幅为 $\dfrac{X(s)}{2\pi\mathrm{j}}\mathrm{d}s$ 的复指数分量 e^{st} 之和。拉氏变换与傅氏变换的区别在于：傅氏变换是将时域函数 $x(t)$ 变换为频域函数 $X(\mathrm{j}\Omega)$，此处时域变量 t 和频域变量 Ω 都是实数；而拉氏变换是将时域函数 $x(t)$ 变换为复频域函数 $X(s)$，这里时域变量 t 是实数，复频域变量 s 是复数。也就是说，傅里叶变换建立了时域和频域之间的联系，而拉氏变换建立了时域和复频域（s 域）之间的联系。

考虑到实际中遇到的信号都是因果信号，即 $t<0$，$x(t)=0$，式（5-2）可以写成

$$X(s)=\int_{0_-}^{\infty}x(t)\mathrm{e}^{-st}\mathrm{d}t \tag{5-5}$$

称式（5-5）为 $x(t)$ 的单边拉普拉斯变换，而反变换积分即式（5-4）并不改变。

此处积分下限选择 0_-，是因为考虑到 $x(t)$ 包含 $\delta(t)$ 或其导数的情况，对于在 $t=0$ 连续或只有有限阶跃型不连续点的情况，这些不同积分下限并不影响积分的值，只有当信号在 $t=0$ 处包含有 $\delta(t)$ 或其导数时，积分结果才会不同。

在下节中可看到，信号及其导数的起始值可以通过单边拉氏变换融入到 s 域中。单边拉式变换在分析具有起始条件的、由线性常系数微分方程描述的因果系统中起着重要的作用。所以，本书主要讨论单边拉普拉斯变换。

2. 收敛域

当信号 $x(t)$ 乘以收敛因子后，有下列关系

$$\lim_{t \to \infty} x(t) e^{-\sigma t} = 0 \qquad (\sigma > \sigma_0) \tag{5-6}$$

则可以说在此区域 $(\sigma > \sigma_0)$ 内拉氏变换存在。其拉式变换的收敛域为 $\text{Re}[s] = \sigma > \sigma_0$，如图 5-1 所示的阴影部分，$\sigma_0$ 称为收敛横坐标。

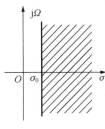

图 5-1 收敛域

凡满足式（5-6）的函数称为"指数阶函数"。指数阶函数若具有发散性可借助于指数函数的衰减压下去，使之成为收敛函数。

对于稳定信号（常数，等幅）$\sigma_0 = 0$，收敛域为 s 平面的右半部；对有始有终的能量信号（如单个矩形脉冲信号），其收敛坐标为 $\sigma_0 = -\infty$，收敛域为整个复平面，即有界的非周期信号的拉氏变换一定存在。对功率信号（周期或非周期的）及一些非功率非能量信号（如单位斜坡信号 $tu(t)$），其收敛坐标 $\sigma_0 = 0$。对于按指数规律增长的信号如 $e^{\alpha t} u(t) (\alpha > 0)$，其收敛坐标 $\sigma_0 = \alpha$。而对于一些比指数函数增长更快的函数，如 e^{t^2} 或 t^t，找不到它们的收敛坐标，因此不能进行拉氏变换。

由于单边拉氏变换的收敛域比较简单，即使不标出也不会造成混淆。因此在后面的讨论中，常常省略其收敛域。

3. 常用信号的拉普拉斯变换

（1）单位阶跃信号 $u(t)$。

$$\text{LT}[u(t)] = \int_0^\infty e^{-st} dt = -\frac{e^{-st}}{s} \bigg|_0^\infty = -\frac{1}{s}(0-1) = \frac{1}{s}$$

（2）单位冲激信号 $\delta(t)$。

$$\text{LT}[\delta(t)] = \int_{0_-}^\infty \delta(t) e^{-st} dt = \int_{0_-}^\infty \delta(t) dt = 1$$

（3）指数信号 $e^{-\alpha t} u(t)$。

$$\text{LT}[e^{-\alpha t} u(t)] = \int_0^\infty e^{-\alpha t} e^{-st} dt = -\frac{e^{-(\alpha+s)t}}{s+\alpha} \bigg|_0^\infty = -\frac{1}{s+\alpha}(0-1) = \frac{1}{s+\alpha}$$

（4）正幂信号 $t^n u(t)$（n 为正整数）。

使用分部积分法，有

$$\text{LT}[t^n u(t)] = \int_{0_-}^\infty t^n e^{-st} dt = -\frac{t^n}{s} e^{-st} \bigg|_{0_-}^\infty + \frac{n}{s} \int_{0_-}^\infty t^{n-1} e^{-st} dt = \frac{n}{s} \int_{0_-}^\infty t^{n-1} e^{-st} dt$$

即

$$\text{LT}[t^n u(t)] = \frac{n}{s} \text{LT}[t^{n-1} u(t)]$$

以此类推，可得

$$\text{LT}[t^n] = \frac{n}{s} \cdot \frac{n-1}{s} \text{LT}[t^{n-2}] = \frac{n}{s} \cdot \frac{n-1}{s} \cdots \frac{2}{s} \cdot \frac{1}{s} \cdot \frac{1}{s} = \frac{n!}{s^{n+1}}$$

当 $n=1$ 时，有 $tu(t) \leftrightarrow \dfrac{1}{s^2}$；

当 $n=2$ 时，有 $t^2 u(t) \leftrightarrow \dfrac{2}{s^3}$。

表 5-1 给出了常用信号的拉氏变换。

表 5-1　常用信号的拉普拉斯变换

$x(t)$	$X(s)$	$x(t)$	$X(s)$
$\delta(t)$	1	$\sin(\Omega_0 t)u(t)$	$\dfrac{\Omega_0}{s^2+\Omega_0^2}$
$u(t)$	$\dfrac{1}{s}$	$\sinh\beta t\, u(t)$	$\dfrac{\beta}{s^2-\beta^2}$
$e^{-\alpha t}u(t)$	$\dfrac{1}{s+\alpha}$	$\cosh\beta t\, u(t)$	$\dfrac{s}{s^2-\beta^2}$
$t^n u(t)$（n 是正整数）	$\dfrac{n!}{s^{n+1}}$	$(t\cos\Omega_0 t)u(t)$	$\dfrac{s^2-\Omega_0^2}{(s^2+\Omega_0^2)^2}$
$e^{-\alpha t}t^n u(t)$（n 是正整数）	$\dfrac{n!}{(s+\alpha)^{n+1}}$	$(t\sin\Omega_0 t)u(t)$	$\dfrac{2\Omega_0 s}{(s^2+\Omega_0^2)^2}$
$\cos(\Omega_0 t)u(t)$	$\dfrac{s}{s^2+\Omega_0^2}$	$\displaystyle\sum_{n=-\infty}^{\infty} x(t-nT)$	$\dfrac{X(s)}{1-e^{-sT}}$

5.3　拉普拉斯变换的性质

实际所遇到的信号绝大部分都是由单元信号所组成的复杂信号，为方便分析，常用拉氏变换的基本性质来得到信号的拉氏变换。

1. 线性

若 $x_1(t) \leftrightarrow X_1(s)$，$x_2(t) \leftrightarrow X_2(s)$，则
$$\alpha x_1(t)+\beta x_2(t) \leftrightarrow \alpha X_1(s)+\beta X_2(s) \qquad (5\text{-}7)$$
其中，α、β 为任意常数（实数或复数）。

【例 5-1】　求 $x(t)=\cos\Omega_0 t\, u(t)$ 的拉氏变换。

解：
$$x(t)=\cos\Omega_0 u(t)=\dfrac{1}{2}\left(e^{j\Omega_0 t}+e^{-j\Omega_0 t}\right)u(t)$$

$$\mathrm{LT}\left[e^{j\Omega_0 t}u(t)\right]=\dfrac{1}{s-j\Omega_0}$$

$$\mathrm{LT}\left[e^{-j\Omega_0 t}u(t)\right]=\dfrac{1}{s+j\Omega_0}$$

由线性性质可知
$$\mathrm{LT}\left[\cos(\Omega_0 t)u(t)\right]=\dfrac{s}{s^2+\Omega_0^2}$$

同理可求得

$$\text{LT}\left[\sin(\Omega_0 t)u(t)\right] = \frac{\Omega_0}{s^2 + \Omega_0^2}$$

2. 时移性

若 $x(t) \leftrightarrow X(s)$，则对任意正实数 t_0，有

$$x(t-t_0)u(t-t_0) \leftrightarrow X(s)e^{-st_0} \tag{5-8}$$

证明：

$$\text{LT}\left[x(t-t_0)u(t-t_0)\right] = \int_{0_-}^{\infty} x(t-t_0)u(t-t_0)e^{-st}dt = \int_{t_0}^{\infty} x(t-t_0)e^{-st}dt$$

令 $\tau = t - t_0$，则上式变为

$$\int_0^{\infty} x(\tau)e^{-s(\tau+t_0)}d\tau = e^{-st_0}\int_0^{\infty} x(\tau)e^{-s\tau}d\tau = e^{-st_0}X(s)$$

这个性质表明，时间函数在时域中延迟 t_0，其象函数将乘以 e^{-st_0}，称 e^{-st_0} 为时移因子。

注意：时间左移在拉普拉斯变换中没有对应的性质。

【例 5-2】 证明：周期信号 $x_T(t) = \sum_{n=-\infty}^{\infty} x(t-nT)$ 的单边拉氏变换为 $X_T(s) = \dfrac{X(s)}{1-e^{-sT}}$。其中 T 为周期，$x(t)$ 是 $x_T(t)$ 在第一个周期 $0 \sim T$ 内的信号，且 $\text{LT}[x(t)] = X(s)$。

证明：任意连续时间周期信号可写成

$$x_T(t) = \sum_{n=-\infty}^{\infty} x(t-nT)$$

$$= \int_0^T x_T(t)e^{-st}dt + \int_T^{2T} x_T(t)e^{-st}dt + \cdots = \sum_{n=0}^{\infty} \int_{nT}^{(n+1)T} x_T(t)e^{-st}dt$$

$$\stackrel{\diamondsuit t=t-nT}{=} \sum_{n=0}^{\infty} e^{-nsT} \int_0^T x_T(t)e^{-st}dt = \frac{1}{1-e^{-sT}} \int_0^T x(t)e^{-st}dt = \frac{X(s)}{1-e^{-sT}}$$

即

$$\text{LT}[x_T(t)] = \frac{1}{1-e^{-sT}}X(s) \tag{5-9}$$

式（5-9）表明，周期信号的拉氏变换等于其第一周期内信号的拉氏变换乘以 $\dfrac{1}{1-e^{-sT}}$。此外，需注意的是，由于此处的拉氏变换是单边的，故原周期信号的拉氏变换只能称为有始周期信号的拉氏变换。

【例 5-3】 求如图 5-2 所示半波整流后的周期正弦信号的拉氏变换。

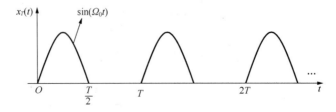

图 5-2　半波整流后的周期正弦信号

解：第一个周期内的信号可表示为

$$x(t) = \sin\Omega_0 t u(t) + \sin\left[\Omega_0\left(t - \frac{T}{2}\right)\right] u\left(t - \frac{T}{2}\right)$$

其波形如图 5-3 所示。

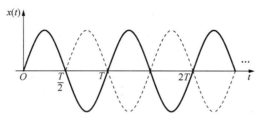

图 5-3 两个正弦信号叠加

根据时移性，有

$$X(s) = \frac{\Omega_0}{s^2 + \Omega_0^2}\left(1 + e^{-s\frac{T}{2}}\right)$$

$$X(s) = \frac{\Omega_0}{s^2 + \Omega_0^2} \cdot \frac{1 + e^{-s\frac{T}{2}}}{1 - e^{-sT}} = \frac{\Omega_0}{s^2 + \Omega_0^2} \cdot \frac{1}{1 - e^{-s\frac{T}{2}}}$$

3. 尺度变换性

若 $x(t) \leftrightarrow X(s)$，则对任意正实数 a，有

$$x(at) \leftrightarrow \frac{1}{a} X\left(\frac{s}{a}\right) \tag{5-10}$$

证明：

$$\text{LT}[x(at)] = \int_0^\infty x(at) e^{-st} \, dt$$

令 $\tau = at$，则

$$\text{LT}[x(\tau)] = \int_0^\infty x(\tau) e^{-\frac{s}{a}\tau} \frac{1}{a} d\tau = \frac{1}{a} X\left(\frac{s}{a}\right)$$

【例 5-4】 求阶跃函数 $u(at)$ 的拉氏变换，其中 a 为任意正实数。

解：由式（5-10）可得

$$\text{LT}[u(at)] = \frac{1}{a}\left(\frac{1}{s/a}\right) = \frac{1}{s}$$

这个结果并不奇怪，因为对于任意正实数 a，$u(at) = u(t)$。

4. 复频移性

若 $x(t) \leftrightarrow X(s)$，则对于任意实数或复数 s_0，有

$$x(t)e^{s_0 t} \leftrightarrow X(s - s_0) \tag{5-11}$$

式（5-11）表明，时间函数乘以 $e^{s_0 t}$，相当于象函数在 s 域内平移 s_0。

【例 5-5】 已知信号 $x(t) = \cos\beta t \cdot e^{-at} u(t)$，求 $X(s)$。

解：已知
$$\text{LT}[\cos\beta t u(t)] = \frac{s}{s^2 + \beta^2}$$

利用复频移性质，有
$$X(s) = \frac{s + \alpha}{(s + \alpha)^2 + \beta^2}$$

同理可得
$$\text{LT}[\sin\beta t \cdot e^{-\alpha t} u(t)] = \frac{\beta}{(s + \alpha)^2 + \beta^2}$$

5. 时域微分性

若 $x(t) \leftrightarrow X(s)$，则
$$\frac{\mathrm{d}x(t)}{\mathrm{d}t} \leftrightarrow sX(s) - x(0_-) \tag{5-12}$$

证明：利用分部积分的方法，得
$$\int_{0_-}^{\infty} \frac{\mathrm{d}x(t)}{\mathrm{d}t} e^{-st} \mathrm{d}t = x(t)e^{-st}\Big|_{0_-}^{\infty} - \int_{0_-}^{\infty} x(t)(-se^{-st})\mathrm{d}t = \lim_{t \to \infty}\left[e^{-st}x(t)\right] - x(0_-) + sX(s)$$

当 $|x(t)| < ce^{\alpha t}$，$t > 0$ 时，对于常数 α 和 c，可知：若满足 $\text{Re}[s] > \alpha$，则有
$$\lim_{t \to \infty}\left[e^{-st} x(t)\right] = 0$$

因此可得
$$\int_{0_-}^{\infty} \frac{\mathrm{d}x(t)}{\mathrm{d}t} e^{-st} \mathrm{d}t = -x(0_-) + sX(s)$$

若 $x(t)$ 是因果信号，即 $t < 0$ 时，$x(t) = 0$，其单边拉氏变换就等于双边拉氏变换，也就是
$$\frac{\mathrm{d}x(t)}{\mathrm{d}t} \leftrightarrow sX(s)$$

将式（5-12）推广到 $x(t)$ 的 n 阶导数，即
$$x^{(n)}(t) \leftrightarrow s^n X(s) - \sum_{m=0}^{n-1} s^{n-1-m} x^{(m)}(0_-) \tag{5-13}$$

注意：当 $x(t)$ 为因果信号时，若 $\frac{\mathrm{d}}{\mathrm{d}t}[x(t)] = \frac{\mathrm{d}}{\mathrm{d}t}[x(t)u(t)]$，则二者对应的单边拉氏变换相等。但当 $x(t)$ 为双边信号时，$\frac{\mathrm{d}}{\mathrm{d}t}[x(t)] \neq \frac{\mathrm{d}}{\mathrm{d}t}[x(t)u(t)]$。因此，其单边拉氏变换不相等，故不要先取单边拉氏变换，再求导。这是与时移性质不同的。

6. 时域积分性

若 $x(t) \leftrightarrow X(s)$，则
$$\int_{0_-}^{t} x(\tau)\mathrm{d}\tau \leftrightarrow \frac{X(s)}{s} \tag{5-14}$$

或

$$\int_{-\infty}^{t} x(\tau) \mathrm{d}\tau \leftrightarrow \frac{X(s)}{s} + \frac{x^{(-1)}(0_-)}{s} \quad (5\text{-}15)$$

式中 $x^{(-1)}(0_-) = \int_{-\infty}^{0_-} x(\tau)\mathrm{d}\tau = \int_{-\infty}^{t} x(\tau)\mathrm{d}\tau \Big|_{t=0_-}$ 是 $x(t)$ 积分在 $t = 0_-$ 的取值。

证明：根据拉氏变换的定义

$$\mathrm{LT}\left[\int_{0_-}^{t} x(\tau)\mathrm{d}\tau\right] = \int_{0_-}^{\infty}\left[\int_{0_-}^{t} x(\tau)\mathrm{d}\tau\right] \mathrm{e}^{-st} \mathrm{d}t$$

应用分部积分，得

$$\mathrm{LT}\left[\int_{0_-}^{t} x(\tau)\mathrm{d}\tau\right] = \left[\frac{-\mathrm{e}^{-st}}{s}\int_{0_-}^{t} x(\tau)\mathrm{d}\tau\right]_{0_-}^{\infty} + \frac{1}{s}\int_{0_-}^{\infty} x(t)\mathrm{e}^{-st} \mathrm{d}t$$

当 $t \to \infty$ 和 $t \to 0_-$ 时，上式右边第一项为零，所以

$$\mathrm{LT}\left[\int_{0_-}^{t} x(\tau)\mathrm{d}\tau\right] = \frac{X(s)}{s}$$

当积分下限为 $-\infty$ 时，则

$$\int_{-\infty}^{t} x(\tau)\mathrm{d}\tau = \int_{-\infty}^{0_-} x(\tau)\mathrm{d}\tau + \int_{0_-}^{\infty} x(\tau)\mathrm{d}\tau = x^{(-1)}(0_-) + \int_{0_-}^{\infty} x(\tau)\mathrm{d}\tau$$

两边取拉氏变换，有

$$\mathrm{LT}\left[\int_{-\infty}^{t} x(\tau)\mathrm{d}\tau\right] = \frac{x^{(-1)}(0_-)}{s} + \frac{X(s)}{s}$$

7. s 域微分性

若 $x(t) \leftrightarrow X(s)$，则对任意正整数 n，有

$$(-t)^n x(t) \leftrightarrow \frac{\mathrm{d}^n}{\mathrm{d}s^n} X(s) \quad (5\text{-}16)$$

特别是，当 $n = 1$ 时，有

$$tx(t) \leftrightarrow -\frac{\mathrm{d}}{\mathrm{d}s} X(s) \quad (5\text{-}17)$$

当 $n = 2$ 时，有

$$t^2 x(t) \leftrightarrow \frac{\mathrm{d}^2}{\mathrm{d}s^2} X(s) \quad (5\text{-}18)$$

证明：

$$X(s) = \int_{0}^{\infty} x(t)\mathrm{e}^{-st} \mathrm{d}t$$

两边对 s 求导，得

$$X'(s) = \int_{0}^{\infty} x(t) \frac{\mathrm{d}}{\mathrm{d}s}(\mathrm{e}^{-st})\mathrm{d}t = \int_{0}^{\infty} [-tx(t)] \mathrm{e}^{-st}\mathrm{d}t$$

即

$$-tx(t) \leftrightarrow \frac{\mathrm{d}X(s)}{\mathrm{d}s}$$

【例 5-6】 求 $\mathrm{LT}\left[t^2 \mathrm{e}^{-\alpha t} u(t)\right]$。

解：已知

$$e^{-\alpha t}u(t) \leftrightarrow \left(\frac{1}{s+\alpha}\right)$$

应用复频移性质，有

$$(-t)^2 e^{-\alpha t}u(t) \leftrightarrow \left(\frac{1}{s+a}\right)''$$

即

$$\mathrm{LT}\left[t^2 e^{-\alpha t}\varepsilon(t)\right] = \frac{\mathrm{d}}{\mathrm{d}s}\left[\frac{-1}{(s+\alpha)^2}\right] = \frac{2}{(s+\alpha)^3}$$

8. s 域积分性

若 $x(t) \leftrightarrow X(s)$，则

$$\frac{x(t)}{t} \leftrightarrow \int_s^\infty X(\eta)\mathrm{d}\eta \qquad (5\text{-}19)$$

证明：

$$\int_s^\infty X(\eta)\mathrm{d}\eta = \int_s^\infty\left[\int_{0_-}^\infty x(t)e^{-\eta t}\mathrm{d}t\right]\mathrm{d}\eta = \int_{0_-}^\infty x(t)\left[\int_s^\infty e^{-\eta t}\mathrm{d}\eta\right]\mathrm{d}t$$

$$= \int_{0_-}^\infty \frac{x(t)}{-t}\left[e^{-\eta t}\right]_s^\infty \mathrm{d}t = \int_{0_-}^\infty \frac{x(t)}{t}e^{-st}\mathrm{d}t$$

【例 5-7】 求抽样信号 $Sa(t)u(t)$ 的拉氏变换。

解：已知

$$\sin tu(t) \leftrightarrow \frac{1}{s^2+1}$$

则

$$Sa(t)u(t) = \frac{\sin tu(t)}{t} \leftrightarrow \int_s^\infty \frac{1}{\eta^2+1}\mathrm{d}\eta = \arctan\eta\Big|_s^\infty = \frac{\pi}{2} - \arctan s$$

9. 卷积定理

若 $x_1(t) \leftrightarrow X_1(s)$，$x_2(t) \leftrightarrow X_2(s)$，则

时域卷积

$$x_1(t) * x_2(t) \leftrightarrow X_1(s)X_2(s) \qquad (5\text{-}20)$$

复频域卷积

$$x_1(t) \cdot x_2(t) \leftrightarrow \frac{1}{2\pi\mathrm{j}}X_1(s) * X_2(s) \qquad (5\text{-}21)$$

卷积定理与傅氏变换卷积定理类似，故证明省略。

【例 5-8】 求 $u(t) * u(t)$。

解：已知 $u(t) \leftrightarrow \frac{1}{s}$，则

$$u(t) * u(t) \leftrightarrow \frac{1}{s} \cdot \frac{1}{s} = \frac{1}{s^2}$$

10. 初值定理

若 $x(t) \leftrightarrow X(s)$，且 $\lim\limits_{s \to \infty} sX(s)$ 存在，则 $x(t)$ 的初值为

$$x(0_+) = \lim_{t \to 0} x(t) = \lim_{s \to \infty} sX(s) \tag{5-22}$$

证明：利用时域微分性质，可知

$$\text{LT}[x'(t)] = sX(s) - x(0_-)$$

由拉氏变换定义，得

$$\begin{aligned}
\text{LT}[x'(t)] &= \int_{0_-}^{\infty} x'(t) \mathrm{e}^{-st} \mathrm{d}t \\
&= \int_{0_-}^{0_+} x'(t) \mathrm{e}^{-s \cdot 0} \mathrm{d}t + \int_{0_+}^{\infty} x'(t) \mathrm{e}^{-st} \mathrm{d}t \\
&= x(0_+) - x(0_-) + \int_{0_+}^{\infty} x'(t) \mathrm{e}^{-st} \mathrm{d}t
\end{aligned}$$

以上两式相等，则

$$sX(s) = x(0_+) + \int_{0_+}^{\infty} x'(t) \mathrm{e}^{-st} \mathrm{d}t \tag{5-23}$$

两边取极限，有

$$\lim_{s \to \infty} sX(s) = x(0_+) + \lim_{s \to \infty} \int_{0_+}^{\infty} x'(t) \mathrm{e}^{-st} \mathrm{d}t$$

由于

$$\lim_{s \to \infty} \int_{0_+}^{\infty} x'(t) \mathrm{e}^{-st} \mathrm{d}t = \int_{0_+}^{\infty} x'(t) \lim_{s \to \infty} \mathrm{e}^{-st} \mathrm{d}t = 0$$

因此

$$x(0_+) = \lim_{s \to \infty} sX(s)$$

式（5-22）表明，可以通过已知 s 域象函数来求信号 $x(t)$ 的初始值，无须通过反变换计算 $x(t)$ 而得到初值，从而为计算 $x(t)$ 的初值提供了另一条途径。

注意，此定理存在的条件是要求 $\lim\limits_{s \to \infty} sX(s)$ 存在，则 $X(s)$ 必须为真分式，即在时域中意味着 $x(t)$ 在 $t=0$ 处不包含冲激及其导数。若 $X(s)$ 是假分式，必须利用长除法将 $X(s)$ 分成一个多项式与一个真分式之和，即

$$X(s) = \delta \text{多项式} + X_0(s)$$

其中，$X_0(s)$ 为真分式部分。

可以证明其初值仅与 $X_0(s)$ 有关，由 $X_0(s)$ 来决定初值大小，即

$$x(0_+) = \lim_{s \to \infty} sX_0(s)$$

根据时域微分性质，s^m 的反变换为 $\delta^{(m)}(t)$，多项式对应的反变换为

$$k_m \delta^{(m)}(t) + k_{m-1} \delta^{(m-1)}(t) + \cdots + k_0 \delta(t)$$

而冲激函数 $\delta(t)$ 及其导数 $\delta^{(m)}(t)$ 在 $t=0_+$ 时刻全为零，并不影响 $x(0_+)$ 值，可移去 $X(s)$ 的 δ 多项式，只利用 $X(s)$ 的真分式 $X_0(s)$ 求 $x(t)$ 的初值。

【例 5-9】 已知象函数 $X(s) = \dfrac{2s+1}{s+3}$，试求原函数 $x(t)$ 的初值 $x(0_+)$。

解：$X(s)$ 分子的阶次等于分母的阶次，不是真分式。故需利用长除法将其分解为

$$X(s) = 2 + \frac{-5}{s+3}$$

则

$$x(0_+) = \lim_{s \to \infty} s \cdot \frac{-5}{s+3} = -5$$

注意若取 $sX(s) = 2s - \frac{5s}{s+3}$，表明原点处有一个强度为 2 的冲激偶信号，在这种情况下直接应用式（5-22），将得到 $x(0_+) = \infty$ 的错误结果。

11．终值定理

若 $x(t) \leftrightarrow X(s)$，且 $\lim_{t \to \infty} x(t)$ 存在，则

$$x(\infty) = \lim_{t \to \infty} x(t) = \lim_{s \to 0} sX(s) \tag{5-24}$$

证明：

利用式（5-23），对 $s \to 0$ 取极限，有

$$\lim_{s \to 0} sX(s) = x(0_+) + \int_{0_+}^{\infty} x'(t) \lim_{s \to 0} e^{-st} \, dt = x(0_+) + x(\infty) - x(0_+) = x(\infty)$$

由于时间信号 $x(t)$ 当 $t \to \infty$ 时的极限可以直接从其拉普拉斯变换 $X(s)$ 计算得到，因此终值定理也是一个很有用的性质。其条件是必须保证 $\lim_{t \to \infty} x(t)$ 存在。这个条件相当在复频域中，$X(s)$ 的极点都必位于 s 平面的左半部或是坐标原点处的单极点。

需要注意，$x(t)$ 的极限不存在，但 $s \to 0$ 时，$sX(s)$ 的极限却可能存在，可以通过检验 $X(s)$ 的极点来确定信号在 $t \to \infty$ 时的极限是否存在。

【**例 5-10**】已知象函数 $X(s)$，求其原函数的终值 $x(\infty)$

（1） $X(s) = \dfrac{1}{s+\alpha}$　　$(\alpha > 0)$

（2） $X(s) = \dfrac{s}{s^2+1}$

解：

（1）由于 $X(s)$ 的极点在 s 平面的左半平面，满足终值定理的条件，则

$$x(\infty) = \lim_{s \to 0} sX(s) = \lim_{s \to 0} \frac{s}{s+\alpha} = \frac{0}{0+\alpha} = 0$$

也可根据拉氏反变换得

$$x(t) = L^{-1}\left[\frac{1}{s+\alpha}\right] = e^{-\alpha t} u(t)$$

则

$$x(\infty) = 0$$

两种解法结果一致。

（2）$X(s)$ 的极点 $s_{1,2} = \pm j$，均位于虚轴上，不能应用终值定理，$x(t)$ 的终值不存在。

或进行拉式反变换求得 $x(t) = L^{-1}\left[\dfrac{s}{s^2+1}\right] = \cos t \, u(t)$，终值不存在。

表 5-2 列出了拉普拉斯变换的一些主要性质（定理）。

表 5-2　拉普拉斯变换的性质

性　　质	信　　号	拉氏变换
线性	$\alpha x_1(t)+\beta x_2(t)$	$\alpha X_1(s)+\beta X_2(s)$
时间尺度变换	$x(at)(a>0)$	$\dfrac{1}{a}X\left(\dfrac{s}{a}\right)$
时间右移	$x(t-t_0)u(t-t_0)(t_0>0)$	$X(s)\mathrm{e}^{-st_0}$
复频移	$x(t)\mathrm{e}^{s_0 t}$	$X(s-s_0)$
时域微分	$x'(t)$	$sX(s)-x(0_-)$
时域积分	$\int_{0_-}^{t}x(\tau)\mathrm{d}\tau$	$\dfrac{X(s)}{s}$
s 域微分	$(-t)^n x(t)$	$\dfrac{\mathrm{d}^n}{\mathrm{d}s^n}X(s)$
s 域积分	$\dfrac{x(t)}{t}$	$\int_{s}^{\infty}X(\eta)\mathrm{d}\eta$
卷积定理	$x_1(t)*x_2(t)$	$X_1(s)X_2(s)$
初值定理	若 $\lim\limits_{s\to\infty}sX(s)$ 存在，则 $x(0_+)=\lim\limits_{s\to\infty}sX(s)$	
终值定理	若 $\lim\limits_{t\to\infty}x(t)$ 存在，则 $x(\infty)=\lim\limits_{t\to\infty}x(t)=\lim\limits_{s\to 0}sX(s)$	

5.4　拉普拉斯反变换

1. 查表法

简单函数的拉普拉斯反变换可以应用表 5-1 拉氏变换对及表 5-2 拉氏变换的性质得到相应的时间函数。

【例 5-11】　$X(s)=\dfrac{1-2\mathrm{e}^{-s}}{s+1}$，求原函数 $x(t)$。

解：$X(s)$ 可写成

$$X(s)=\dfrac{1-2\mathrm{e}^{-s}}{s+1}=\dfrac{1}{s+1}-\dfrac{2\mathrm{e}^{-s}}{s+1}$$

利用时移与复频移性质，可得

$$x(t)=\mathrm{e}^{-t}u(t)-2\mathrm{e}^{-(t-1)}u(t-1)$$

【例 5-12】　$X(s)=\dfrac{1}{1+\mathrm{e}^{-2s}}$，求原函数 $x(t)$。

解：已知象函数

$$X(s)=\dfrac{1}{1+\mathrm{e}^{-2s}}=\dfrac{1-\mathrm{e}^{-2s}}{1-\mathrm{e}^{-4s}}$$

由周期信号的拉氏变换

$$x_T(t)\leftrightarrow\dfrac{X(s)}{1-\mathrm{e}^{-sT}}$$

其中
$$X(s) = 1 - e^{-2s} \leftrightarrow x(t) = \delta(t) - \delta(t-2)$$
则
$$x_T(t) = \sum_{n=0}^{\infty} x(t-nT) = \sum_{n=0}^{\infty} x(t-4n) = \sum_{n=0}^{\infty} \left[\delta(t-4n) - \delta(t-2-4n)\right]$$

2. 部分分式展开

在 5.2 节中曾指出，利用反变换的定义式
$$x(t) = \frac{1}{2\pi j} \int_{\sigma-j\infty}^{\sigma+j\infty} F(s) e^{st} \, ds$$

可以由已知的 $X(s)$ 确定出其原函数 $x(t)$。但由于在计算过程中将要遇到较为烦琐的复变函数下的积分运算，所以通常不采用这种解法。

部分分式展开法是常用的一种较为简捷的方法。

设 $x(t) \leftrightarrow X(s)$，它具有下式
$$X(s) = \frac{B(s)}{A(s)} = \frac{b_m s^m + b_{m-1} s^{m-1} + \cdots + b_0}{a_n s^n + a_{n-1} s^{n-1} + \cdots + a_0} \tag{5-25}$$

式中，$B(s)$ 和 $A(s)$ 是复变量 s 的多项式，m 和 n 都是正整数，且系数 a_i 和 b_i 为实数。

设分母 s 的最高次项的系数 $a_n = 1$。一般假设 $B(s)$ 和 $A(s)$ 没有公因子，如果有应该约去。

若 $m < n$，则称 $X(s)$ 为真分式。若 $m \geq n$，则要用长除法将 $X(s)$ 化成多项式与真分式之和。

必须指出，拉氏变换象函数并不都是有理函数，但由复指数函数的线性组合构成的连续时间函数的拉氏变换象函数都是有理函数。

1) 设分母方程式 $A(s) = 0$ 的根 $\lambda_1, \lambda_2, \cdots, \lambda_N$ 互不相同
$$A(s) = (s-\lambda_1)(s-\lambda_2)\cdots(s-\lambda_n)$$
则 $X(s)$ 可展成
$$X(s) = \frac{B(s)}{A(s)} = \frac{C_1}{s-\lambda_1} + \frac{C_2}{s-\lambda_2} + \cdots + \frac{C_n}{s-\lambda_n}$$
$$C_i = \left[(s-\lambda_i) X(s)\right]_{s=\lambda_i}, \quad i = 0, 1, 2, \cdots, n \tag{5-26}$$

可利用式（5-26）确定分母无重根时的待定系数。

另外，λ_i 是 $A(s) = 0$ 的一个根，有 $A(\lambda_i) = 0$。将 λ_i 代入式（5-26），有
$$C_i = \lim_{s \to \lambda_i} \frac{(s-\lambda_i) B(s)}{A(s) - A(\lambda_i)} = \lim_{s \to \lambda_i} \frac{B(s)}{\dfrac{A(s) - A(\lambda_i)}{s - \lambda_i}}$$

即
$$C_i = \lim_{s \to \lambda_i} \frac{B(s)}{A'(s)} \tag{5-27}$$

其中 $A'(s)$ 为 $A(s)$ 的一阶导数。式（5-27）也可用来计算待定系数 C_i。

【例 5-13】 求 $X(s) = \dfrac{s+4}{s^3 - s^2 - 2s}$ 的展开式。

解：由于象函数满足部分分式展开的条件，故先将 $X(s)$ 部分分式展开，有

$$X(s) = \frac{s+4}{s^3 - s^2 - 2s} = \frac{s+4}{s(s+1)(s-2)} = \frac{C_1}{s} + \frac{C_2}{s+1} + \frac{C_3}{s-2}$$

显然分母多项式包含 3 个不等实根。由此利用式（5-26）确定待定系数

$$C_1 = sX(s)\big|_{s=0} = \frac{s+4}{s(s+1)(s-2)}\big|_{s=0} = -2$$

$$C_2 = (s+1)X(s)\big|_{s=-1} = \frac{s+4}{s(s-2)}\big|_{s=2} = 1$$

$$C_3 = (s-2)X(s)\big|_{s=2} = \frac{s+4}{s(s+1)}\big|_{s=2} = 1$$

所以

$$X(s) = -\frac{2}{s} + \frac{1}{s+1} + \frac{1}{s-2}$$

【例 5-14】 已知 $X(s) = \dfrac{s}{s^2 + 3s + 2}$，求 $x(t)$。

解：首先将象函数 $X(s)$ 展开部分分式和的形式，有

$$X(s) = \frac{2}{s^2 + 3s + 2} = \frac{s}{(s+1)(s+2)} = \frac{C_1}{s+1} + \frac{C_2}{s+2}$$

进一步确定待定系数，由式（5-27），得

$$C_1 = \lim_{s \to -1} \frac{s}{2s+3} = \frac{-1}{-2+3} = -1$$

$$C_2 = \lim_{s \to -2} \frac{s}{2s+3} = \frac{-2}{-4+3} = 2$$

代入 $X(s)$ 的表达式中，有

$$X(s) = \frac{-1}{s+1} + \frac{2}{s+2}$$

根据拉氏变换对可得

$$-\frac{1}{s+1} \xrightarrow{\text{LT}^{-1}} -\mathrm{e}^{-t}u(t)$$

$$\frac{2}{s+2} \xrightarrow{\text{LT}^{-1}} 2\mathrm{e}^{-2t}u(t)$$

所以

$$x(t) = \text{LT}^{-1}\left[\frac{-1}{s+1} + \frac{2}{s+2}\right] = \left(2\mathrm{e}^{-2t} - \mathrm{e}^{-t}\right)u(t)$$

2) 分母方程式 $A(s) = 0$ 中有重根

在这种情况下，可采用平衡系数法来确定待定系数。

【例 5-15】 求 $X(s) = \dfrac{s+4}{(s+1)^2(s+2)}$ 的反变换。

解：该象函数的分母方程式中有二阶重根，$s_{1,2} = -1$，在这种情况下，分解的部分有两

项，即

$$X(s) = \frac{C_1}{(s+1)^2} + \frac{C_2}{s+1} + \frac{A}{s+2}$$

在分子恒等式中有

$$s+4 = C_1(s+2) + C_2(s+1)(s+2) + A(s+1)^2$$

比较等式两端的系数，有

$$\begin{cases} C_2 + A = 0 \\ C_1 + 3C_2 + 2A = 1 \\ 2C_1 + 2C_2 + A = 4 \end{cases}$$

解得

$$\begin{cases} C_1 = 3 \\ C_2 = -2 \\ A = 2 \end{cases}$$

则

$$X(s) = \frac{3}{(s+1)^2} + \frac{-2}{s+1} + \frac{2}{s+2}$$

由常用信号的拉氏变换对可得

$$\frac{3}{(s+1)^2} \leftrightarrow 3te^{-t}u(t)$$

$$\frac{-2}{s+1} \leftrightarrow -2e^{-t}u(t)$$

$$\frac{2}{s+2} \leftrightarrow 2e^{-2t}u(t)$$

可得

$$x(t) = \left(3te^{-t} - 2e^{-t} + 2e^{-2t}\right)u(t)$$

3）分母方程式 $A(s)=0$ 中有共轭复根

当分母方程式中出现共轭复根时，可以按分母方程式为单根的方法来确定系数，也可采用"配方"的形式，即将其配成正、余弦象函数的形式，然后求反变换。

【例 5-16】 已知象函数 $X(s) = \dfrac{s+1}{s^2+6s+10}$，求 $x(t)$。

解：由于 $X(s)$ 的分母方程式的根是一对共轭复根。因此分解部分分式所对应的原函数一定是个复指数函数；复指数的实质是正弦信号。考虑到上述情况，可不采用常规的分解因式的解法，而采用配方的方法将其向式 $\sin\Omega_0 t$ 及式 $\cos\Omega_0 t$ "靠拢"。

因为

$$s^2 + 6s + 10 = (s+3)^2 + 1$$

所以

$$X(s) = \frac{s+1}{s^2+6s+10} = \frac{s+1}{(s+3)^2+1}$$

由 $\sin\Omega_0 t$ 及 $\cos\Omega_0 t$ 的拉氏变换和拉氏变换的复频移性质，可得

$$e^{-at}\sin\Omega_0 t u(t) \leftrightarrow \frac{\Omega_0}{(s+a)^2+\Omega_0^2}$$

$$e^{-at}\cos\Omega_0 t u(t) \leftrightarrow \frac{s+a}{(s+a)^2+\Omega_0^2}$$

又因为

$$X(s)=\frac{s+3}{(s+3)^2+1}-2\cdot\frac{1}{(s+3)^2+1}$$

可得反变换为

$$x(t)=e^{-3t}\cos t u(t)-2e^{-3t}\sin t u(t)$$

利用配方的方法可以避免求根和确定系数以及其最后整理等过程，从而使反变换的求解过程大大简化。

【例 5-17】 已知 $X(s)=\dfrac{s}{s^2+2s+5}$，求其原函数 $x(t)$。

解法一：平衡系数法

共轭极点 $s_{1,2}=-1\pm j2$，则

$$X(s)=\frac{C_1}{s+1-j2}+\frac{C_2}{s+1+j2}$$

$$=\frac{C_1(s+1+j2)+C_2(s+1-j2)}{s^2+2s+5}$$

$$=\frac{(C_1+C_2)s+C_1+C_2+j2(C_1-C_2)}{s^2+2s+5}$$

比较系数

$$(C_1+C_2)s+C_1+C_2+j2(C_1-C_2)=s$$

得

$$C_1=\frac{2+j}{4},\ \ C_2=\frac{2-j}{4}$$

所以

$$X(s)=\frac{2+j}{4}\frac{1}{s+1-j2}+\frac{2-j}{4}\frac{1}{s+1+j2}$$

则其反变换

$$x(t)=\frac{2+j}{4}e^{-(1-j2)t}+\frac{2-j}{4}e^{-(1+j2)t}=\frac{1}{2}e^{-t}\left(e^{j2t}+e^{-j2t}\right)+\frac{j}{4}e^{-t}\left(e^{j2t}-e^{-j2t}\right)$$

即

$$x(t)=\left(\cos 2t-\frac{1}{2}\sin 2t\right)e^{-t},\ t\geqslant 0$$

注意要一直计算到全部为实数为止。

解法二：配方法

$$X(s)=\frac{s}{s^2+2s+5}=\frac{s+1-1}{(s+1)^2+4}=\frac{s+1}{(s+1)^2+2^2}-\frac{2}{(s+1)^2+2^2}\cdot\frac{1}{2}$$

$$x(t) = \cos 2t e^{-t} - \frac{1}{2}\sin 2t e^{-t}, \quad t \geq 0$$

3. 围线积分法

拉普拉斯反变换式为

$$x(t) = \frac{1}{2\pi j}\int_{\sigma-j\infty}^{\sigma+j\infty} X(s)e^{st}\,\mathrm{d}s$$

积分路径是 s 平面上平行于虚轴的直线。为求出此复变函数积分，可从积分限 $\sigma_1 - j\infty$ 到 $\sigma_1 + j\infty$ 补足一条半径为无穷大的圆弧，以构成一闭合曲线，如图5-4所示。

根据留数定理，此积分式等于围线中被积函数 $X(s)e^{st}$ 所有极点的留数之和，即

$$x(t) = \sum_{i=1}^{n}\mathrm{Res}\left[X(s)e^{st}\right]\Big|_{s=\lambda_i} \qquad (5\text{-}28)$$

其中，$\mathrm{Res}\left[X(s)e^{st}\right]\big|_{s=\lambda_i}$ 为 $X(s)e^{st}$ 在极点 $s=\lambda_i$ 的留数，并设在围线中共有 n 个极点。

若 λ_i 为单极点，则

$$\mathrm{Res}\left[X(s)e^{st}\right]\Big|_{s=\lambda_i} = \left[(s-p_i)X(s)e^{st}\right]\Big|_{s=\lambda_i} \qquad (5\text{-}29)$$

若 λ_i 为 r 阶极点，则

$$\mathrm{Res}\left[X(s)e^{st}\right]\Big|_{s=\lambda_i} = \frac{1}{(r-1)!}\left[\frac{\mathrm{d}^{r-1}}{\mathrm{d}s^{r-1}}(s-\lambda_i)^r X(s)e^{st}\right]\Big|_{s=\lambda_i} \qquad (5\text{-}30)$$

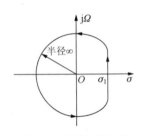

图 5-4 围线积分路径

5.5 连续系统的 s 域分析

1. 微分方程的复频域求解

由于单边拉氏变换的积分下限取为 0_-，因此象函数 $X(s)$ 中只包含 $t \geq 0_-$ 的信号 $x(t)$ 的信息。因此，用单边拉氏反变换求得的仅仅是 $x(t)$ 的正时域部分，不能恢复出在 $t < 0_-$ 的那部分信号。但是由于许多实际的连续系统，都是一类用微分方程描述的因果系统。这类系统的数学描述，可以归结为具有非零起始条件的线性常系数微分方程。人们通常只关心输入时刻之后的系统输出，对以前的那部分输出一般不感兴趣。

对于 LTI 因果系统，系统的输出 $y(t) = y_{zi}(t) + y_{zs}(t)$，其中 $y_{zs}(t)$ 仅由外施激励决定，而 $y_{zi}(t)$ 与外施激励无关，它取决于非零起始条件，用单边拉氏变换不仅可以求解零状态响应的复频域解，还可以将非零起始条件直接化成零输入响应的复频域表示。

下面讨论具有非零起始条件的线性常系数微分方程的复频域求解。

设 LTI 系统的微分方程的一般式为

$$a_n y^n(t) + \cdots + a_1 y'(t) + a_0 y(t) = b_m x^{(m)}(t) + \cdots + b_1 x'(t) + b_0 x(t) \qquad (5\text{-}31)$$

假设 $t < 0$ 时，$x(t) = 0$，则

$$x(0_-) = x'(0_-) = \cdots = x^{(n-1)}(0_-) = 0$$

对式（5-31）两边取拉氏变换，利用微分性质，有

$$a_n\left[s^nY(s)-\sum_{i=0}^{n-1}s^{n-1-i}y^{(i)}(0_-)\right]+a_{n-1}\left[s^{n-1}Y(s)-\sum_{i=0}^{n-2}s^{n-2-i}y^{(i)}(0_-)\right]+\cdots+$$
$$a_1\left[sY(s)-y(0_-)\right]+a_0Y(s)=b_ms^mX(s)+b_{m-1}s^{m-1}X(s)+\cdots+b_1sX(s)+b_0X(s)$$

即

$$Y(s)=\frac{b_ms^m+b_{m-1}s^{m-1}+\cdots+b_1s+b_0}{a_ns^n+a_{n-1}s^{n-1}+\cdots+a_1s+a_0}X(s)+\frac{\sum_{i=0}^{n-1}A_i(s)y^{(i)}(0_-)}{a_ns^n+a_{n-1}s^{n-1}+\cdots+a_1s+a_0}$$

其中的第一项就是系统的零状态响应 $y_{zs}(t)$ 的拉氏变换 $Y_{zs}(s)$，第二项是零输入响应的拉氏变换 $Y_{zi}(s)$。

【例 5-18】 系统方程 $y''(t)+3y'(t)+2y(t)=2x'(t)+6x(t)$，$x(t)=u(t)$，$y(0_-)=2$，$y'(0_-)=1$。求零状态响应、零输入响应和全响应。

解：对系统方程两边取拉氏变换，得
$$s^2Y(s)-sy(0_-)-y'(0_-)+3sY(s)-3y(0_-)+2Y(s)=2sX(s)+6X(s)$$

整理，得
$$(s^2+3s+2)Y(s)-[sy(0_-)+y'(0_-)+3y(0_-)]=(2s+6)X(s)$$

故
$$Y(s)=\frac{sy(0_-)+y'(0_-)+3y(0_-)}{s^2+3s+2}+\frac{2s+6}{s^2+3s+2}X(s)$$

将已知条件代入，有
$$Y_{zi}(s)=\frac{sy(0_-)+y'(0_-)+3y(0_-)}{s^2+3s+2}=\frac{2s+1+6}{s^2+3s+2}=\frac{2s+7}{(s+1)(s+2)}=\frac{5}{s+1}-\frac{3}{s+2}$$

求拉氏反变换，得
$$y_{zi}(t)=5\mathrm{e}^{-t}-3\mathrm{e}^{-2t},\ t\geqslant 0$$
$$Y_{zs}(s)=\frac{2s+6}{s^2+3s+2}X(s)=\frac{2s+6}{s^2+3s+2}\cdot\frac{1}{s}=\frac{3}{s}-\frac{4}{s+1}+\frac{1}{s+2}$$

其反变换为
$$y_{zs}(t)=\left(3-4\mathrm{e}^{-t}+\mathrm{e}^{-2t}\right)u(t)$$

因此全响应为
$$y(t)=y_{zi}(t)+y_{zs}(t)=3+\mathrm{e}^{-t}-2\mathrm{e}^{-2t},\ t\geqslant 0$$

由此可以看出，系统全响应的时域微分方程的求解可转化为 s 域下的代数方程求解。

2. 电路的 s 域模型

在复频域分析电路时，可不必先列写微方程再取拉氏变换，而是根据复频域电路模型，直接写出求响应的变换式（代数方程），然后求解复频域响应并进行拉氏反变换。欲得到任一复杂电路的 s 域模型，应先从单一元件组成的简单电路的 s 域模型入手。

1）电阻元件

设在电流 $i_R(t)$ 的作用下，电阻两端的电压为 $u_R(t)$，参考方向如图 5-5（a）所示。则可得时域中电阻元件的伏安关系为

$$u_R(t) = Ri_R(t) \tag{5-32}$$

将式（5-32）两边取拉氏变换，并设 $u_R(t) \leftrightarrow U_R(s)$，$i_R(t) \leftrightarrow I_R(s)$，得

$$U_R(s) = RI_R(s) \tag{5-33}$$

由式（5-33）可做出电阻元件的 s 域模型，如图 5-5（b）所示。

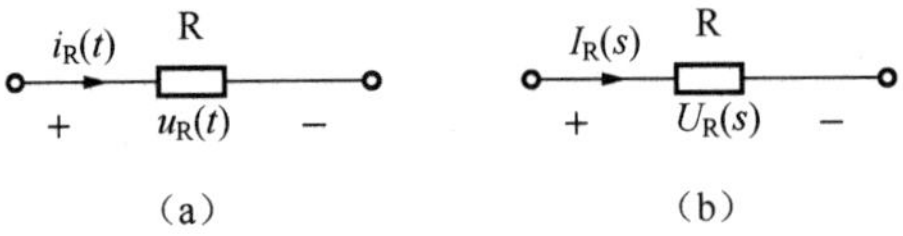

图 5-5 电阻元件的模型

2）电感元件

设流过电感元件电流为 $i_L(t)$，两端电压为 $u_L(t)$，参考方向如图 5-6（a）所示。其时域伏安关系为

$$u_L(t) = L\frac{di_L(t)}{dt} \tag{5-34}$$

对式（5-34）两边取拉氏变换，得

$$U_L(s) = LsI_L(s) - Li_L(0_-) \tag{5-35}$$

或

$$I_L(s) = \frac{1}{Ls}U_L(s) + \frac{i_L(0_-)}{s} \tag{5-36}$$

式（5-35）和式（5-36）表明，一个具有初始电流 $i_L(0_-)$ 的电感元件，其复频域模型为一个复感抗 Ls 与一个大小为 $Li_L(0_-)$ 的电压源串联，或者是 Ls 与一个大小为 $\dfrac{i_L(0_-)}{s}$ 的电流源并联，如图 5-6（b）、图 5-6（c）所示。

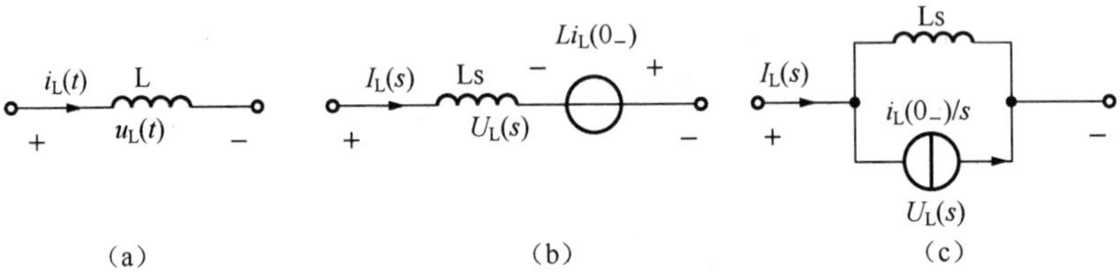

图 5-6 电感元件的模型

3）电容元件

设流过电容元件的电流为 $i_C(t)$，两端电压为 $u_C(t)$，参考方向如图 5-7（a）所示。其时域伏安关系为

$$u_C(t) = u_C(0_-) + \frac{1}{C}\int_{0_-}^{t} i_C(x)dx \tag{5-37}$$

对式（5-37）两边取拉氏变换，得

$$U_C(s) = \frac{u_C(0_-)}{s} + \frac{1}{Cs}I_C(s) \tag{5-38}$$

或

$$I_C(s) = sCU_C(s) - Cu_C(0_-) \tag{5-39}$$

式（5-38）和（5-39）表明，一个具有初始电压 $u_C(0_-)$ 的电容元件，其复频域模型为一个复容抗 $\dfrac{1}{Cs}$ 与一个大小为 $\dfrac{u_C(0_-)}{s}$ 的电压源串联，或者是 $\dfrac{1}{Cs}$ 与一个大小为 $Cu_C(0_-)$ 的电流源并联，如图 5-7（b）、图 5-7（c）所示。

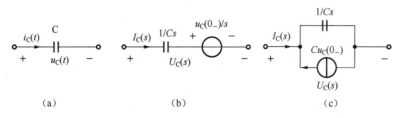

图 5-7 电容元件的模型

若将电路中每个元件都用它的 s 域模型代替，将信号源用其拉氏变换式代替，就可得到电路的 s 域模型。在电路的 s 域模型中，电压与电流的关系是代数关系，可应用与电阻电路一样的分析方法与定理列写求解响应的变换式。

【例 5-19】 如图 5-8（a）所示电路，已知激励 $x(t)$ 的波形如图 5-8（b）所示，求响应 $u_C(t)$。

解：当 $t<0$ 时，$x(t)=-2\text{V}$，电路达到稳态，电容相当于断开，可判断 $u_C(0_-)=-1\text{V}$。

当 $t>0$ 时，画出对应的 s 域电路图，如图 5-9 所示。

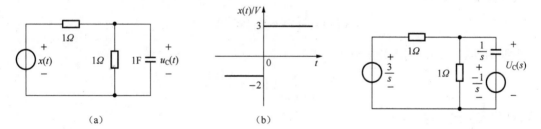

图 5-8 例 5-19 电路及其激励波形　　　图 5-9 与图 5-8（a）对应的 s 域电路图

列写节点电位方程

$$(1+1+s)U_C(s)=\frac{3}{s}-1 \Rightarrow U_C(s)=\frac{3-s}{s(s+2)}=\frac{1.5}{s}-\frac{2.5}{s+2}$$

进行拉氏反变换

$$u_C(t)=(1.5-2.5\text{e}^{-2t})u(t)$$

【例 5-20】 电路如图 5-10（a）所示，已知 $u_C(0_-)=0$，激励信号 $x(t)$ 如图 5-10（b）所示，求 $u_C(t)$。

解：s 域模型如图 5-11（a）所示。

激励信号 $x(t)$ 的微分如下

$$x'(t)=\delta(t)+\delta(t-1)-2\delta(t-2)$$

如图 5-11（b）所示。

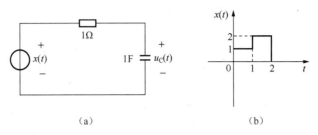

图 5-10 例 5-20 电路及其激励波形

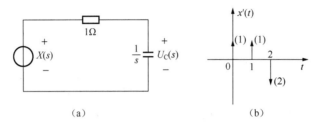

图 5-11 与图 5-10（a）对应的 s 域模型及其输入信号的微分

利用拉氏变换的时域微分性质可得

$$sX(s) = 1 + e^{-s} - 2e^{-2s}$$

其拉氏变换为

$$X(s) = \frac{1}{s}\left(1 + e^{-s} - 2e^{-2s}\right)$$

根据图 5-11（a），利用分压公式，得

$$U_C(s) = \frac{1/s}{1+1/s}X(s) = \frac{X(s)}{s+1}$$

将 $X(s)$ 代入上式，得

$$U_C(s) = \frac{1}{s(s+1)}\left(1 + e^{-s} - 2e^{-2s}\right) = \left(\frac{1}{s} - \frac{1}{s+1}\right)\left(1 + e^{-s} - 2e^{-2s}\right)$$

$$= \left(\frac{1}{s} - \frac{1}{s+1}\right) + \left(\frac{1}{s} - \frac{1}{s+1}\right)e^{-s} - 2\left(\frac{1}{s} - \frac{1}{s+1}\right)e^{-2s}$$

则其反变换为

$$u_C(t) = \left(1 - e^{-t}\right)u(t) + \left[1 - e^{-(t-1)}\right]u(t-1) - 2\left[1 - e^{-(t-2)}\right]u(t-2)$$

5.6　双边拉普拉斯变换

在导出单边拉氏变换式（5-5）时，曾将傅里叶积分的下限取 0 值，这样做的理由是注意到一般情况下的实际信号都是从 $t=0$ 开始的；另一方面，这样做便于引入衰减因子 $e^{-\sigma t}$，否则，若将积分下限从 $-\infty$ 开始，在 $t<0$ 范围内，$e^{-\sigma t}$ 成为增长因子，不但不起收敛作用，反而可能使积分发散。例如

$$\lim_{t \to \infty} t e^{-\sigma t} = 0 \qquad (\sigma > 0)$$

$$\lim_{t \to -\infty} t\mathrm{e}^{-\sigma t} = -\infty \quad (\sigma > 0)$$

故积分式 $\int_{-\infty}^{\infty} t\mathrm{e}^{-st}\mathrm{d}t$ 不收敛。

但是，也有一些函数，当 σ 选在一定范围内，积分式

$$\int_{-\infty}^{\infty} x(t)\mathrm{e}^{-st}\mathrm{d}t \tag{5-40}$$

为有限值（见例 5-21）。这表明，按照式（5-40）求积分也可得到函数 $x(t)$ 的一种变换式，这就是双边拉氏变换。为与单边变换符号 $X(s)$ 相区别，可以用 $X_{\mathrm{B}}(s)$ 表示双边拉氏变换。

下面讨论双边拉氏变换的收敛问题。

【例 5-21】设已知函数

$$x(t) = u(t) + \mathrm{e}^{t}u(-t)$$

其波形如图 5-12（a）所示。试确定 $x(t)$ 双边拉氏变换的收敛区。

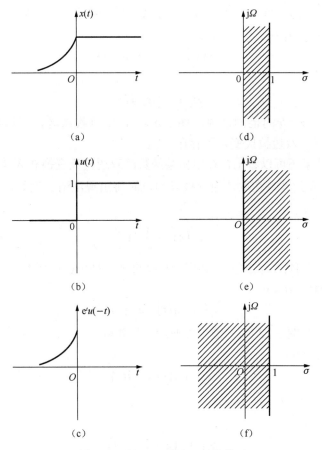

图 5-12 例 5-21 的波形与收敛区

解：（1）讨论收敛区

取积分

$$\int_{-\infty}^{\infty} x(t)\mathrm{e}^{-\sigma t}\mathrm{d}t = \int_{-\infty}^{0} \mathrm{e}^{(1-\sigma)t}\mathrm{d}t + \int_{0}^{\infty} \mathrm{e}^{-\sigma t}\mathrm{d}t$$

此式右侧第一项积分当 $\sigma < 1$ 时是收敛的，第二项积分当 $\sigma > 0$ 时是收敛的。所以在 $0 < \sigma < 1$

的范围内，$x(t)\mathrm{e}^{-\sigma t}$ 满足收敛条件，对其他 σ 值而言，双边拉氏变换是不存在的。将函数 $x(t)$ 分解为两部分，如图 5-12（b）、图 5-12（c）所示，分别示出了它们相应的收敛区如图 5-12（d），图 5-12（e），图 5-12（f）所示。

（2）求双边拉氏变换

$$X_B(s) = \int_{-\infty}^{\infty} x(t)\mathrm{e}^{-st}\,\mathrm{d}t$$
$$= \int_{-\infty}^{0} \mathrm{e}^{(1-s)t}\,\mathrm{d}t + \int_{0}^{\infty} \mathrm{e}^{-st}\,\mathrm{d}t$$
$$= \frac{1}{1-s} + \frac{1}{s} \quad (0 < \sigma < 1)$$

不难看出，双边拉氏变换的问题可分解为两个类似单边拉氏变换的问题来处理。双边拉氏变换的收敛区一般讲有两个边界，一个边界决定于 $t>0$ 的函数，是收敛区的左边界，用 σ_1 表示；另一个边界决定于 $t<0$ 的函数，是收敛区的右边界，用 σ_2 表示。若 $\sigma_1 < \sigma_2$，则 $t>0$ 与 $t<0$ 的两个函数有共同的收敛区，双边拉氏变换存在；如果 $\sigma_1 \geqslant \sigma_2$，无共同收敛区，双边拉氏变换就不存在。设有函数

$$x(t) = \mathrm{e}^{at}u(t) + \mathrm{e}^{bt}u(-t)$$

则其收敛边界为

$$\sigma_1 = a, \quad \sigma_2 = b$$

也即收敛区落于 $a < \sigma < b$ 的范围之内。如果 $b > a$，则有收敛区，双边拉氏变换存在；若 $b \leqslant a$，则无收敛区，双边拉氏变换不存在。

从例 5-21 的结果还可以看出，在给出某函数的双边拉氏变换式 $X_B(s)$ 时，必须注明其收敛区，如不注明收敛区，在取其逆变换求 $x(t)$ 时将出现混淆。例如，若已知双边拉氏变换为

$$X_B(s) = \frac{1}{1-s} + \frac{1}{s}$$

则对应三种不同可能的收敛区，其逆变换将出现三种可能的函数：

① 若收敛区为 $0 < \sigma < 1$

$$x_1(t) = u(t) + \mathrm{e}^t u(-t)$$

这就是图 5-12（a）和图 5-12（d）给出的波形与收敛域。

② 若收敛区为 $\sigma > 1$

$$x_2(t) = (1 - \mathrm{e}^t)u(t)$$

其波形与收敛域如图 5-13（a）所示。

③ 若收敛区为 $\sigma < 0$

$$x_3(t) = (\mathrm{e}^t - 1)u(-t)$$

其波形与收敛域如图 5-13（b）所示。

这表明，不同的函数在各不相同的收敛域条件下可能得到同样的双边拉氏变换。

现在讨论如何求左边函数的拉普拉斯变换 $X_b(s)$。

$$X_b(s) = \int_{-\infty}^{0} x_b(t)\mathrm{e}^{-st}\,\mathrm{d}t$$

令 $t = -\tau$，即将左边函数对称于坐标纵轴翻褶使成为右边函数，则

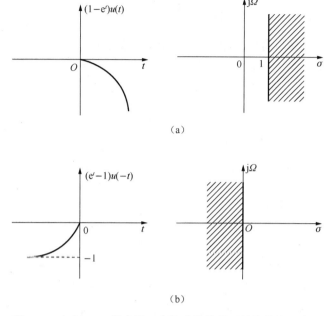

图 5-13 与例 5-21 具有同一变换式的其他两种收敛域和波形

$$X_b(-s) = \int_0^\infty x_b(-\tau) e^{-(-s)\tau} d\tau$$

再令 $-s = p$，则上式成为

$$X_b(p) = \int_0^\infty x_b(-\tau) e^{-p\tau} d\tau$$

综上所述，求取左边函数的拉普拉斯变换 $X_b(s)$ 可按下列步骤进行：

① 对时间求反，即令 $t = -\tau$，构成右边函数 $x_b(-\tau)$；
② 对 $x_b(-\tau)$ 求单边拉普拉斯变换得 $X_b(p)$；
③ 对复变量 p 求反，即用 $-s$ 代替 p，从而求得 $X_b(s)$。

在求解双边拉普拉斯反变换时，首先要区分开哪些极点是由左边函数形成的，哪些极点是由右边函数形成的。即极点的归属问题。$X_B(s)$ 的极点应分布于收敛区的两侧。如在收敛区中取任一反演积分路径，则路径左侧的极点应对应于 $t \geq 0$ 的时间函数 $x_a(t)$，右侧的极点则对应于 $t < 0$ 的时间函数 $x_b(t)$。$x_a(t)$ 可由对应极点的部分分式项经单边拉普拉斯反变换直接得到，而求 $x_b(t)$ 则可将上述求左边函数正变换的步骤倒过来进行。

下面考虑用双边拉氏变换求解电路的一个实例。

【例 5-22】 如图 5-14 所示 RC 电路，$-\infty < t < 0$ 时，开关 S 位于 1 端，当 $t = 0$ 时，S 从 1 转至 2 端，求 $u_C(t)$ 波形。

解：很明显，可将 $t < 0$ 时所加直流电源 E 的作用转换为电路中的起始状态，利用单边拉氏变换求解。现在改用双边拉氏变换进行分析，为此将图 5-14 电路改画为图 5-15（a），其中激励信号 $x(t)$ 的波形如图 5-15（b）所示，其表示式为

$$x(t) = Eu(-t)$$

取其双边拉氏变换，注明收敛域

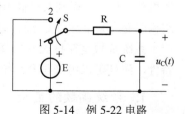

图 5-14 例 5-22 电路

$$X(s) = -\frac{E}{s} \quad (\sigma < 0)$$

借助网络函数关系，容易写出 $u_C(t)$ 的双边拉氏变换表示式

$$U_C(s) = E(s) \cdot \frac{\frac{1}{sC}}{R + \frac{1}{sC}} = -\frac{E}{s} + \frac{E}{s + \frac{1}{RC}} \quad \left(-\frac{1}{RC} < \sigma < 0\right)$$

于是求得

$$u_C(t) = Eu(-t) + Ee^{-\frac{t}{RC}}u(t) \quad \left(-\frac{1}{RC} < \sigma < 0\right)$$

画出波形如图 5-15（b）所示。

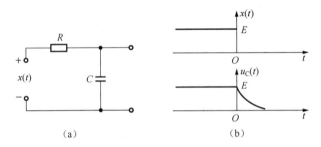

图 5-15　例 5-22 的等效电路与波形

必须注意，在以上分析过程的每一步都应写明变换式的收敛域，否则将导致错误的结果，例如，对于 $U_C(s)$ 表示式。若将收敛域理解为 $\sigma > 0$，则其逆变换成为

$$u_C(t) = -Eu(t) + Ee^{-\frac{t}{RC}}u(t)$$

这是不确切的。

由于双边拉氏变换在收敛域方面必须考虑一些限制，因而使逆变换的求解比较麻烦，这是它的缺点。双边拉氏变换的优点在于信号不必限制在 $t > 0$ 的范围内，在某些情况下，将所研究的问题从时间为 $-\infty \sim +\infty$ 统一考虑，可使概念更清楚；此外，双边拉氏变换与傅里叶变换的联系更紧密，为全面理解傅氏变换、拉氏变换及第 6 章将要学习的 z 变换之间的区别和联系，读者应对双边拉氏变换的原理有所了解。

5.7　连续系统的系统函数

连续系统的微分方程是在时间域描述系统的数学模型，在给定外激励及初始条件下，求解微分方程可以得到系统输出响应的全部时间信息。这种方法直观、准确，但是如果系统的结构改变或某个参数变化时，就要重新列写并求解微分方程，不便于对系统分析和设计。

系统函数是在拉氏变换基础上的复频域中的数学模型。系统函数不仅可以表征系统的特性，而且可以用来研究系统的结构或参数变化对系统性能的影响。

1. 系统函数的定义

系统函数是在零初始条件下，线性定常系统输出的拉氏变换与输入的拉氏变换之比。

线性定常系统的微分方程一般为

$$a_n \frac{d^n y(t)}{dt^n} + a_{n-1} \frac{d^{n-1} y(t)}{dt^{n-1}} + ... + a_1 \frac{dy(t)}{dt} + a_0 y(t)$$
$$= b_m \frac{d^m x(t)}{dt^m} + b_{m-1} \frac{d^{m-1} x(t)}{dt^{m-1}} + ... + b_1 \frac{dx(t)}{dt} + b_0 x(t) \tag{5-41}$$

式中，$y(t)$ 为输出；$x(t)$ 为输入量；a_n，a_{n-1}，…，a_0 及 b_m，b_{m-1}，…，b_0 均为由系统结构、参数决定的常系数。

在零初始条件下对式（5-41）两端进行拉氏变换，可得相应的代数方程

$$(a_n s^n + a_{n-1} s^{n-1} + ... + a_1 s + a_0) Y(s) = (b_m s^m + b_{m-1} s^{m-1} + ... + b_1 s + b_0) X(s) \tag{5-42}$$

系统函数为

$$\frac{Y(s)}{X(s)} = \frac{b_m s^m + b_{m-1} s^{m-1} + ... + b_1 s + b_0}{a_n s^n + a_{n-1} s^{n-1} + ... + a_1 s + a_0} = H(s) \tag{5-43}$$

系统函数是在零初始条件下定义的。零初始条件有两方面含义：一是指输入作用是在 $t=0$ 以后才作用于系统，因此，系统输入量及其各阶导数在 $t \leq 0$ 时均为零；二是指输入作用于系统之前，系统是"相对静止"的，即系统输出量及各阶导数在 $t \leq 0$ 时的值也为零。大多数实际系统都满足这样的条件。零初始条件的规定不仅能简化运算，而且有利于在同等条件下比较系统性能。所以，这样规定是必要的。

2. 系统函数的性质

① 系统函数是复变量 s 的有理分式，它具有复变函数的所有性质。因为实际物理系统总是存在惯性，并且能源功率有限，所以实际系统的系统函数的分母阶次 n 总是大于或等于分子阶次 m，即 $n \geq m$。

② 系统函数只取决于系统的结构参数，与外作用无关。

③ 系统函数与微分方程有直接联系。

④ 系统函数的拉氏反变换即为系统的单位冲激响应。

因为单位冲激函数的拉氏变换式为 1（即 $X(s) = \text{LT}[\delta(t)] = 1$），因此有

$$\text{LT}^{-1}[H(s)] = \text{LT}^{-1}\left[\frac{Y(s)}{X(s)}\right] = \text{LT}^{-1}[C(s)] = h(t) \tag{5-44}$$

应当注意系统函数的局限性及适用范围。系统函数是从拉氏变换导出的，拉氏变换是一种线性变换，因此系统函数只适应于描述线性定常系统。系统函数是在零初始条件下定义的，所以它不能反映非零初始条件下系统的自由响应运动规律。

3. 系统的零极点

将系统函数 $H(s)$ 的分子分母多项式分别因式分解，设全为单根，即

$$H(s) = \frac{b_m s^m + b_{m-1} s^{m-1} + \cdots + b_1 s + b_0}{a_n s^n + a_{n-1} s^{n-1} + ... + a_1 s + a_0}$$

$$= \frac{b_m (s-z_1)(s-z_2)\cdots(s-z_m)}{a_n (s-\lambda_1)(s-\lambda_2)\cdots(s-\lambda_m)} = H_0 \frac{\prod_{i=1}^{m}(s-z_i)}{\prod_{j=1}^{n}(s-\lambda_j)} \tag{5-45}$$

其中，z_1，z_2，$\cdots$，z_m 称为系统的零点，λ_1，λ_2，$\cdots$，λ_n 称为系统的极点，极点也称作系统的自然频率或固有频率。将 $H(s)$ 的零点和极点画在 s 平面上，零点用"○"表示，极点用"×"表示，就构成了零极点图，在描述系统特性方面，系统函数与零极点图是等价的。

【例 5-23】 已知系统函数 $H(s) = \dfrac{s+6}{s^2+6s+34}$，绘制该系统零极点图。

解：$H(s) = \dfrac{s+6}{s^2+6s+34} = \dfrac{s+6}{(s+3+\mathrm{j}5)(s+3-\mathrm{j}5)}$

零极点如图 5-16 所示。

【例 5-24】 已知系统零极点如图 5-17 所示，$h(0_+)=2$，求该系统的系统函数 $H(s)$。

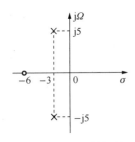

图 5-16　例 5-23 系统零极点

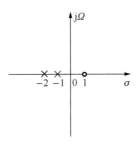

图 5-17　例 5-24 系统零极点

解：根据零极点图可写出 $H(s) = H_0 \dfrac{s-1}{(s+1)(s+2)}$

根据初值定理

$$h(0+) = \lim_{s\to\infty} sH(s) = \lim_{s\to\infty} H_0 \dfrac{s^2-s}{s^2+3s+2} = 2$$

所以

$$H_0 = 2$$

$$H(s) = \dfrac{2(s-1)}{(s+1)(s+2)}$$

4. 系统零极点分布与单位冲激响应的对应关系

由于 $h(t) = \mathrm{LT}^{-1}[H(s)] = \mathrm{LT}^{-1}\left[\sum\limits_{i=1}^{n}\dfrac{K_i}{s-\lambda_i}\right] = \sum\limits_{i=1}^{n} K_i \mathrm{e}^{\lambda_i t}$，说明系统的单位冲激响应可由系统的零极点唯一确定。可以看出极点能够确定 $h(t)$ 的形式即运动模态，零点极点能够共同确定各模态的幅度 K_i。极点分布与 $h(t)$ 的对应关系见表 5-3 和如图 5-18 所示。

表 5-3　极点分布与 $h(t)$ 形式的对应关系

$H(s) = \dfrac{1}{s}$，极点 $\lambda=0$，在原点，$h(t)=u(t)$，等幅不变。
$H(s) = \dfrac{1}{s+\alpha}$，极点 $\lambda=-\alpha$，$h(t)=\mathrm{e}^{-\alpha t}u(t)$ $\alpha>0$，极点在左实轴上，指数衰减；$\alpha<0$，极点在右实轴上，指数增长。
$H(s) = \dfrac{\Omega_0}{s^2+\Omega_0^2}$，共轭极点 $\lambda=\pm\mathrm{j}\Omega_0$，在虚轴上，$h(t)=\sin\Omega_0 t u(t)$，等幅振荡。

续表

$H(s) = \dfrac{\Omega_0}{(s+\alpha)^2 + \Omega_0^2}$,共轭极点 $\lambda = -\alpha \pm j\Omega_0$,在复平面上,$h(t) = e^{-\alpha t}\sin\Omega_0 t u(t)$

$\alpha > 0$,极点在左半平面上,衰减振荡;$\alpha < 0$,极点在右半平面上,增幅振荡。

$H(s) = \dfrac{1}{s^2}$,二阶极点在原点,$h(t) = tu(t)$,斜坡增长。

$H(s) = \dfrac{1}{(s+\alpha)^2}$,二阶极点在实轴上,$h(t) = te^{-\alpha t}u(t)$

$\alpha > 0$,极点在左半平面上,先增长再衰减;$\alpha < 0$,极点在右半平面上,单调增长。

$H(s) = \dfrac{2\Omega_0 s}{(s^2 + \Omega_0^2)^2}$,二阶共轭极点在虚轴上,$h(t) = t\sin\Omega_0 t u(t)$,增幅振荡。

$H(s) = \dfrac{2\Omega_0(s+\alpha)}{[(s+\alpha)^2 + \Omega_0^2]^2}$,二阶共轭极点在复平面上,$h(t) = te^{-\alpha t}\sin\Omega_0 t u(t)$

$\alpha > 0$,极点在左半平面上,先振荡增长再振荡衰减;$\alpha < 0$,极点在右半平面上,增幅振荡。

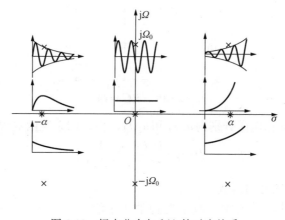

图 5-18 极点分布与 $h(t)$ 的对应关系

由表 5-3 和图 5-18 可以看出,若 $H(s)$ 的极点落在左半 s 平面,有 $\lim\limits_{t\to\infty}h(t) = 0$;若 $H(s)$ 的极点落在右半 s 平面,有 $\lim\limits_{t\to\infty}h(t) = \infty$;若一阶极点落于虚轴上,则对应 $h(t)$ 等幅振荡或等幅不变;若是二阶极点落于虚轴上,有 $\lim\limits_{t\to\infty}h(t) = \infty$。在系统理论研究中,按照 $h(t)$ 呈现衰减还是增长两种情况下将系统划分为稳定系统和不稳定系统,显然,只需根据 $H(s)$ 的极点是否全部落在左半平面来判断系统的稳定性,稳定性的分析 5.9 中还会详细介绍。

5. 激励与系统的零极点分布与自由响应、强迫响应的对应关系

设系统 $H(s) = H_0 \dfrac{\prod\limits_{i=1}^{m}(s-z_i)}{\prod\limits_{j=1}^{n}(s-\lambda_j)}$,外激励 $X(s) = X_0 \dfrac{\prod\limits_{l=1}^{u}(s-z_l)}{\prod\limits_{k=1}^{v}(s-\lambda_k)}$,则有

$$Y(s) = X(s)H(s) = X_0 H_0 \dfrac{\prod\limits_{l=1}^{u}(s-z_l)}{\prod\limits_{k=1}^{v}(s-\lambda_k)} \cdot \dfrac{\prod\limits_{i=1}^{m}(s-z_i)}{\prod\limits_{j=1}^{n}(s-\lambda_j)} = \sum_{k=1}^{v}\dfrac{K_k}{s-\lambda_k} + \sum_{i=1}^{n}\dfrac{K_i}{s-\lambda_i} \quad (5\text{-}46)$$

显然 $Y(s)$ 的极点由激励的极点 λ_k 和系统的极点 λ_i 两部分组成，对其进行拉式反变换

$$y(t) = \text{LT}^{-1}[Y(s)] = \underbrace{\sum_{k=1}^{v} K_k \mathrm{e}^{\lambda_k t} u(t)}_{\langle 强迫响应 \rangle} + \underbrace{\sum_{i=1}^{n} K_i \mathrm{e}^{\lambda_i t} u(t)}_{\langle 自由响应 \rangle}$$

响应 $y(t)$ 由两部分组成，第一项是由外激励极点决定的响应称为强迫响应；第二项是由系统极点决定的响应称为自由响应。

6. 系统函数与系统频率特性的对应关系

若系统因果（说明 $t<0$ 时，$h(t)=0$）稳定（说明拉氏变换的收敛域包含虚轴，详见 5.9 节），则系统的频率特性 $H(\mathrm{j}\Omega) = H(s)|_{s=\mathrm{j}\Omega} = |H(\mathrm{j}\Omega)|\mathrm{e}^{\mathrm{j}\phi(\Omega)}$，这也是因果 LTI 连续系统，傅氏变换与拉氏变换之间的关系表达式，其中 $|H(\mathrm{j}\Omega)|$ 称为系统的幅频特性，$\varphi(\Omega)$ 称为系统的相频特性，二者统称系统的频率特性。

为了说明什么是频率特性，先看一个 RC 电路，如图 5-19 所示。

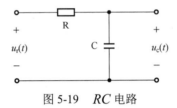

图 5-19 RC 电路

设电路的输入、输出电压分别为 $u_\mathrm{r}(t)$ 和 $u_\mathrm{c}(t)$，电路的系统函数为

$$H(s) = \frac{U_\mathrm{c}(s)}{U_\mathrm{r}(s)} = \frac{1}{Ts+1}$$

式中，$T = RC$ 为电路的时间常数。

若给电路输入一个振幅为 X、频率为 Ω 的正弦信号

$$u_\mathrm{r}(t) = X\sin\Omega t u(t)$$

当初始条件为 0 时，输出电压的拉氏变换为

$$U_\mathrm{c}(s) = \frac{1}{Ts+1} U_\mathrm{r}(s) = \frac{1}{Ts+1} \cdot \frac{X\Omega}{s^2+\Omega^2}$$

对上式取拉氏反变换，得出输出时域解为

$$u_\mathrm{c}(t) = \frac{XT\Omega}{1+T^2\Omega^2} \mathrm{e}^{-\frac{t}{T}} + \frac{X}{\sqrt{1+T^2\Omega^2}} \sin\left(\Omega t - \arctan T\Omega\right)$$

上式右端第一项是瞬态分量，第二项是稳态分量。当 $t \to \infty$ 时，第一项趋于 0，电路稳态输出为

$$u_\mathrm{cs}(t) = \frac{X}{\sqrt{1+T^2\Omega^2}} \sin\left(\Omega t - \arctan T\Omega\right) = Y\sin(\Omega t + \varphi)$$

式中，$Y = \dfrac{X}{\sqrt{1+T^2\Omega^2}}$ 为输出电压的振幅；φ 为 $u_\mathrm{c}(t)$ 与 $u_\mathrm{r}(t)$ 之间的相位差。

上述过程表明：RC 电路在正弦信号 $u_\mathrm{r}(t)$ 作用下，过渡过程结束后，输出的稳态响应仍是与输入信号同频率的正弦信号，只是幅值变为输入正弦信号幅值的 $1/\sqrt{1+T^2\Omega^2}$ 倍，相位则滞后了 $\arctan T\Omega$。

设系统的输入信号、输出信号分别为 $x(t)$ 和 $y(t)$，其拉氏变换分别为 $X(s)$ 和 $Y(s)$，系统函数可以表示为

$$H(s) = H_0 \frac{\prod\limits_{i=1}^{m}(s-z_i)}{\prod\limits_{j=1}^{n}(s-\lambda_j)} = \frac{K_1}{s-\lambda_1} + \frac{K_2}{s-\lambda_2} + \cdots + \frac{K_n}{s-\lambda_n} \tag{5-47}$$

为方便讨论并且不失一般性，设所有极点都是互不相同的实数。

在正弦信号 $x(t) = X\sin\Omega t$ 作用下，由式（5-47）可得输出信号的拉氏变换为

$$Y(s) = X(s)H(s) = \frac{C_1}{s-\lambda_1} + \frac{C_2}{s-\lambda_2} + \cdots + \frac{C_n}{s-\lambda_n} + \frac{C_a}{s+j\Omega} + \frac{C_{-a}}{s-j\Omega} \tag{5-48}$$

式中，C_1，C_2，…，C_n，C_a，C_{-a} 均为待定系数。对式（5-48）求拉氏反变换，可得输出为

$$y(t) = C_1 e^{\lambda_1 t} + C_2 e^{\lambda_2 t} + \cdots + C_n e^{\lambda_n t} + C_a e^{j\Omega} + C_{-a} e^{-j\Omega} \tag{5-49}$$

若系统稳定，当 $t \to \infty$ 时，式（5-49）右端除了最后两项外，其余各项都将衰减至 0。所以 $y(t)$ 的稳态分量为

$$y_s(t) = \lim_{t \to \infty} y(t) = C_a e^{j\Omega} + C_{-a} e^{-j\Omega} \tag{5-50}$$

其中，系数 C_a 和 C_{-a} 可如下计算

$$C_a = H(s)\frac{X\Omega}{(s+j\Omega)(s-j\Omega)}(s+j\Omega)\bigg|_{s=-j\Omega} = -\frac{H(-j\Omega)X}{2j} \tag{5-51}$$

$$C_{-a} = H(s)\frac{X\Omega}{(s+j\Omega)(s-j\Omega)}(s-j\Omega)\bigg|_{s=j\Omega} = \frac{H(j\Omega)X}{2j} \tag{5-52}$$

$H(j\Omega)$ 是关于 Ω 的复函数，可写为

$$H(j\Omega) = |H(j\Omega)| \cdot e^{j\varphi(\Omega)} \tag{5-53}$$

$H(j\Omega)$ 与 $H(-j\Omega)$ 共轭，故有

$$H(-j\Omega) = |H(j\Omega)| \cdot e^{-j\varphi(\Omega)} \tag{5-54}$$

将式（5-53）、（5-54）分别代回式（5-51）和式（5-52），得

$$C_a = -\frac{X}{2j}|H(j\Omega)|e^{-j\varphi(\Omega)}$$

$$C_{-a} = \frac{X}{2j}|H(j\Omega)|e^{j\varphi(\Omega)}$$

再将 C_a，C_{-a} 代入式（5-50），则有

$$y_s(t) = |H(j\Omega)|X\frac{e^{j[\Omega t+\varphi(\Omega)]} - e^{j[\Omega t+\varphi(\Omega)]}}{2j} = X|H(j\Omega)|\sin[\Omega t + \varphi(\Omega)] \tag{5-55}$$

上述过程说明，一般线性系统（或元件）输入正弦信号 $x(t) = X\sin\Omega t$ 的情况下，系统的稳态输出（即频率响应）$y(t) = Y\sin(\Omega t + \varphi)$ 也一定是同频率的正弦信号，只是幅值和相角不一样，频率特性描述了在不同频率下系统（或元件）传递正弦信号的能力。频率特性和系统函数的关系为

$$H(j\Omega) = H(s)\big|_{s=j\Omega} \tag{5-56}$$

频率特性和前几章介绍过的微分方程、系统函数一样，都能表征系统的运动规律。所

以，频率特性也是描述线性系统的数学模型形式之一。

用频率法分析、设计系统时，常常不是从频率特性的函数表达式出发，而是将频率特性绘制成一些曲线，借助于这些曲线对系统进行图解分析。因此需熟悉频率特性的各种图形表示方法和图解运算过程。这里介绍工程中常见的四种频率特性图示法（见表 5-4），其中第 2、3 种图示方法在实际中应用最为广泛。

（1）频率特性曲线。

频率特性曲线包括幅频特性曲线和相频特性曲线。幅频特性是频率特性幅值 $|H(j\Omega)|$ 随 Ω 的变化规律；相频特性描述频率特性相角 $\varphi(\Omega)$ 随 Ω 的变化规律。

（2）幅相频率特性曲线。

表 5-4　常用频率特性曲线及其坐标

序　号	名　　称	图形常用名	坐　标　系
1	幅频特性曲线 相频特性曲线	频率特性图	直角坐标
2	幅相频率特性曲线	极坐标图、奈奎斯特图	极坐标
3	对数幅频特性曲线 对数相频特性曲线	对数坐标图、伯德图	半对数坐标
4	对数幅相频率特性曲线	对数幅相图、尼柯尔斯图	对数幅相坐标

幅相频率特性曲线又称奈奎斯特（Nyquist）曲线，在复平面上以极坐标的形式表示。设系统频率特性为

$$H(j\Omega) = |H(j\Omega)| \cdot e^{j\varphi(\Omega)}$$

对于某个特定频率 Ω_i 下的 $H(j\Omega_i)$，可以在复平面用一个向量表示，向量的长度为 $|H(\Omega_i)|$，相角为 $\varphi(\Omega_i)$。当 $\Omega = 0 \to \infty$ 变化时，向量 $H(j\Omega)$ 的端点在复平面 G 上描绘出来的轨迹就是幅相频率特性曲线。通常将 Ω 作为参变量标在曲线相应点的旁边，并用箭头表示 Ω 增大时特性曲线的走向。

（3）对数频率特性曲线。

对数频率特性曲线又叫伯德（Bode）曲线。它由对数幅频特性和对数相频特性两条曲线所组成，是频率法中应用最广泛的一组图线。伯德图是在半对数坐标纸上绘制出来的。横坐标采用对数刻度，纵坐标采用线性的均匀刻度。

伯德图中，对数幅频特性是 $H(j\Omega)$ 的对数值 $20\lg|H(j\Omega)|$ 和频率 Ω 的关系曲线；对数相频特性则是 $H(j\Omega)$ 的相角 $\varphi(\Omega)$ 和频率 Ω 的关系曲线。在绘制伯德图时，为了作图和读数方便，常将两种曲线画在半对数坐标纸上，采用同一横坐标作为频率轴，横坐标虽采用对数分度，但以 Ω 的实际值标定，单位为 rad/s（弧度/秒），即坐标轴上任何两点 Ω_1 和 Ω_2（设 $\Omega_2 > \Omega_1$）之间的距离为 $\lg\Omega_2 - \lg\Omega_1$，而不是 $\Omega_2 - \Omega_1$，横坐标等距等比。频率 Ω 每变化 10 倍称为一个十倍频程，记作 dec。由于横坐标按 Ω 的对数分度，故对 Ω 而言是不均匀的，但对 $\lg\Omega$ 来说却是均匀的线性刻度。采用对数坐标图的优点较多，主要表现在：

① 由于横坐标采用对数刻度，将低频段相对展宽了（低频段频率特性的形状对于控制系统性能的研究具有较重要的意义），而将高频段相对压缩了。可以在较宽的频段范围中研究系统的频率特性。

② 由于对数可将乘除运算变成加减运算。当绘制由多个环节串联而成的系统的对数坐标图时，只要将各环节对数坐标图的纵坐标相加、减即可，从而简化了画图的过程。

③ 在对数坐标图上，所有典型环节的对数幅频特性乃至系统的对数幅频特性均可用分段直线近似表示。这种近似具有相当的精确度。若对分段直线进行修正，即可得到精确的特性曲线。

④ 若将实验所得的频率特性数据整理并用分段直线画出对数频率特性，很容易写出实验对象的频率特性表达式或系统函数。

（4）对数幅相特性曲线。

对数幅相特性曲线又称为尼柯尔斯（Nichols）曲线。绘有这一特性曲线的图形称为对数幅相图或尼柯尔斯图。

对数幅相特性是由对数幅频特性和对数相频特性合并而成的曲线。对数幅相坐标的横轴为相角 $\varphi(\Omega)$，纵轴为对数幅频值 $20\lg|H(\mathrm{j}\Omega)|$，单位是 dB。横坐标和纵坐标均是线性刻度。

7. 几种特殊系统的系统函数及其特点

1）全通系统

如果一个连续系统的全部极点位于左半 s 平面，全部零点位于右半 s 平面，且零点与极点关于 $\mathrm{j}\Omega$ 轴对称，则称这种系统为全通系统。

【例 5-25】 如图 5-20 所示电路，求系统函数 $H(s)=\dfrac{Y(s)}{X(s)}$，并绘制零极点图。

解：

$$Y(s) = \dfrac{X(s)}{1+\dfrac{1}{s}} \cdot \dfrac{1}{s} - \dfrac{X(s)}{\dfrac{1}{s}+1} \times 1 = -\dfrac{s-1}{s+1}X(s)$$

因此

$$H(s) = \dfrac{Y(s)}{X(s)} = -\dfrac{s-1}{s+1}$$

零极点分布如图 5-21 所示。

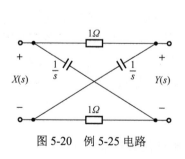

图 5-20 例 5-25 电路

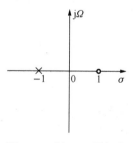

图 5-21 例 5-25 零极点

该系统零点与极点关于 $\mathrm{j}\Omega$ 轴对称，系统的频率特性 $H(\mathrm{j}\Omega)=H(s)\big|_{s=\mathrm{j}\Omega}=\dfrac{1-\mathrm{j}\Omega}{1+\mathrm{j}\Omega}$，其幅频特性为 $|H(\mathrm{j}\Omega)|=1$，相频特性为 $\varphi(\Omega)=\arctan\dfrac{-2\Omega}{1-\Omega^2}$，幅频特性为常数与频率无关，说明

对任意频率的信号都能均匀通过，只是对不同频率的信号产生了不同的相移，这种系统称为全通系统，在传输系统中常用于进行相位校正，也称为相位补偿器。

2）最小相位系统

如果一个系统的全部极点和全部零点均位于左半 s 平面，且无纯延时环节 $e^{-\tau s}$，则称该系统为最小相位系统。最小相位系统的相移要比非最小相位系统的相移小。最小相位系统可以保证其逆系统存在。

5.8 连续系统的模拟图、框图、信号流图与 Mason 公式

1. 系统的模拟图

在实验室中用三种运算器：加法器、数乘器和积分器来模拟给定连续系统的数学模型——微分方程或系统函数 $H(s)$，称为线性系统的模拟，简称系统模拟。经过模拟而得到的系统称为模拟系统。

从系统模拟的定义可看出，所谓系统模拟，仅指数学意义上的模拟，模拟的不是实际的系统，而是系统的数学模型——微分方程或系统函数 $H(s)$。这就是说，不管是任何实际系统，只要它们的数学模型相同，则它们的模拟系统就一样，就可以在实验室里用同一个模拟系统对系统的特性进行研究。例如，当系统参数或输入信号改变时，系统的响应如何变化、系统的工作是否稳定、系统的性能指标能否满足要求、系统的频率响应如何变化，等等。所有这些都可用实验仪器直接进行观测，或在计算机的输出装置上直接显示出来。模拟系统的输出信号，就是系统微分方程的解，称为模拟解，这不仅比直接求解系统的微分方程来得简便，而且便于确定系统的最佳参数和最佳工作状态。这正是系统模拟的重要实用意义和理论价值。

在工程实际中，三种运算器：加法器、数乘器和积分器，都是用含有运算放大器的电路来实现，这在电路课程中已进行了研究，不再赘述。系统模拟一般都是用模拟计算机和数字计算机实现，也可在专用的实验设备上实现。

由加法器、数乘器和积分器连接而成的图称为系统模拟图，简称模拟图。模拟图与系统的微分方程（或系统函数 $H(s)$）在描述系统特性方面是等价的。

常用的模拟图有四种形式：直接形式、并联形式、级联形式和混联形式。它们都可根据系统微分方程或系统函数 $H(s)$ 画出。在模拟计算机中，每一个积分器都备有专用的输入初始条件的引入端，当进行模拟实验时，每一个积分器都要引入它应有的起始条件。有了这样的理解，在画系统模拟图时，为简明计，先设系统的起始状态为零，即系统为零状态。此时，模拟系统的输出信号，就只是系统的零状态响应了。

1）直接形式

1.6 节中已介绍过例 1-12 的图 1-42 所示的时域模拟图能够与微分方程

$$\frac{d^2 y(t)}{dt^2} + 3\frac{dy(t)}{dt} + 2y(t) = \frac{dx(t)}{dt} + x(t)$$

——对应，这种模拟图的画法即直接形式，如图 5-22（a）所示。

对时域模拟图直接进行拉氏变换并利用拉氏变换的线性和时域积分性可以画出如

图 5-22（b）所示 s 域模拟图，或对微分方程两边进行拉氏变换

$$s^2Y(s)+3sY(s)+2Y(s)=sX(s)+X(s)$$

$$H(s)=\frac{Y(s)}{X(s)}=\frac{s+1}{s^2+3s+2}$$

根据系统函数直接画出如图 5-22（b）所示直接形式的 s 域模拟图，其对应关系有章可循，一目了然。

通过对比，可看出时域模拟图与 s 域模拟图的结构完全相同，仅是两者的变量表示形式不同。图 5-22（a）中是时域变量，图 5-22（b）中则是 s 域变量，而且两者完全是对应的。所以，为简便计，以后就不必要将两种图都画出了，而只需画出二者之一即可。需要指出，直接形式的模拟图，只适用于 $m\leqslant n$ 的情况。当 $m>n$ 时，就无法模拟了。

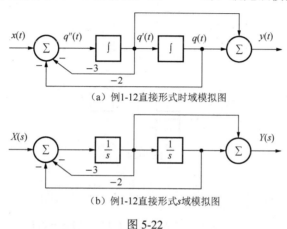

（a）例1-12直接形式时域模拟图

（b）例1-12直接形式s域模拟图

图 5-22

【例 5-26】 设系统函数为 $H(s)=\dfrac{b_2s^2+b_2s+b_0}{s^2+a_1s+a_0}$，画出直接形式的 s 域模拟图。

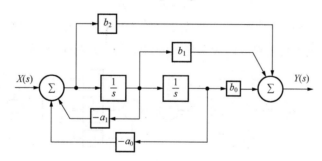

图 5-23 例 5-26 直接形式的 s 域模拟图

2）并联形式

对于系统函数

$$H(s)=\frac{b_2s^2+b_2s+b_0}{s^2+a_1s+a_0}$$

将上式化成真分式并将余式 $N_0(s)$ 展开成部分分式，即

$$H(s)=b_2+\frac{N_0(s)}{s^2+a_1s+a_0}=b_2+\frac{N_0(s)}{(s-p_1)(s-p_2)}$$

$$= b_2 + \frac{k_1}{s-p_1} + \frac{k_2}{s-p_2} \qquad (5-57)$$

式中 p_1，p_2 为 $H(s)$ 的单阶极点；k_1，k_2 为部分分式的待定系数，它们都是可以求得的。根据式（5-57），即可画出与之对应的并联形式的模拟图，如图 5-24 所示。

特例：若 $b_2 = 0$，则图中最上面的支路即断开了。

若系统函数 $H(s)$ 为 n 阶的，则与之对应的并联形式的模拟图，也可如法炮制。请读者研究。

并联模拟图的特点是各子系统之间相互独立，互不干扰和影响。

并联模拟图也只适用于 $m \leqslant n$ 的情况。

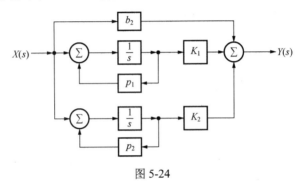

图 5-24

3）级联形式

设系统函数不变，即

$$H(s) = \frac{b_2 s^2 + b_2 s + b_0}{s^2 + a_1 s + a_0} = \frac{b_2(s-z_1)(s-z_2)}{(s-p_1)(s-p_2)}$$

$$= b_2 \cdot \frac{s-z_1}{s-p_1} \cdot \frac{s-z_2}{s-p_2} \qquad (5-58)$$

式中，p_1，p_2 为 $H(s)$ 的单阶极点；z_1，z_2 为 $H(s)$ 的单阶零点。它们都是可以求得的。根据式（5-58），即可画出与之对应的级联形式的模拟图，如图 5-25 所示。

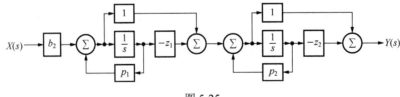

图 5-25

若系统函数 $H(s)$ 为 n 阶的，则与之对应的级联形式的模拟图，也可仿效画出。级联模拟图也只适用于 $m \leqslant n$ 的情况。

4）混联形式

设

$$H(s) = \frac{2s+3}{s^4 + 7s^3 + 16s^2 + 12s} = \frac{2s+3}{s(s+3)(s+2)^2} = \frac{\frac{1}{4}}{s} + \frac{1}{s+3} + \frac{-\frac{5}{4}}{s+2} + \frac{\frac{1}{2}}{(s+2)^2}$$

进而再改写成

$$H(s) = \frac{1}{s} \cdot \frac{1}{4} \cdot \frac{5s+3}{s+3} + \frac{-\frac{5}{4}}{s+2} + \frac{\frac{1}{2}}{s^2+4s+4}$$

根据上式即可画出与之对应的混联形式的模拟图,如图 5-26 所示。

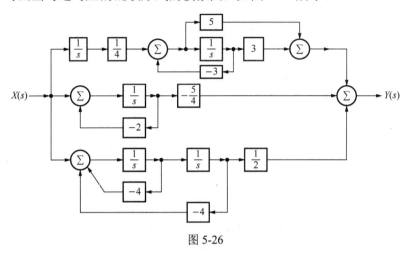

图 5-26

最后还要指出两点:

① 一个给定的微分方程或系统函数 $H(s)$,与之对应的模拟图可以有无穷多种,上面仅给出了四种常用的形式。同时也要指出,实际模拟时,究竟应采用哪一种形式的模拟图为好,这要根据所研究问题的目的、需要和方便性而定。每一种形式的模拟图都有其工程应用背景。

② 按照模拟图利用模拟计算机进行模拟实验时,还有许多实际的技术性问题要考虑。例如,需要作有关物理量幅度或时间的比例变换等,以便各种运算单元都能在正常条件下工作。因此,实际的模拟图会有些不一样。

2. 系统的框图

一个系统是由许多部件或单元组成的,将这些部件或单元各用能完成相应运算功能的方框表示,然后将这些方框按系统的功能要求及信号流动的方向连接起来而构成的图,即称为系统的框图表示,简称系统的框图。例如图 5-27 即为一个子系统的框图,其中图 5-27(a)为时域框图,它完成了激励 $x(t)$ 与单位冲激响应 $h(t)$ 的卷积积分运算功能;图 5-27(b)为 s 域框图,它完成了 $X(s)$ 与系统函数 $H(s)$ 的乘积运算功能。

系统框图表示的好处是,可以一目了然地看出一个大系统是由哪些小系统(子系统)组成的,各子系统之间是什么样的关系,以及信号是如何在系统内部流动的。

应注意,系统的框图与模拟图不是一个概念,两者涵义不同。

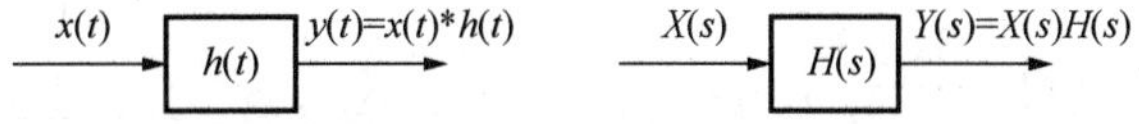

(a) 时域框图   (b) s 域框图

图 5-27 子系统框图

【例 5-27】 已知 $H(s) = \dfrac{2s+3}{s^4+7s^3+16s^2+12s}$,试用级联形式、并联形式和混联形式的

框图表示之。

解 （1）级联形式。将 $H(s)$ 改写为

$$H(s) = \frac{2s+3}{s(s+3)(s+2)^2} = \frac{1}{s} \cdot \frac{2s+3}{s+3} \cdot \frac{1}{(s+2)^2}$$
$$= H_1(s) \cdot H_2(s) \cdot H_3(s)$$

式中，$H_1(s) = \frac{1}{s}$，$H_2(s) = \frac{2s+3}{s+3}$，$H_3(s) = \frac{1}{(s+2)^2}$。

其框图如图 5-28 所示。由图 5-28 即可得

$$Y(s) = X(s) \cdot H_1(s) \cdot H_2(s) \cdot H_3(s)$$

故得

$$H(s) = \frac{Y(s)}{X(s)} = H_1(s) \cdot H_2(s) \cdot H_3(s)$$

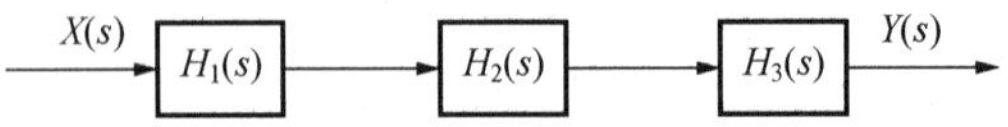

图 5-28 例 5-27 级联形式框图

（2）并联形式。将上面的 $H(s)$ 改写为

$$H(s) = \frac{\frac{1}{4}}{s} + \frac{1}{s+3} + \frac{-\frac{5}{4}}{s+2} + \frac{\frac{1}{2}}{(s+2)^2}$$
$$= H_1(s) + H_2(s) + H_3(s) + H_4(s)$$

式中，$H_1(s) = \frac{\frac{1}{4}}{s}$，$H_2(s) = \frac{1}{s+3}$，$H_3(s) = \frac{-\frac{5}{4}}{s+2}$，$H_4(s) = \frac{\frac{1}{2}}{(s+2)^2}$。

其框图如图 5-29 所示。由图 5-29 可得

$$Y(s) = X(s) \cdot H_1(s) + X(s) \cdot H_2(s) + X(s) \cdot H_3(s) + X(s) \cdot H_4(s)$$

故得

$$H(s) = \frac{Y(s)}{X(s)} = H_1(s) + H_2(s) + H_3(s) + H_4(s)$$

（3）混联形式。将 $H(s)$ 改写为

$$H(s) = \frac{\frac{1}{4}}{s} \cdot \frac{5s+3}{s+3} + \frac{-\frac{5}{4}}{s+2} + \frac{\frac{1}{2}}{s^2+4s+4}$$
$$= H_1(s) \cdot H_2(s) + H_3(s) + H_4(s)$$

式中，$H_1(s) = \frac{\frac{1}{4}}{s}$，$H_2(s) = \frac{5s+3}{s+3}$，$H_3(s) = \frac{-\frac{5}{4}}{s+2}$，$H_4(s) = \frac{\frac{1}{2}}{s^2+4s+4}$。

其框图如图 5-30 所示。由图 5-30 可得

$$Y(s) = X(s) \cdot H_1(s) \cdot H_2(s) + X(s) \cdot H_3(s) + X(s) \cdot H_4(s)$$

故得

$$H(s)=\frac{Y(s)}{X(s)}=H_1(s)\cdot H_2(s)+H_3(s)+H_4(s)$$

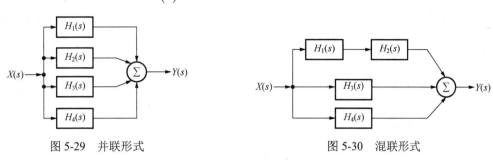

图 5-29　并联形式　　　　　　　　　图 5-30　混联形式

【例 5-28】　求如图 5-31 所示系统的系统函数 $H(s)=\dfrac{Y(s)}{X(s)}$。

解　引入中间变量 $X_1(s)$，$X_2(s)$，如图 5-31 所示。故有

$$Y(s)=\frac{5}{s+10}X_1(s)=\frac{5}{s+10}\cdot\frac{1}{s+2}X_2(s)$$

$$=\frac{5}{s+10}\cdot\frac{1}{s+2}\left[X(s)-\frac{1}{s+1}Y(s)\right]$$

解得

$$H(s)=\frac{Y(s)}{X(s)}=\frac{5(s+1)}{(s+10)(s+2)(s+1)}$$

$$=\frac{5s+5}{s^3+13s^2+32s+25}$$

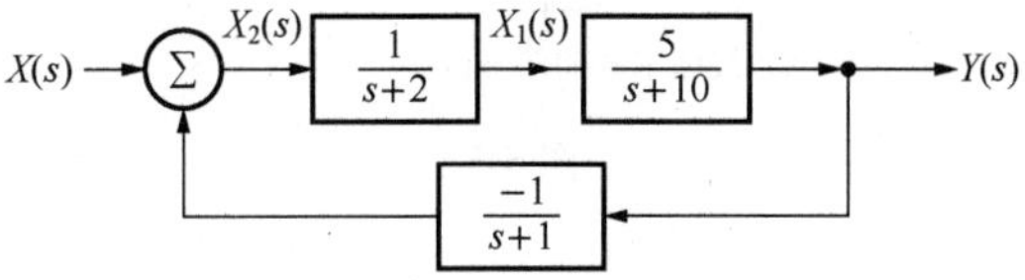

图 5-31　例 5-28 框图

3. 系统的信号流图

有节点与有向支路构成的能表征系统功能与信号流动方向的图，称为系统的信号流图，简称信号流图或流图。

模拟图、框图与流图能够互相转换，例如，图 5-23～图 5-26 所示各形式的模拟图画成信号流图如图 5-32 所示。图 5-31 所示框图化成流图，如图 5-33 所示。

下面以图 5-33 为例，介绍信号流图中的一些名词术语。

① 源节点：只有输出支路而无输入支路的节点称为源节点或输入节点，图 5-33 中的 A 节点，相当于输入信号。

② 阱节点：只有输入支路而无输出支路的节点称为阱节点或输出节点，图 5-33 中的节点 E 就属于阱节点，对应系统的输出信号。

③ 混合节点：既有输入支路又有输出支路的节点称为混合节点，如图 5-33 中的 B、C、D 就是混合节点，相当于变量、求和或引出点。

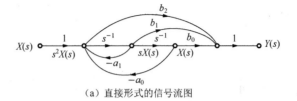

(a)直接形式的信号流图

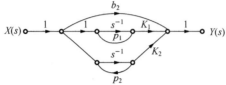

(b)并联形式的信号流图

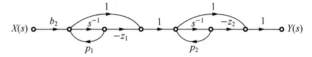

(c)级联形式的信号流图

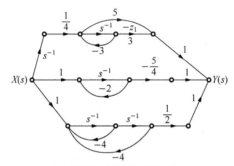

(d)混联形式的信号流图

图 5-32

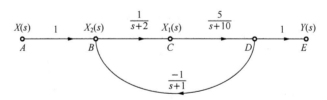

图 5-33 例 5-28 对应的信号流图

④ 前向通路：从源节点开始并且终止于阱节点，与其他节点相交不多于一次的通路称为前向通路，如图 5-33 中的 $ABCDE$。

⑤ 回路：如果通路的起点和终点是同一节点，并且与其他任何节点相交不多于一次的闭合路径称为回路，如图 5-33 中的 $BCDB$。

⑥ 回路增益：回路中各支路增益的乘积，称为回路增益。

⑦ 前向通路增益：前向通路中各支路增益的乘积称为前向通路增益。

⑧ 不接触回路：信号流图中没有任何共同节点的回路，称为不接触回路或互不接触回路。

4. 梅森公式（Mason's Formula）

从系统的信号流图直接求系统函数 $H(s) = \dfrac{Y(s)}{X(s)}$ 的计算公式，称为梅森公式。该公式如下

$$H(s) = \frac{Y(s)}{X(s)} = \frac{1}{\Delta}\sum_k P_k \Delta_k \tag{5-59}$$

此公式的证明甚繁，此处略去。现从应用角度对此公式予以说明。

式中

$$\Delta = 1 - \sum_i L_i + \sum_{m,n} L_m L_n - \sum_{p,q,r} L_p L_q L_r + \cdots \tag{5-60}$$

Δ 称为信号流图的特征行列式。式中：

L_i 为第 i 个环路的传输函数，$\sum_i L_i$ 为所有环路传输函数之和；

$L_m L_n$ 为两个互不接触环路传输函数的乘积，$\sum_{m,n} L_m L_n$ 为所有两个互不接触环路传输函数乘积之和；

$L_p L_q L_r$ 为三个互不接触环路传输函数的乘积，$\sum_{p,q,r} L_p L_q L_r$ 为所有三个互不接触环路传输函数乘积之和；

……

P_k 为由激励节点至所求响应节点的第 k 条前向开通路所有支路传输函数的乘积；

Δ_k 为除去第 k 条前向通路中所包含的支路和节点后所剩子流图的特征行列式。求 Δ_k 的公式仍然是式（5-60）。

【例 5-29】 如图 5-34 所示系统，求系统函数 $H(s) = \dfrac{Y(s)}{X(s)}$。

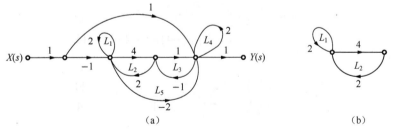

图 5-34　例 5-29 信号流图

解：（1）求 Δ。

① 求 $\sum_i L_i$：该图共有 5 个环路，其传输函数分别为

$$L_1 = 2 \qquad L_2 = 2 \times 4 = 8 \qquad L_3 = 1 \times (-1) = -1$$
$$L_4 = 2 \qquad L_5 = -2 \times (-1) \times 2 = 4$$

故

$$\sum_i L_i = L_1 + L_2 + L_3 + L_4 + L_5 = 15$$

② 求 $\sum_{m,n} L_m L_n$：该图中两两互不接触的环路共有 3 组

$$L_1 L_3 = 2 \times (-1) = -2$$
$$L_1 L_4 = 2 \times 2 = 4$$
$$L_2 L_4 = 8 \times 2 = 16$$

故

$$\sum_{m,n} L_m L_n = L_1 L_3 + L_1 L_4 + L_2 L_4 = 18$$

该图中没有 3 个和 3 个以上互不接触的环路，故有 $\sum_{p,q,r} L_p L_q L_r = 0$；…。

故得

$$\Delta = 1 - \sum_i L_i + \sum_{m,n} L_m L_n - \sum_{p,q,r} L_p L_q L_r + \cdots$$
$$= 1 - 15 + 18 = 4$$

(2) 求 $\sum_k P_k \Delta_k$。

① 求 P_k：该图共有 3 个前向通路，其传输函数分别为

$$P_1 = 1 \times 1 \times 1 = 1$$
$$P_2 = 1 \times (-1) \times 4 \times 1 \times 1 = -4$$
$$P_3 = 1 \times (-1) \times (-2) \times 1 = 2$$

② 求 Δ_k：除出 P_1 前向通路中包含的支路和节点后，所剩子图如图 5-34（b）所示。该子图共有两个环路，故

$$\sum_i L_i = L_1 + L_2 = 2 + 2 \times 4 = 2 + 8 = 10$$

故

$$\Delta_1 = 1 - \sum_i L_i = 1 - 10 = -9$$

除去 P_2、P_3 前向通路中所包含的支路和节点后，已无子图存在，故有

$$\Delta_2 = \Delta_3 = 1$$

故得

$$\sum_k P_k \Delta_k = P_1 \Delta_1 + P_2 \Delta_2 + P_3 \Delta_3$$
$$= 1 \times (-9) + (-4) \times 1 + 2 \times 1 = -11$$

(3) 求 $H(s)$。

$$H(s) = \frac{Y(s)}{X(s)} = \frac{1}{\Delta} \sum_k P_k \Delta_k = \frac{1}{4} \times (-11) = -\frac{11}{4}$$

5.9 连续系统的稳定性分析

1. 稳定性

稳定是系统正常工作的首要条件。分析、判定系统的稳定性，并提出确保系统稳定的条件是系统设计的基本任务之一。如果在扰动作用下系统偏离了原来的平衡状态，当扰动消失后，系统能够以足够的准确度恢复到原来的平衡状态，则系统是稳定的。否则，系统不稳定。

单位冲激信号可看作一种典型的扰动信号。根据系统稳定的定义，若系统单位冲激响应收敛，即

$$\lim_{t \to \infty} h(t) = 0 \tag{5-61}$$

则系统是稳定的。设系统函数为

$$H(s) = \frac{b_m(s-z_1)(s-z_2)\cdots(s-z_m)}{a_n(s-\lambda_1)(s-\lambda_2)\cdots(s-\lambda_n)} \tag{5-62}$$

设极点为互不相同的单根，则部分分式展开为

$$H(s) = \frac{A_1}{s-\lambda_1} + \frac{A_2}{s-\lambda_2} + \cdots + \frac{A_n}{s-\lambda_n} = \sum_{i=1}^{n} \frac{A_i}{s-\lambda_i} \tag{5-63}$$

式中，A_i 为待定常数。对上式进行拉氏反变换，得单位冲激响应

$$h(t) = A_1 e^{\lambda_1 t} + A_2 e^{\lambda_2 t} + \cdots + A_n e^{\lambda_n t} = \sum_{i=1}^{n} A_i e^{\lambda_i t} \tag{5-64}$$

根据稳定性定义，系统稳定时应有

$$\lim_{t \to \infty} h(t) = \lim_{t \to \infty} \sum_{i=1}^{n} A_i e^{\lambda_i t} = 0 \tag{5-65}$$

考虑到系数 A_i 的任意性，要使上式成立，只能有

$$\lim_{t \to \infty} e^{\lambda_i t} = 0 \qquad i = 1, 2, \cdots, n \tag{5-66}$$

式（5-66）表明，所有特征根均具有负的实部是系统稳定的必要条件。另一方面，如果系统的所有特征根均具有负的实部，则式（5-65）一定成立。所以，系统稳定的充分必要条件是系统特征方程的所有根都具有负的实部，或者说所有特征根均位于左半 s 平面。

如果特征方程有 m 个重根，则相应模态

$$e^{\lambda_0 t}, \ t e^{\lambda_0 t}, \ t^2 e^{\lambda_0 t}, \cdots, \ t^{m-1} e^{\lambda_0 t}$$

当时间 t 趋于无穷时是否收敛到零，仍然取决于重特征根 λ_0 是否具有负的实部。

当系统有纯虚根时，系统处于临界稳定状态，脉冲响应呈现等幅振荡。由于系统参数的变化及扰动是不可避免的，实际上等幅振荡不可能永远维持下去，系统很可能会由于某些因素而导致不稳定。另外，从工程实践的角度来看，这类系统也不能正常工作，因此将临界稳定系统也划归到不稳定系统之列。

线性系统的稳定性是其自身的属性，只取决于系统自身的结构、参数，与初始条件及外作用无关。

线性系统如果稳定，那么它一定是大范围稳定的，且原点是其唯一的平衡点。

2. 稳定判据

劳斯（Routh）于 1877 年提出的稳定性判据能够判定一个多项式方程中是否存在位于复平面右半部的正根，而不必求解方程。当将这个判据用于判断系统的稳定性时，又称为代数稳定判据。

设系统特征方程为

$$D(s) = a_n s^n + a_{n-1} s^{n-1} + \cdots + a_1 s + a_0 = 0 \qquad a_n > 0 \tag{5-67}$$

1）判定稳定的必要条件

系统稳定的必要条件是

$$a_i > 0 \quad (i = 0, 1, 2, \cdots, n-1) \tag{5-68}$$

满足必要条件的一阶、二阶系统一定稳定,满足必要条件的高阶系统未必稳定,因此高阶系统的稳定性还需要用劳斯判据来判断。

2) 劳斯判据

劳斯判据为表格形式,见表 5-5,称为劳斯表。表中前两行由特征方程的系数直接构成,其他各行的数值按表 5-5 所示逐行计算。

表 5-5 劳斯表

s^n	a_n	a_{n-2}	a_{n-4}	a_{n-6}	$\cdots$
s^{n-1}	a_{n-1}	a_{n-3}	a_{n-5}	a_{n-7}	$\cdots$
s^{n-2}	$b_1 = \dfrac{a_{n-1}a_{n-2} - a_n a_{n-3}}{a_{n-1}}$	$b_2 = \dfrac{a_{n-1}a_{n-4} - a_n a_{n-5}}{a_{n-1}}$	b_3	b_4	$\cdots$
s^{n-3}	$c_1 = \dfrac{b_1 a_{n-3} - a_{n-1} b_2}{b_1}$	$c_2 = \dfrac{b_1 a_{n-5} - a_{n-1} b_3}{b_1}$	c_3	c_4	$\cdots$
$\vdots$	$\vdots$	$\vdots$	$\vdots$	$\vdots$	$\vdots$
s^0	a_0				

劳斯判据指出:系统稳定的充要条件是劳斯表中第一列系数都大于零,否则,系统不稳定,而且第一列系数符号改变的次数就是系统特征方程中正实部根的个数。

【例 5-30】 设系统特征方程为 $D(s) = s^4 + 2s^3 + 3s^2 + 4s + 5 = 0$,试判定系统的稳定性。

解:列劳斯表

$$
\begin{array}{cccc}
s^4 & 1 & 3 & 5 \\
s^3 & 2 & 4 & 0 \\
s^2 & \dfrac{2 \times 3 - 1 \times 4}{2} = 1 & \dfrac{2 \times 5 - 1 \times 0}{2} = 5 & \\
s^1 & \dfrac{1 \times 4 - 2 \times 5}{1} = -6 & 0 & \\
s^0 & \dfrac{-6 \times 5 - 1 \times 0}{-6} = 5 & &
\end{array}
$$

劳斯表第一列系数符号改变了两次,所以系统有两个根在右半 s 平面,系统不稳定。

3) 劳斯判据特殊情况的处理

① 某行第一列元素为零而该行元素不全为零时——用一个很小的正数 ε 代替第一列的零元素参与计算,表格计算完成后再令 $\varepsilon \to 0$。

【例 5-31】 已知系统特征方程 $D(s) = s^3 - 3s + 2 = 0$,判定系统右半 s 平面中的极点个数。

解:$D(s)$ 的系数不满足稳定的必要条件,系统必然不稳定。列劳斯表

$$
\begin{array}{ccc}
s^3 & 1 & -3 \\
s^2 & 0 & 2 \\
s^1 & \dfrac{-3\varepsilon - 1 \times 2}{\varepsilon} = c \quad c_1 \to -\infty & 0 \\
s^0 & \dfrac{2c_1 - \varepsilon \times 0}{c_1} = 2 & 0
\end{array}
$$

劳斯表第一列系数符号改变了两次，所以系统有两个根在右半 s 平面。

② 某行元素全部为零时，利用上一行元素构成辅助方程，对辅助方程求导得到新的方程，用新方程的系数代替该行的零元素继续计算。当特征多项式包含形如 $(s+\sigma)(s-\sigma)$ 或 $(s+\mathrm{j}\Omega)(s-\mathrm{j}\Omega)$ 的因子时，劳斯表会出现全零行，而此时辅助方程的根就是特征方程根的一部分。

【例 5-32】 已知系统特征方程 $D(s)=s^5+3s^4+12s^3+20s^2+35s+25=0$，判定系统是否稳定性。

解：列劳斯表

s^5	1	12	35
s^4	3	20	25
s^3	16/3	80/3	0
s^2	5	25	0
s^1	0	0	
	10	0	
s^0	25	0	

辅助方程：
$F(s)=5s^2+25=0$

$F'(s)=10s=0$

劳斯表第一列系数符号没有改变，所以系统没有在右半 s 平面的根，系统临界稳定。求解辅助方程可以得到系统的一对纯虚根 $\lambda_{1,2}=\pm\mathrm{j}\sqrt{5}$。

4）劳斯判据的应用

劳斯判据除了可以用来判定系统的稳定性外，还可以确定使系统稳定的参数范围。

【例 5-33】 系统特征方程 $D(s)=s^3+20\xi s^2+100s+100K=0$。

（1）确定使系统稳定的开环增益 K 与阻尼比 ξ 的取值范围，并画出相应区域；

（2）当 $\xi=2$ 时，确定使系统极点全部落在直线 $s=-1$ 左边的 K 值范围。

解：（1）系统特征方程
$$D(s)=s^3+20\xi s^2+100s+100K=0$$

列劳斯表

s^3	1	100
s^2	20ξ	$100K$
s^1	$(2000\xi-100K)/20\xi$	0
s^0	$100K$	0

→ $\xi>0$
→ $20\xi>K$
→ $K>0$

根据稳定条件画出使系统稳定的参数区域如图 5-35 所示。

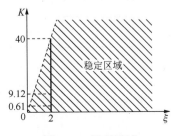

图 5-35 稳定区域

（2）令 $s = \hat{s} - 1$ 进行坐标平移，使新坐标的虚轴 $\hat{s} = 0$ 与原坐标 $s = -1$ 直线重合，这样就可以在新坐标下用劳斯判据解决问题。令

$$D(\hat{s}) = (\hat{s}-1)^3 + 20\xi(\hat{s}-1)^2 + 100(\hat{s}-1) + 100K$$

代入 $\xi = 2$，整理得

$$D(\hat{s}) = \hat{s}^3 + 37\hat{s}^2 + 23\hat{s} + (100K - 61)$$

列劳斯表

s^3	1	23		
s^2	37	$100K - 61$		
s^1	$(37 \times 23 + 61 - 100K)/37$	0	→	$K < 9.12$
s^0	$100K - 61$	0	→	$K > 0.61$

因此，使系统极点全部落在 s 平面 $s = -1$ 左边的 K 值范围是 $0.61 < K < 9.12$。

【例 5-34】已知某系统的信号流图如图 5-36 所示。

（1）求系统函数 $H(s) = \dfrac{Y(s)}{X(s)}$；

（2）欲使系统为稳定系统，求 K 值范围。

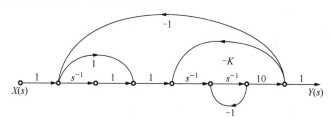

图 5-36　例 5-34 系统信号流图

解：（1）利用 Mason 公式

$$H(s) = \frac{Y(s)}{X(s)} = \frac{1}{\Delta}\sum_k P_k \Delta_k = \frac{10(s+1)}{s^3 + s^2 + s(10K+10) + 10}$$

（2）列劳斯表

s^3	1	$10K + 10$		
s^2	1	10		
s^1	$10K$	0	→	$K > 0$
s^0	10	0		

当 $k > 0$ 时，系统稳定。

【例 5-35】已知某系统的框图如图 5-37 所示。

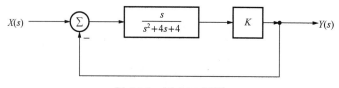

图 5-37　例 5-35 框图

（1）求系统函数 $H(s)=\dfrac{Y(s)}{X(s)}$；（2）欲使系统为稳定系统，求 K 的取值范围；（3）在临界稳定条件下，求系统的单位冲激响应 $h(t)$。

解：（1）利用 Mason 公式

$$H(s)=\dfrac{Y(s)}{F(s)}=\dfrac{\dfrac{Ks}{s^2+4s+4}}{1+\dfrac{Ks}{s^2+4s+4}}=\dfrac{Ks}{s^2+(4-K)s+4}$$

（2）$K<4$ 时，系统稳定。

（3）$K=4$ 时，系统临界稳定，$H(s)=\dfrac{4s}{s^2+4}$

$$h(t)=4\cos(2t)u(t)$$

习 题 五

5-1 求下列函数的拉普拉斯变换，并注明收敛域。

（1）$(1-e^{-t})u(t)$
（2）$(3\sin t+2\cos t)u(t)$
（3）$\cos(2t+45°)u(t)$
（4）$e^{-t}u(t-2)$
（5）$\cos^2(2t)u(t)$
（6）$t^2 e^{-2t}u(t)$
（7）$2\delta(t)-e^{-t}u(t)$
（8）$Sa(t)u(t)$
（9）$\dfrac{1}{t}(1-e^{-at})u(t)$
（10）$(t^3+2t^2+3t+1)u(t)$

5-2 求如图 5-38 所示各信号 $x(t)$ 的象函数 $X(s)$。

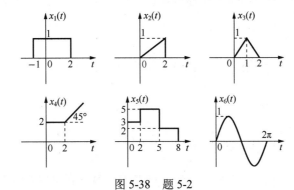

图 5-38 题 5-2

5-3 求下列各拉氏变换式的原函数。

（1）$X(s)=\dfrac{e^{-s}}{s-1}$
（2）$X(s)=\dfrac{1}{s(s+2)^3(s+3)}$
（3）$X(s)=\dfrac{s+1}{s(s^2+2s+2)}$
（4）$X(s)=\dfrac{1}{s^2(s+1)^3}$
（5）$X(s)=\dfrac{1}{s(1-e^{-s})}$
（6）$X(s)=\left[\dfrac{1-e^{-s}}{s}\right]^2$

5-4 求下列象函数 $X(s)$ 原函数的初值 $x(0_+)$ 和终值 $x(\infty)$。

(1) $X(s) = \dfrac{2s+3}{(s+1)^2}$ 　　　　(2) $X(s) = \dfrac{3s+1}{s(s+1)}$

(3) $X(s) = \dfrac{s^3}{s^2+s+1}$ 　　　　(4) $X(s) = \dfrac{1-e^{-2s}}{s(s^2+4)}$

5-5 已知系统微分方程为
$$y''(t) + 3y'(t) + 2y(t) = x'(t) + 3x(t)$$
激励 $x(t) = e^{-3t}u(t)$，系统的起始状态 $y(0_-) = 1$，$y'(0_-) = 2$，求零输入响应、零状态响应和全响应。

5-6 如图 5-39 所示电路，$t<0$ 时 S 打开，电路已工作于稳定状态，$t=0$ 时闭合 S，求 $t>0$ 时关于 $u(t)$ 的零输入响应、零状态响应和全响应。

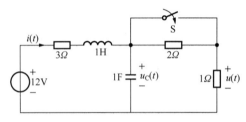

图 5-39　题 5-6

5-7 求下列函数的双边拉普拉斯变换，并注明其收敛域。

(1) $\delta(t)$ 　　　　　　　　　　(2) $u(t)$

(3) $-u(-t)$ 　　　　　　　(4) $x(t) = \begin{cases} e^{2t}, & t<0 \\ e^{-3t}, & t>0 \end{cases}$

5-8 求下列象函数的双边拉普拉斯变换。

(1) $\dfrac{-2}{(s-1)(s-2)}$，$1 < \mathrm{Re}[s] < 3$

(2) $\dfrac{2}{(s+1)(s+3)}$，$-3 < \mathrm{Re}[s] < -1$

(3) $\dfrac{4}{s^2+4}$，$\mathrm{Re}[s] < 0$

(4) $\dfrac{-s+4}{(s^2+4)(s+1)}$，$-1 < \mathrm{Re}[s] < 0$

5-9 求下列方程所描述 LTI 系统的单位冲激响应 $h(t)$ 和单位阶跃响应 $g(t)$。

(1) $y''(t) + 4y'(t) + 3y(t) = x'(t) - 3x(t)$

(2) $y''(t) + y'(t) + y(t) = x'(t) + x(t)$

5-10 已知在零初始条件下，系统的单位阶跃响应为 $g(t) = (1 - 2e^{-2t} + e^{-t})u(t)$，试求系统函数 $H(s)$ 和单位冲激响应 $h(t)$。

5-11 已知某 LTI 系统的阶跃响应 $g(t) = (1-e^{-2t})u(t)$，欲使系统的零状态响应
$$y_{zs}(t) = (1 - e^{-2t} + te^{-2t})u(t)$$
求系统的输入信号 $x(t)$。

5-12 如图 5-40 所示电路，已知 $R=1\Omega$，$C=0.5\text{F}$。若以 $u_1(t)$ 为激励，$u_2(t)$ 为响应，求

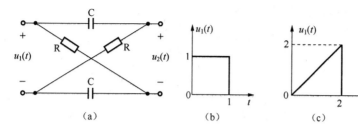

图 5-40 题 5-12

（1）系统函数 $H(s)=\dfrac{U_2(s)}{U_1(s)}$；

（2）单位冲激响应和单位阶跃响应；

（3）输入为如图 5-40（b）所示的矩形脉冲时的零状态响应；

（4）输入为如图 5-40（c）所示的锯齿波时的零状态响应。

5-13 如图 5-41 所示某系统零极点图，已知 $h(0_+)=2$，求该系统的系统函数 $H(s)$。

5-14 如图 5-42 所示某系统零极点图，已知 $h(0_+)=2$，激励 $x(t)=\sin\dfrac{\sqrt{3}}{2}tu(t)$，求系统的正弦稳态响应 $y_s(t)$。

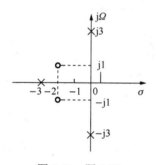

图 5-41 题 5-13

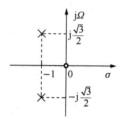

图 5-42 题 5-14

5-15 根据如图 5-43 所示电路，

（1）求 $H(s)=\dfrac{U_2(s)}{U_1(s)}$；

（2）绘制 $H(s)$ 的零极点图；

（3）求电路的频率特性 $H(j\Omega)$，画出幅频特性曲线，说明该系统属于哪类滤波器；

（4）已知激励 $u_1(t)=90\cos(\sqrt{2}t+30°)\text{V}$，求正弦稳态响应 $y_s(t)$。

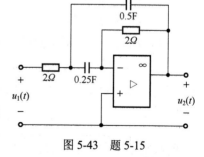

图 5-43 题 5-15

5-16 已知系统的微分方程
$$y'''(t)+5y''(t)+8y'(t)+4y(t)=x'(t)+3x(t)$$

（1）求系统函数 $H(s)=\dfrac{Y(s)}{X(s)}$；

（2）画出系统三种形式的模拟图；

（3）画出系统三种形式的信号流图。

5-17 求如图 5-44 所示的系统函数 $H(s) = \dfrac{Y(s)}{X(s)}$。

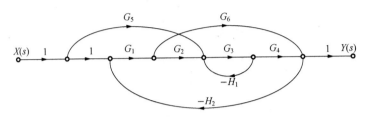

图 5-44 题 5-17

5-18 根据如图 5-45 所示电路，

（1）求 $H(s) = \dfrac{U_2(s)}{U_1(s)}$；

（2）求 K 满足什么条件时系统稳定；

（3）求 $K=2$ 时，系统的单位冲激响应 $h(t)$。

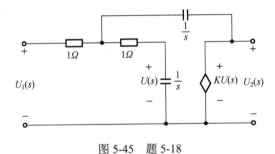

图 5-45 题 5-18

5-19 已知系统的特征方程，试判别系统的稳定性，并确定在右半 s 平面根的个数及纯虚根。

（1）$D(s) = s^5 + 2s^4 + 2s^3 + 4s^2 + 11s + 10 = 0$

（2）$D(s) = s^5 + 3s^4 + 12s^3 + 24s^2 + 32s + 48 = 0$

（3）$D(s) = s^5 + 2s^4 - s - 2 = 0$

（4）$D(s) = s^5 + 2s^4 + 24s^3 + 48s^2 - 25s - 50 = 0$

5-20 如图 5-46 所示系统框图，试确定使系统稳定的 K 值范围。

5-21 如图 5-47 所示系统框图，要求系统特征根的实部不大于 -1，试确定开环增益的取值范围。

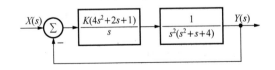

图 5-46 题 5-20

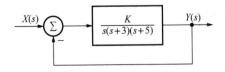

图 5-47 题 5-21

5-22 如图 5-48 所示系统框图，试在满足 $T>0$、$K>1$ 的条件下，确定使系统稳定的 T 和 K 的取值范围，并以 T 和 K 为坐标画出使系统稳定的参数区域图。

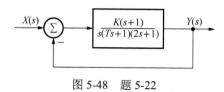

图 5-48 题 5-22

第 6 章　离散信号与系统的 z 域分析

本章介绍离散信号与系统的复频域分析方法，重点介绍了 z 变换的定义和性质，z 反变换的求解方法，利用 z 变换求差分方程，z 域系统函数及应用，系统的模拟图、框图、信号流图与 Mason 公式，离散系统的稳定性分析。

6.1　引　　言

z 变换的历史可以追溯至 18 世纪，早在 1730 年，英国数学家 De Moivre 将生成函数的概念用于概率论的研究，实际上，这种生成函数的形式与 z 变换相同。19 世纪的 Laplace 至 20 世纪的 Seal 等人继续进行了研究，但这些研究仅局限于数学领域中。直到 20 世纪 50 年代，随着采样控制系统和数字计算机的发展，z 变换才在工程领域得到了广泛的应用。z 变换作为一种重要的数学工具，能够将描述离散系统数学模型的差分方程变为代数方程，从而使分析和计算变得简单，其在离散信号和系统的地位和作用类似于连续信号和系统的拉普拉斯变换。

6.2　z 变换

1. 从拉普拉斯变换到 z 变换

对连续时间信号 $x(t)$ 进行均匀冲激理想采样可得到采样信号 $x_s(t)$ 的表达式为

$$x_s(t) = x(t) \cdot \delta_T(t) = \sum_{n=-\infty}^{+\infty} x(nT)\delta(t-nT)$$

对上式取拉普拉斯变换并利用拉式变换的时移性，得到

$$X_s(s) = \sum_{n=-\infty}^{+\infty} x(nT) \mathrm{e}^{-nTs} \tag{6-1}$$

令 $z = \mathrm{e}^{Ts}$，记 $x(nT) = x(n)$，上式将成为复变量 z 的函数，用 $X(z)$ 表示

$$X(z) = \sum_{n=-\infty}^{+\infty} x(n) z^{-n} \tag{6-2}$$

式（6-2）称为离散序列 $x(n)$ 的双边 z 变换。

若 $x(n)$ 是因果序列，(6-2)式中的求和范围变为 $0 \to \infty$，双边 z 变换变为单边 z 变换，见式（6-3）。

$$X(z) = \sum_{n=0}^{+\infty} x(n) z^{-n} \tag{6-3}$$

复变量 s 与 z 的关系为

$$z = \mathrm{e}^{Ts} \tag{6-4}$$

$$s = \frac{1}{T}\ln z \tag{6-5}$$

若 $X(z)$ 是 $x(n)$ 的 z 变换，根据复变函数理论可得由 $X(z)$ 求 $x(n)$ 的公式为

$$x(n) = \frac{1}{2\pi j}\oint_C X(z)z^{n-1}\mathrm{d}z \tag{6-6}$$

其中，C 为 $X(z)$ 收敛域内包围原点的一条逆时针闭合围线，式（6-6）的证明详见 6.4 节。

2. 收敛域

按式（6-2）或式（6-3）定义的 z 变换是 z 的幂级数，显然只有当该幂级数收敛时，z 变换才存在。能使幂级数收敛的复变量 z 在 z 平面上的取值区域，称为 z 变换的收敛域。按照级数理论，式（6-2）所示级数收敛的充要条件是满足绝对可和条件，即

$$\sum_{n=-\infty}^{+\infty}\left|x(n)z^{-n}\right| < \infty \tag{6-7}$$

上式左边构成正项级数，通常可以利用比值判定法或根值判定法来判别正项级数的收敛性。比值判定法是指若有一个正项级数 $\sum_{n=-\infty}^{+\infty}|a_n|$，令

$$\lim_{n\to\infty}\left|\frac{a_{n+1}}{a_n}\right| = \rho \tag{6-8}$$

则当 $\rho < 1$ 时，级数收敛；$\rho > 1$ 时级数发散；$\rho = 1$ 时级数可能收敛也可能发散。

根值判定法是指若有一个正项级数 $\sum_{n=-\infty}^{+\infty}|a_n|$，令

$$\lim_{n\to\infty}\sqrt[n]{|a_n|} = \rho \tag{6-9}$$

则当 $\rho < 1$ 时，级数收敛；$\rho > 1$ 时，级数发散；$\rho = 1$ 时，级数可能收敛也可能发散。

下面讨论序列特性对 z 变换收敛域的影响。

1）有限长序列

这类序列只在有限区间 $n_1 \leq n \leq n_2$ 内有非零的有限值，其 z 变换为

$$X(z) = \sum_{n=-\infty}^{+\infty}x(n)z^{-n} = \sum_{n=-n_1}^{n_2}x(n)z^{-n}$$

对于该有限项级数，显然有

① 当 $n_1 < 0 < n_2$ 时，除 $z = 0$ 和 $z = \infty$ 外，$X(z)$ 在 z 平面上处处收敛，即收敛域为 $0 < |z| < \infty$；

② 当 $n_1 < n_2 < 0$ 时，除 $z = \infty$ 外，$X(z)$ 在 z 平面上处处收敛，即收敛域为 $0 \leq |z| < \infty$；

③ 当 $0 < n_1 < n_2$ 时，除 $z = 0$ 外，$X(z)$ 在 z 平面上处处收敛，即收敛域为 $0 < |z| \leq \infty$；

④ 当 $n_1 = n_2 = 0$ 时，$X(z)$ 在 z 平面上处处收敛，即收敛域为 $0 \leq |z| \leq \infty$。

2）右边序列

这类序列是有始无终序列，即当 $n < n_1$ 时，$x(n) = 0$，其 z 变换为

$$X(z) = \sum_{n=-\infty}^{+\infty}x(n)z^{-n} = \sum_{n=n_1}^{\infty}x(n)z^{-n}$$

由式（6-9），若满足

$$\lim_{n\to\infty}\sqrt[n]{|x(n)z^{-n}|}<1$$

即

$$|z|>\lim_{n\to\infty}\sqrt[n]{|x(n)|}=R_{x1}$$

则该级数收敛。其中，R_{x1} 是级数的收敛半径，即右边序列的收敛域是半径为 R_{x1} 的圆外。

① 当 $n_1 \geqslant 0$ 时，收敛域包括 $z=\infty$，即 $R_{x1}<|z|$；

② 当 $n_1 < 0$ 时，收敛域不包括 $z=\infty$，即 $R_{x1}<|z|<\infty$。

显然，当 $n_1 = 0$ 时，右边序列即为因果序列，也就是说，因果序列的收敛域为 $|z|>R_{x1}$。

3）左边序列

这类序列是无始有终序列，即当 $n>n_2$ 时，$x(n)=0$，其 z 变换为

$$X(z)=\sum_{n=-\infty}^{+\infty}x(n)z^{-n}=\sum_{n=-\infty}^{n_2}x(n)z^{-n}$$

令 $m=-n$，上式变为

$$X(z)=\sum_{m=-n_2}^{\infty}x(-m)z^{m}$$

再令 $n=m$，则

$$X(z)=\sum_{n=-n_2}^{\infty}x(-n)z^{n}$$

由式（6-9），若满足

$$\lim_{n\to\infty}\sqrt[n]{|x(-n)z^{n}|}<1$$

即

$$|z|<\frac{1}{\lim_{n\to\infty}\sqrt[n]{|x(-n)|}}=R_{x2}$$

则该级数收敛。其中，R_{x2} 是级数的收敛半径，即左边序列的收敛域是半径为 R_{x2} 的圆内。

① 当 $n_2 \leqslant 0$ 时，收敛域包括 $z=0$，即 $|z|<R_{x2}$；

② 当 $n_2 > 0$ 时，收敛域不包括 $z=0$，即 $0<|z|<R_{x2}$。

4）双边序列

该类序列是无始无终序列，可看成左边序列与右边序列之和，其 z 变换为

$$X(z)=\sum_{n=-\infty}^{\infty}x(n)z^{-n}=\sum_{n=-\infty}^{-1}x(n)z^{-n}+\sum_{n=0}^{\infty}x(n)z^{-n}$$

上式右边第一个序列为左边序列，其收敛域为 $|z|<R_{x2}$，第二个序列为右边序列，其收敛域为 $|z|>R_{x1}$。如果 $R_{x2}>R_{x1}$，则 $X(z)$ 的收敛域为二者的重叠部分，即 $R_{x1}<|z|<R_{x2}$；如果 $R_{x2}<R_{x1}$，则两个级数不存在重叠的公共区间，此时 $X(z)$ 不收敛，即不存在 z 变换。

上面讨论了各种序列双边 z 变换的收敛域情况，显然，收敛域取决于序列的形式。为便于对比，将上述几类序列的收敛域列于表 6-1。需说明的是，任何序列的单边 z 变换收敛域和因果序列的收敛域类同，都是 $|z|>R_{x1}$。

表 6-1 序列的形式与双边 z 变换收敛域的关系

序列形式	z 变换收敛域
有限长序列：$n_1<0$, $n_2>0$	$0<|z|<\infty$
有限长序列：$n_1\geq 0$, $n_2\geq 0$	$|z|>0$
有限长序列：$n_1<0$, $n_2\leq 0$	$|z|<\infty$
右边序列：$n_1<0$, $n_2=\infty$	$R_{x1}<|z|<\infty$
右边序列：$n_1\geq 0$, $n_2=\infty$	$R_{x1}<|z|$
左边序列：$n_1=-\infty$, $n_1>0$	$0<|z|<R_{x2}$
左边序列：$n_1=-\infty$, $n_2\leq 0$	$|z|<R_{x2}$
双边序列：$n_1=-\infty$, $n_2=\infty$	$R_{x1}<|z|<R_{x2}$

3. 常用信号的 z 变换

（1）单位冲激序列 $\delta(n)$。

$$X(z) = \sum_{n=-\infty}^{\infty} \delta(n) z^{-n} = 1$$

收敛域为整个 z 平面。

（2）单位阶跃序列 $u(n)$。

$$X(z) = \sum_{n=-\infty}^{\infty} u(n) z^{-n} = \sum_{n=0}^{\infty} z^{-n}$$
$$= 1 + z^{-1} + z^{-2} + \cdots$$

当 $|z^{-1}| < 1$ 即 $|z| > 1$ 时，上式无穷等比级数收敛，$X(z) = \dfrac{1}{1-z^{-1}} = \dfrac{z}{z-1}$，收敛域即为 $|z| > 1$。

（3）单边指数序列 $a^n u(n)$。

$$X(z) = \sum_{n=-\infty}^{\infty} a^n u(n) z^{-n} = \sum_{n=0}^{\infty} (az^{-1})^n$$
$$= 1 + az^{-1} + (az^{-1})^2 + \cdots$$

当 $|az^{-1}| < 1$，即 $|z| > a$ 时，$X(z) = \dfrac{1}{1-az^{-1}} = \dfrac{z}{z-a}$，收敛域即为 $|z| > a$。

（4）单位斜变序列 $nu(n)$。

$$X(z) = \sum_{n=-\infty}^{\infty} nu(n) z^{-n} = \sum_{n=0}^{\infty} n z^{-n}$$

因为

$$\sum_{n=0}^{\infty} z^{-n} = \frac{1}{1-z^{-1}} \qquad (|z| > 1)$$

将上式两边分别对 z^{-1} 求导得

$$\sum_{n=0}^{\infty} n(z^{-1})^{n-1} = \frac{1}{(1-z^{-1})^2}$$

两边同乘 z^{-1} 得单位斜变序列 $nu(n)$ 的 z 变换

$$X(z) = \sum_{n=0}^{\infty} n z^{-n} = \frac{z}{(z-1)^2}$$

收敛域为 $|z| > 1$。

上式两边再对 z^{-1} 求导还可得

$$ZT[n^2 u(n)] = \frac{z(z+1)}{(z-1)^3}$$

$$ZT[n^3 u(n)] = \frac{z(z^2+4z+1)}{(z-1)^4}$$

表 6-2 给出了常用序列的 z 变换及收敛域。

表 6-2 常用序列的 z 变换及收敛域

序 列	z 变换	收 敛 域
$\delta(n)$	1	整个 z 平面
$u(n)$	$\dfrac{z}{z-1}$	$|z|>1$
$-u(-n-1)$	$\dfrac{z}{z-1}$	$|z|<1$
$a^n u(n)$	$\dfrac{z}{z-a}$	$|z|>|a|$
$-a^n u(-n-1)$	$\dfrac{z}{z-a}$	$|z|<|a|$
$R_N(n)$	$\dfrac{z^N-1}{z^{N-1}(z-1)}$	$|z|>0$
$nu(n)$	$\dfrac{z}{(z-1)^2}$	$|z|>1$
$na^n u(n)$	$\dfrac{az}{(z-a)^2}$	$|z|>|a|$
$-na^n u(-n-1)$	$\dfrac{az}{(z-a)^2}$	$|z|<|a|$
$e^{-j\omega_0 n} u(n)$	$\dfrac{z}{z-e^{-j\omega_0}}$	$|z|>1$
$\sin(\omega_0 n)u(n)$	$\dfrac{z\sin\omega_0}{z^2-2z\cos\omega_0+1}$	$|z|>1$
$\cos(\omega_0 n)u(n)$	$\dfrac{z(z-\cos\omega_0)}{z^2-2z\cos\omega_0+1}$	$|z|>1$
$\beta^n \sin(\omega_0 n)u(n)$	$\dfrac{\beta z\sin\omega_0}{z^2-2\beta z\cos\omega_0+\beta^2}$	$|z|>|\beta|$
$\beta^n \cos(\omega_0 n)u(n)$	$\dfrac{z(z-\beta\cos\omega_0)}{z^2-2\beta z\cos\omega_0+\beta^2}$	$|z|>|\beta|$
$\dfrac{(n+1)\cdots(n+m)}{m!}a^n u(n)$	$\dfrac{z^{m+1}}{(z-a)^{m+1}}$	$|z|>|a|$

6.3 z 变换的性质

序列的 z 变换既可以利用定义求解，也可借助已知的 z 变换和 z 变换的性质来求解；反之，在求 z 反变换时，也常用到 z 变换的性质。另外，z 变换的性质也揭示了序列的时域特性和 z 变换特性之间的内在联系。下面的一些性质若无特别说明，既适用于单边也适用于双边 z 变换。

1. 线性

若 $x_1(n) \leftrightarrow X_1(z)$（$\alpha_1 < |z| < \beta_1$），$x_2(n) \leftrightarrow X_2(z)$（$\alpha_2 < |z| < \beta_2$），其中，$k_1$、$k_2$ 为任意常数（实数或复数），则

$$k_1 x_1(n) + k_2 x_2(n) \leftrightarrow k_1 X_1(z) + k_2 X_2(z) \tag{6-10}$$

其收敛域为 $X_1(z)$ 和 $X_2(z)$ 收敛域的重叠部分，记做 $\max(\alpha_1,\ \alpha_2)<|z|<\min(\beta_1,\ \beta_2)$，若无公

共收敛域，则式（6-10）不存在。另外，如若这些组合中某些零点与极点相抵消，则收敛域可能扩大。

【例6-1】 已知 $x_1(n) = u(n)$，$x_2(n) = (2)^n u(-n-1) + \left(\dfrac{1}{2}\right)^n u(n)$，求 $x_1(n) - x_2(n)$ 的 z 变换。

解：

$$x_1(n) = u(n) \leftrightarrow \frac{z}{z-1}, \quad |z| > 1$$

$$\left(\frac{1}{2}\right)^n u(n) \leftrightarrow \frac{z}{z-\dfrac{1}{2}}, \quad |z| > \frac{1}{2}$$

$$(2)^n u(-n-1) \leftrightarrow \frac{-z}{z-2}, \quad |z| < 2$$

根据线性

$$x_2(n) = (2)^n u(-n-1) + \left(\frac{1}{2}\right)^n u(n) \leftrightarrow \frac{z}{z-\dfrac{1}{2}} + \frac{-z}{z-2}$$

$$= \frac{-\dfrac{3}{2}z}{\left(z-\dfrac{1}{2}\right)(z-2)}, \quad \frac{1}{2} < |z| < 2$$

$$x_1(n) - x_2(n) = \frac{z}{z-1} - \frac{-\dfrac{3}{2}z}{\left(z-\dfrac{1}{2}\right)(z-2)} = \frac{z\left(z^2 - z - \dfrac{1}{2}\right)}{(z-1)\left(z-\dfrac{1}{2}\right)(z-2)}, \quad 1 < |z| < 2$$

2. 移序性

单边与双边 z 变换的移序性有重要区别，这是因为二者定义中的求和下限不同。

1）双边 z 变换的移序性

若 $x(n) \leftrightarrow X(z)$，则

$$x(n \pm m) \leftrightarrow z^{\pm m} X(z)$$

其中，m 为正整数。

证明：根据双边 z 变换的定义，可得

$$\mathrm{ZT}[x(n-m)] = \sum_{n=-\infty}^{+\infty} x(n-m) z^{-n}$$

$$= \sum_{n=-\infty}^{+\infty} x(n-m) z^{-(n-m)} \cdot z^{-m} \tag{6-11}$$

$$= z^{-m} \sum_{k=-\infty}^{+\infty} x(k) z^{-k}$$

$$= z^{-m} X(z)$$

同理可证序列左移的双边 z 变换

$$x(n+m) \leftrightarrow z^m X(z) \tag{6-12}$$

由式（6-11）和式（6-12）可以看出，序列的移位只会使 z 变换在 $z=0$ 或 $z=\infty$ 处的零极点情况发生变化。如果 $x(n)$ 是双边序列，$X(z)$ 的收敛域为环形区域，这种情况下序列移位并不会使 z 变换收敛域发生变化。

2）单边 z 变换的移序性

若 $x(n)$ 是双边序列，其单边 z 变换为

$$x(n)u(n) \leftrightarrow X(z)$$

则序列左移后，其单边 z 变换为

$$x(n+m)u(n) \leftrightarrow z^m\left[X(z)-\sum_{k=0}^{m-1}x(k)z^{-k}\right] \tag{6-13}$$

证明：根据单边 z 变换的定义，可得

$$\begin{aligned}
\text{ZT}[x(n+m)u(n)] &= \sum_{n=0}^{+\infty}x(n+m)z^{-n} \\
&= z^m\sum_{n=0}^{+\infty}x(n+m)z^{-(n+m)} \\
&= z^m\sum_{k=m}^{+\infty}x(k)z^{-k} \\
&= z^m\left[\sum_{k=0}^{+\infty}x(k)z^{-k}-\sum_{k=0}^{m-1}x(k)z^{-k}\right] \\
&= z^m\left[X(z)-\sum_{k=0}^{m-1}x(k)z^{-k}\right]
\end{aligned}$$

同样可证序列右移的单边 z 变换

$$x(n-m)u(n) \leftrightarrow z^{-m}\left[X(z)+\sum_{k=-m}^{-1}x(k)z^{-k}\right] \tag{6-14}$$

若 $x(n)$ 是因果序列，则式（6-14）右边的 $\sum_{k=-m}^{-1}x(k)z^{-k}$ 项都等于零，此时序列右移后的单边 z 变换变为

$$x(n-m)u(n) \leftrightarrow z^{-m}X(z)$$

而序列左移后的单边 z 变换仍为式（6-13）。

【例 6-2】 已知 $x(n)=a^n$ 的单边 z 变换为 $X(z)=\dfrac{z}{z-a}$，$|z|>|a|$，求 $x_1(n)=a^{n-2}$ 和 $x_2(n)=a^{n+2}$ 的单边 z 变换。

解：由于 $x_1(n)=x(n-2)$，由式（6-14）得

$$\begin{aligned}
x_1(n) &\leftrightarrow z^{-2}X(z)+x(-2)+z^{-1}x(-1) = z^{-2}\frac{z}{z-a}+a^{-2}+a^{-1}z^{-1} \\
&= \frac{a^{-2}z}{z-a},\ |z|>|a|
\end{aligned}$$

实际上，$x_1(n)=a^{n-2}=a^{-2}a^n=a^{-2}x(n)$，故有 $x_1(n) \leftrightarrow a^{-2}X(z)=\dfrac{a^{-2}z}{z-a}$。

由于 $x_2(n)=x(n+2)$，由式（6-13）得

$$x_2(n) \leftrightarrow z^2 X(z) - x(0)z^2 - x(1)z = z^2 \frac{z}{z-a} - z^2 - az$$

$$= \frac{a^2 z}{z-a}, \quad |z| > |a|$$

【例 6-3】求周期为 N 的有始周期性单位冲激序列 $\sum\limits_{m=0}^{+\infty} \delta(n-mN)$ 的 z 变换。

解：

$$\sum_{m=0}^{+\infty} \delta(n-mN) \leftrightarrow \sum_{m=0}^{+\infty} z^{-mN} = \frac{1}{1-z^{-N}} = \frac{z^N}{z^N - 1}, \quad |z| > 1$$

3. z 域尺度变换（序列指数加权）

若 $x(n) \leftrightarrow X(z)$（$\alpha < |z| < \beta$），且有常数 $a \neq 0$（实数或复数），则

$$a^n x(n) \leftrightarrow X(\frac{z}{a}), \quad |a|\alpha < |z| < |a|\beta$$

即序列 $x(n)$ 乘以指数序列 a^n 相应于在 z 域的展缩。

证明：

$$ZT[a^n x(n)] = \sum_{n=-\infty}^{+\infty} a^n x(n) z^{-n} = \sum_{n=-\infty}^{+\infty} x(n)\left(\frac{z}{a}\right)^{-n} = X\left(\frac{z}{a}\right) \quad (6\text{-}15)$$

因为 $\alpha < \left|\dfrac{z}{a}\right| < \beta$，得到 $|a|\alpha < |z| < |a|\beta$。

例如有 $u(n) \leftrightarrow \dfrac{z}{z-1}$，$a^n u(n) \leftrightarrow \dfrac{\dfrac{z}{a}}{\dfrac{z}{a}-1} = \dfrac{z}{z-a}$。

4. z 域微分（序列线性加权）

若 $x(n) \leftrightarrow X(z)$（$\alpha < |z| < \beta$），则

$$nx(n) \leftrightarrow -z\frac{\mathrm{d}}{\mathrm{d}z} X(z), \quad \alpha < |z| < \beta \quad (6\text{-}16)$$

证明：

$$X(z) = \sum_{n=-\infty}^{+\infty} x(n) z^{-n}$$

将上式两边对 z 求导，得

$$\frac{\mathrm{d}X(z)}{\mathrm{d}z} = \frac{\mathrm{d}}{\mathrm{d}z}\left[\sum_{n=-\infty}^{+\infty} x(n) z^{-n}\right] = \sum_{n=-\infty}^{+\infty} x(n) \frac{\mathrm{d}}{\mathrm{d}z}(z^{-n}) = \sum_{n=-\infty}^{+\infty} (-n) x(n) z^{-n-1} = -z^{-1} \sum_{n=-\infty}^{+\infty} n x(n) z^{-n}$$

即 $nx(n) \leftrightarrow -z\dfrac{\mathrm{d}}{\mathrm{d}z} X(z)$，序列线性加权（乘 n）等效于其 z 变换求导再乘以（$-z$）。

用同样的方法，可以得到

$$n^m x(n) \leftrightarrow \left[-z\frac{\mathrm{d}}{\mathrm{d}z}\right]^m X(z)$$

其中，符号 $\left[-z\dfrac{\mathrm{d}}{\mathrm{d}z}\right]^m$ 表示 $-z\dfrac{\mathrm{d}}{\mathrm{d}z}\left\{-z\dfrac{\mathrm{d}}{\mathrm{d}z}\left[-z\dfrac{\mathrm{d}}{\mathrm{d}z}\cdots\left(-z\dfrac{\mathrm{d}}{\mathrm{d}z}X(z)\right)\right]\right\}$，共求导 m 次。

例如 $u(n)\leftrightarrow\dfrac{z}{z-1}$，$nu(n)\leftrightarrow -z\dfrac{\mathrm{d}}{\mathrm{d}z}\left(\dfrac{z}{z-1}\right)=\dfrac{z}{(z-1)^2}$。

5. z 域积分（序列除以 $n+m$）

若 $x(n)\leftrightarrow X(z)$（$\alpha<|z|<\beta$），设有整数 m，$n+m>0$，则

$$\dfrac{x(n)}{n+m}\leftrightarrow z^m\int_z^\infty \dfrac{X(\eta)}{\eta^{m+1}}\mathrm{d}\eta，\quad \alpha<|z|<\beta \tag{6-17}$$

证明：

$$\mathrm{ZT}\left[\dfrac{x(n)}{n+m}\right]=\sum_{n=-\infty}^{+\infty}\dfrac{x(n)}{n+m}z^{-n}=z^m\sum_{n=-\infty}^{+\infty}\dfrac{x(n)}{n+m}z^{-(n+m)}=z^m\sum_{n=-\infty}^{+\infty}x(n)\int_z^\infty \eta^{-(n+m+1)}\mathrm{d}\eta$$

$$=z^m\int_z^\infty\sum_{n=-\infty}^{+\infty}x(n)\eta^{-n}\eta^{-(m+1)}\mathrm{d}\eta=z^m\int_z^\infty X(\eta)\eta^{-(m+1)}\mathrm{d}\eta=z^m\int_z^\infty\dfrac{X(\eta)}{\eta^{m+1}}\mathrm{d}\eta$$

当 $m=0$ 时，有

$$\dfrac{x(n)}{n}\leftrightarrow\int_z^\infty\dfrac{X(\eta)}{\eta}\mathrm{d}\eta \tag{6-18}$$

【例 6-4】 求序列 $\dfrac{1}{n+1}u(n)$ 的 z 变换。

解：因为

$$u(n)\leftrightarrow\dfrac{z}{z-1}$$

根据式 (6-18)，有（本例 $m=1$）

$$\dfrac{1}{n+1}u(n)\leftrightarrow z\int_z^\infty\dfrac{\eta}{(\eta-1)\eta^2}\mathrm{d}\eta$$

其中

$$\int_z^\infty\dfrac{\eta}{(\eta-1)\eta^2}\mathrm{d}\eta=\int_z^\infty\left(\dfrac{1}{\eta-1}-\dfrac{1}{\eta}\right)\mathrm{d}\eta=\ln\left(\dfrac{\eta-1}{\eta}\right)\bigg|_z^\infty=\ln\left(\dfrac{z}{z-1}\right)$$

所以

$$\dfrac{1}{n+1}u(n)\leftrightarrow z\ln\left(\dfrac{z}{z-1}\right)，\quad |z|>1$$

6. 共轭序列 z 变换

若 $x(n)\leftrightarrow X(z)$（$\alpha<|z|<\beta$），则

$$x^*(n)\leftrightarrow X^*(z^*)，\quad \alpha<|z|<\beta \tag{6-19}$$

证明：

$$\mathrm{ZT}[x^*(n)]=\sum_{n=-\infty}^{+\infty}x^*(n)z^{-n}=\sum_{n=-\infty}^{+\infty}[x(n)(z^*)^{-n}]^*=\left[\sum_{n=-\infty}^{+\infty}x(n)(z^*)^{-n}\right]^*=X^*(z^*)$$

7. 翻褶序列 z 变换

若 $x(n) \leftrightarrow X(z)$（$\alpha < |z| < \beta$），则

$$x(-n) \leftrightarrow X(z^{-1}), \quad \frac{1}{\beta} < |z| < \frac{1}{\alpha} \tag{6-20}$$

证明：

$$\text{ZT}[x(-n)] = \sum_{n=-\infty}^{+\infty} x(-n) z^{-n} = \sum_{n=-\infty}^{+\infty} x(n) z^{n}$$

$$= \sum_{n=-\infty}^{+\infty} x(n) (z^{-1})^{-n}$$

$$= X(z^{-1})$$

8. 部分和 z 变换

若 $x(n) \leftrightarrow X(z)$（$\alpha < |z| < \beta$），取 $x(n)$ 的前 n 项之和为 $v(n)$，则

$$v(n) = \sum_{i=0}^{n} x(i) \leftrightarrow \frac{z}{z-1} X(z), \quad \max(\alpha, 1) < |z| < \beta \tag{6-21}$$

证明：

$$v(n) = \sum_{i=0}^{n} x(i) = \sum_{i=0}^{n-1} x(i) + x(n), \quad \text{则 } v(n) = v(n-1) + x(n), \text{ 两边取 } z \text{ 变换有}$$

$$V(z) = z^{-1} V(z) + X(z)$$

求得

$$V(z) = \frac{z}{z-1} X(z)$$

【例 6-5】 求序列 $\sum_{i=0}^{n} u(i) = (n+1) u(n)$ 的 z 变换。

解：因为

$$u(n) \leftrightarrow \frac{z}{z-1}, \quad |z| > 1$$

根据式（6-21），有

$$(n+1) u(n) \leftrightarrow \frac{z}{z-1} \cdot \frac{z}{z-1} = \frac{z^2}{(z-1)^2}, \quad |z| > 1$$

事实上

$$\sum_{i=0}^{n} u(i) = (n+1) u(n) = n u(n) + u(n) \leftrightarrow \frac{z}{(z-1)^2} + \frac{z}{z-1} = \frac{z^2}{(z-1)^2}, \quad |z| > 1$$

9. 初值定理

若 $x(n)$ 是在 $n < M$ 时等于 0 的右边序列，$x(n) \leftrightarrow X(z)$，则

$$\begin{aligned} x(M) &= \lim_{z \to \infty} z^{M} X(z) \\ x(M+1) &= \lim_{z \to \infty} [z^{M+1} X(z) - z x(M)] \\ x(M+2) &= \lim_{z \to \infty} [z^{M+2} X(z) - z^2 x(M) - z x(M+1)] \end{aligned} \tag{6-22}$$

证明：
$$X(z) = \sum_{n=-\infty}^{+\infty} x(n)z^{-n} = \sum_{n=M}^{+\infty} x(n)z^{-n}$$
$$= x(M)z^{-M} + x(M+1)z^{-(M+1)} + x(M+2)z^{-(M+2)} + \cdots$$

上式两端同乘 z^M，有
$$z^M X(z) = x(M) + x(M+1)z^{-1} + x(M+2)z^{-2} + \cdots \quad (6-23)$$

当 $z \to \infty$ 时，上式右边的级数中除了第一项 $x(M)$ 外，其余各项都趋于零，所以
$$x(M) = \lim_{z \to \infty} z^M X(z)$$

将式（6-23）中的 $x(M)$ 移到等式左边，在等式两边同乘 z，得
$$z^{M+1} X(z) - zx(M) = x(M+1) + x(M+2)z^{-1} + \cdots$$

当 $z \to \infty$ 时，上式右边的级数中除了第一项 $x(M+1)$ 外，其余各项都趋于零，所以
$$x(M+1) = \lim_{z \to \infty} [z^{M+1} X(z) - zx(M)]$$

同理可得 $x(M+2)$，$x(M+3)$，…。由初值定理可以看出，对一个因果序列来说，如果 $x(0)$ 为有限值，则 $\lim_{z \to \infty} X(z)$ 就是有限值。如果将 $X(z)$ 表示成 z 的两个多项式之比，那么分子多项式的阶次一定小于分母多项式的阶次。

10．终值定理

若 $x(n)$ 是因果序列，$x(n) \leftrightarrow X(z)$，$X(z)$ 的极点除了可以有一个一阶极点在 $z=1$ 上，其他极点均在单位圆内，则
$$x(\infty) = \lim_{n \to \infty} x(n) = \lim_{z \to 1}(z-1)X(z) \quad (6-24)$$

证明：
$$(z-1)X(z) = \sum_{n=-\infty}^{+\infty} [x(n+1) - x(n)]z^{-n}$$

因为 $x(n)$ 是因果序列，$x(n) = 0$，$n < 0$，所以
$$(z-1)X(z) = \lim_{n \to \infty}\left[\sum_{m=-1}^{n} x(m+1)z^{-m} - \sum_{m=0}^{n} x(m)z^{-m}\right]$$

因为 $(z-1)X(z)$ 在单位圆上无极点，上式两端对 $z=1$ 取极限
$$\lim_{z \to 1}(z-1)X(z) = \lim_{n \to \infty}\left[\sum_{m=-1}^{n} x(m+1) - \sum_{m=0}^{n} x(m)\right]$$
$$= \lim_{n \to \infty}[x(0) + x(1) + \cdots + x(n+1) - x(0) - x(1) - \cdots - x(n)]$$
$$= \lim_{n \to \infty} x(n+1) = \lim_{n \to \infty} x(n)$$

【例6-6】 某因果序列 $x(n)$ 的 z 变换为 $X(z) = \dfrac{z}{z-a}$，$|z| > |a|$，求 $x(0)$、$x(1)$、$x(2)$ 和 $x(\infty)$。

解：
（1）初值：由式（6-22）得
$$x(0) = \lim_{z \to \infty} \frac{z}{z-a} = 1$$

$$x(1) = \lim_{z \to \infty}\left[z\frac{z}{z-a} - z\right] = a$$

$$x(2) = \lim_{z \to \infty}\left[z^2\frac{z}{z-a} - z^2 - za\right] = a^2$$

实际上，原序列 $x(n) = a^n u(n)$，不难验证上述结果。

（2）终值：由式（6-24）似乎可以得

$$x(\infty) = \lim_{z \to 1}(z-1)\frac{z}{z-a} = \begin{cases} 0, & |a| < 1 \\ 1, & a = 1 \\ 0, & a = -1 \\ 0, & |a| > 1 \end{cases}$$

对于 $|a| < 1$，$z = 1$ 在 $X(z)$ 的收敛域内，终值定理成立，有 $x(\infty) = 0$，实际上原序列 $x(n) = a^n u(n)$，当 $|a| < 1$ 时，不难验证上述结果；

对于 $a = 1$，$z = 1$ 是 $X(z)$ 的一阶极点，终值定理成立，实际上，$x(n) = a^n u(n) = u(n)$，有 $x(\infty) = 1$ 成立；

对于 $a = -1$，$z = -1$ 是 $X(z)$ 的一阶极点，不在单位圆内，终值定理不成立，实际上，$x(n) = a^n u(n) = (-1)^n u(n)$，这时 $\lim_{n \to \infty}(-1)^n u(n)$ 不收敛，因此终值定理并不成立；

对于 $|a| > 1$，一阶极点 $z = a$ 不在单位圆内，终值定理不成立，实际上，$x(n) = a^n u(n)$，这时 $\lim_{n \to \infty} a^n u(n)$ 也不收敛，因此终值定理也不成立。

11. 卷积定理

1）时域卷积定理

若 $x(n) \leftrightarrow X(z)$（$\alpha_1 < |z| < \beta_1$），$h(n) \leftrightarrow H(z)$（$\alpha_2 < |z| < \beta_2$），则

$$x(n) * h(n) \leftrightarrow X(z)H(z) \tag{6-25}$$

其收敛域为 $X(z)$ 和 $H(z)$ 收敛域的重叠部分，记做 $\max(\alpha_1, \alpha_2) < |z| < \min(\beta_1, \beta_2)$，若无公共收敛域，式（6-25）不存在。若位于某一个 z 变换收敛域边缘上的极点被另一个 z 变换的零点抵消，则收敛域将会扩大。

证明：

$$\begin{aligned}
\mathrm{ZT}[x(n) * h(n)] &= \sum_{n=-\infty}^{+\infty}\left[x(n) * h(n)\right]z^{-n} \\
&= \sum_{n=-\infty}^{+\infty}\left[\sum_{m=-\infty}^{+\infty}\left[x(m) \cdot h(n-m)\right]\right]z^{-n} \\
&= \sum_{m=-\infty}^{+\infty}x(m)\sum_{n=-\infty}^{+\infty}h(n-m)z^{-(n-m)}z^{-m} \\
&= \sum_{m=-\infty}^{+\infty}x(m)z^{-m}H(z) \\
&= X(z)H(z)
\end{aligned}$$

该性质说明两序列在时域中的卷积等效于在 z 域中两序列 z 变换的乘积。若 $x(n)$ 与 $h(n)$ 分别为线性时不变离散系统的激励序列和单位冲激响应，那么在求系统的响应序列 $y(n)$ 时，

可以避免卷积运算，而是借助式（6-25）通过计算 $X(z)H(z)$ 的逆变换求 $y(n)$。

2）z 域卷积定理

若 $x_1(n) \leftrightarrow X_1(z)$ （$\alpha_1 < |z| < \beta_1$），$x_2(n) \leftrightarrow X_2(z)$ （$\alpha_2 < |z| < \beta_2$），则

$$x_1(n) \cdot x_2(n) \leftrightarrow \frac{1}{2\pi j} \oint_C X_1(v) X_2\left(\frac{z}{v}\right) \frac{dv}{v} \tag{6-26}$$

式中 C 为 $X_1(v)$ 与 $X_2\left(\dfrac{z}{v}\right)$ 收敛域重叠部分内逆时针旋转的围线，$ZT[x_1(n) \cdot x_2(n)]$ 的收敛域为 $\alpha_1\alpha_2 < |z| < \beta_1\beta_2$。式（6-26）中 v 平面上，被积函数的收敛域为

$$\max\left(\alpha_1, \frac{|z|}{\beta_2}\right) < |v| < \min\left(\beta_1, \frac{|z|}{\alpha_2}\right)$$

证明：

$$\begin{aligned}
ZT[x_1(n) \cdot x_2(n)] &= \sum_{n=-\infty}^{+\infty} x_1(n) x_2(n) z^{-n} \\
&= \sum_{n=-\infty}^{+\infty} \left[\frac{1}{2\pi j} \oint_C X_1(v) v^{n-1} dv\right] x_2(n) z^{-n} \\
&= \frac{1}{2\pi j} \oint_C X_1(v) \sum_{n=-\infty}^{+\infty} x_2(n) \left(\frac{z}{v}\right)^{-n} \frac{dv}{v} \\
&= \frac{1}{2\pi j} \oint_C X_1(v) X_2\left(\frac{z}{v}\right) \frac{dv}{v}
\end{aligned}$$

由 $X_1(z)$ 和 $X_2(z)$ 的收敛域，得

$$\alpha_1 < |z| < \beta_1$$
$$\alpha_2 < \left|\frac{z}{v}\right| < \beta_2$$

因此

$$\alpha_1\alpha_2 < |z| < \beta_1\beta_2$$
$$\max\left(\alpha_1, \frac{|z|}{\beta_2}\right) < |v| < \min\left(\beta_1, \frac{|z|}{\alpha_2}\right)$$

12. 帕斯瓦尔（Parseval）定理

若 $x_1(n) \leftrightarrow X_1(z)$ （$\alpha_1 < |z| < \beta_1$），$x_2(n) \leftrightarrow X_2(z)$ （$\alpha_2 < |z| < \beta_2$），且 $\alpha_1\alpha_2 < 1$，$\beta_1\beta_2 > 1$，则

$$\sum_{n=-\infty}^{+\infty} x_1(n) x_2^*(n) = \frac{1}{2\pi j} \oint_C X_1(v) X_2^*\left(\frac{1}{v^*}\right) \frac{dv}{v} \tag{6-27}$$

式中 C 为 $X_1(v)$ 与 $X_2^*\left(\dfrac{1}{v^*}\right)$ 收敛域重叠部分内逆时针旋转的围线，式（6-27）中 v 平面上，被积函数的收敛域为

$$\max\left(\alpha_1, \frac{1}{\beta_2}\right) < |v| < \min\left(\beta_1, \frac{1}{\alpha_2}\right)$$

表 6-3 列出了 z 变换的一些主要性质（定理）。

表 6-3 z 变换的一些主要性质（定理）

性质		序列	z 变换
定义		$x(n) = \dfrac{1}{2\pi j}\oint_C X(z)z^{n-1}dz$	$X(z) = \sum\limits_{n=-\infty}^{+\infty} x(n)z^{-n}$
线性		$k_1 x_1(n) + k_2 x_2(n)$	$k_1 X_1(z) + k_2 X_2(z)$
移序性	双边	$x(n \pm m)$	$z^{\pm m} X(z)$
	单边	$x(n+m)$	$z^m \left[X(z) - \sum\limits_{k=0}^{m-1} x(k)z^{-k} \right]$
		$x(n-m)$	$z^{-m} \left[X(z) + \sum\limits_{k=-m}^{-1} x(k)z^{-k} \right]$
z 域尺度变换		$a^n x(n)$	$X\left(\dfrac{z}{a}\right)$
z 域微分		$n^m x(n)$	$\left[-z\dfrac{d}{dz}\right]^m X(z)$
z 域积分		$\dfrac{x(n)}{n+m}$	$z^m \int_z^\infty \dfrac{X(\eta)}{\eta^{m+1}} d\eta$
共轭		$x^*(n)$	$X^*(z^*)$
翻褶		$x(-n)$	$X\left(\dfrac{1}{z}\right)$
部分和		$\sum\limits_{i=0}^{n} x(i)$	$\dfrac{z}{z-1} X(z)$
卷积定理	时域	$x(n) * h(n)$	$X(z)H(z)$
	z 域	$x_1(n) \cdot x_2(n)$	$\dfrac{1}{2\pi j}\oint_C X_1(v) X_2\left(\dfrac{z}{v}\right)\dfrac{dv}{v}$
初值定理		若 $x(n)$ 是在 $n<M$ 时等于 0 的右边序列，则 $x(M) = \lim\limits_{z\to\infty} z^M X(z)$ $x(M+1) = \lim\limits_{z\to\infty}[z^{M+1}X(z) - zx(M)]$ $x(M+2) = \lim\limits_{z\to\infty}[z^{M+2}X(z) - z^2 x(M) - zx(M+1)]$	
终值定理		若 $x(n)$ 是因果序列，$X(z)$ 的极点除了可以有一个一阶极点在 $z=1$ 上，其他极点均在单位圆内，则 $x(\infty) = \lim\limits_{n\to\infty} x(n) = \lim\limits_{z\to 1}(z-1)X(z)$。	
Parseval 定理		$\sum\limits_{n=-\infty}^{+\infty} x_1(n) x_2^*(n) = \dfrac{1}{2\pi j}\oint X_1(v) X_2^*\left(\dfrac{1}{v^*}\right)\dfrac{dv}{v}$	

6.4 z 反变换

本节研究由象函数 $X(z)$ 和收敛域求原序列 $x(n)$ 的问题。下面首先由 z 变换的定义导出 z 反变换式（6-6）。对（6-2）式左右两端同时乘以 z^{m-1}，然后沿围线 C 积分，得

$$\oint_C X(z)z^{m-1}dz = \oint_C \left[\sum_{n=-\infty}^{+\infty} x(n)z^{-n}\right] z^{m-1}dz = \sum_{n=-\infty}^{+\infty} x(n) \oint_C z^{m-n-1}dz \qquad (6\text{-}28)$$

其中，C 为 $X(z)$ 收敛域内包围原点的一条逆时针闭合围线，如图 6-1 所示。

根据复变函数中的柯西定理，有

$$\oint_C z^{k-1}\mathrm{d}z = \begin{cases} 2\pi\mathrm{j}, & k=0 \\ 0, & k\neq 0 \end{cases}$$

因此，式（6-28）中右端只存在 $m=n$ 一项，其余均为零，式（6-28）变成

$$\oint_C X(z)z^{n-1}\mathrm{d}z = 2\pi\mathrm{j}x(n)$$

即

$$x(n) = \frac{1}{2\pi\mathrm{j}}\oint_C X(z)z^{n-1}\mathrm{d}z \qquad (6\text{-}29)$$

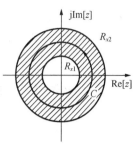

图 6-1 围线路径

得证。

计算 z 反变换的方法有三种：一是对式（6-29）作围线积分（也称为留数法）；二是将 $X(z)$ 部分分式展开，通过查表求出逐项的逆变换再取和；三是幂级数法（长除法）。

1. 围线积分法（留数法）

直接利用式（6-29）计算围线积分是比较麻烦的，而借助于复变函数的留数定理可将围线积分表示为围线 C 内所包含的所有 $X(z)z^{n-1}$ 极点留数之和。设被积函数 $X(z)z^{n-1}$ 在围线 C 内的第 k 个极点用 z_k 表示，则根据留数定理有

$$x(n) = \frac{1}{2\pi\mathrm{j}}\oint_C X(z)z^{n-1}\mathrm{d}z = \sum_k \mathrm{Res}\left[X(z)z^{n-1}\right]_{z=z_k} \qquad (6\text{-}30)$$

式中，Res 表示极点 z_k 处的留数。

如果 z_k 是一阶极点，则 z_k 处的留数为

$$\mathrm{Res}\left[X(z)z^{n-1}\right]_{z=z_k} = \left[(z-z_k)X(z)z^{n-1}\right]_{z=z_k} \qquad (6\text{-}31)$$

如果 z_k 是 m 阶极点，则 z_k 处的留数为

$$\mathrm{Res}\left[X(z)z^{n-1}\right]_{z=z_k} = \frac{1}{(m-1)!}\left\{\frac{\mathrm{d}^{m-1}}{\mathrm{d}z^{m-1}}\left[(z-z_k)^m X(z)z^{n-1}\right]\right\}_{z=z_k} \qquad (6\text{-}32)$$

式（6-32）表明，对于 m 阶极点，需求导 $m-1$ 次，计算比较麻烦。若 C 内有多阶极点，而 C 外没有多阶极点，则可以根据留数辅助定理改求 C 外的所有极点留数和，从而使问题简单化。设 C 外第 l 个极点用 z_l 表示，根据留数辅助定理，有

$$x(n) = \frac{1}{2\pi\mathrm{j}}\oint_C X(z)z^{n-1}\mathrm{d}z = -\sum_l \mathrm{Res}\left[X(z)z^{n-1}\right]_{z=z_l} \qquad (6\text{-}33)$$

注意：式（6-33）只有在 $X(z)z^{n-1}$ 的分母阶次比分子阶次高二阶以上时才成立。

【例 6-7】 已知象函数 $X(z) = \dfrac{z^2}{(4-z)\left(z-\dfrac{1}{4}\right)}$，$\dfrac{1}{4} < |z| < 4$，用留数法求原序列 $x(n)$。

解：

$$x(n) = \frac{1}{2\pi\mathrm{j}}\oint_C X(z)z^{n-1}\mathrm{d}z = \frac{1}{2\pi\mathrm{j}}\oint_C \frac{z^2}{(4-z)\left(z-\dfrac{1}{4}\right)}z^{n-1}\mathrm{d}z$$

$$= \frac{1}{2\pi j} \oint_C \frac{z^{n+1}}{(4-z)\left(z-\frac{1}{4}\right)} dz$$

① 当 $n \geqslant -1$ 时，被积函数 $\dfrac{z^{n+1}}{(4-z)\left(z-\frac{1}{4}\right)}$ 在 C 内只有一阶极点 $z = \dfrac{1}{4}$，由留数定理得

$$x(n) = \text{Res}\left[\frac{z^{n+1}}{(4-z)\left(z-\frac{1}{4}\right)}\right]_{z=\frac{1}{4}} = \left[\left(z-\frac{1}{4}\right)\frac{z^{n+1}}{(4-z)\left(z-\frac{1}{4}\right)}\right]_{z=\frac{1}{4}} = \frac{4^{-n}}{15}$$

② 当 $n < -1$ 时，被积函数 $\dfrac{z^{n+1}}{(4-z)\left(z-\frac{1}{4}\right)}$ 在 C 内有一阶极点 $z = \dfrac{1}{4}$ 和 $-(n+1)$ 阶极点 $z = 0$，而围线 C 外只有一阶极点 $z = 4$，且被积函数的分母阶次高于分子阶次高二阶以上，由留数辅助定理得

$$x(n) = -\text{Res}\left[\frac{z^{n+1}}{(4-z)\left(z-\frac{1}{4}\right)}\right]_{z=4} = -\left[(z-4)\frac{z^{n+1}}{(4-z)\left(z-\frac{1}{4}\right)}\right]_{z=4} = \frac{4^{n+2}}{15}$$

综上所述，$x(n) = \dfrac{4^{-n}}{15} u(n+1) + \dfrac{4^{n+2}}{15} u(-n-2)$。

2. 部分分式法

在离散系统分析中，经常遇到的象函数是 z 的有理分式，仿照拉式反变换的部分分式法，将 $X(z)$ 分解成部分分式和的形式，即

$$X(z) = X_1(z) + X_2(z) + \cdots X_m(z)$$

其中，要求每个部分分式 $X_i(z)$（$i = 1, 2, \cdots, k$）都能比较容易地通过查 z 变换表求出对应的原序列 $x_i(n)$，注意收敛域的问题。这样，$x(n) = x_1(n) + x_2(n) + \cdots x_m(n)$。

【例 6-8】已知象函数 $X(z) = \dfrac{z^2}{(4-z)\left(z-\frac{1}{4}\right)}$，$\dfrac{1}{4} < |z| < 4$，用部分分式法求原序列 $x(n)$。

解：

$$\frac{X(z)}{z} = \frac{z}{(4-z)\left(z-\frac{1}{4}\right)} = \frac{K_1}{z-4} + \frac{K_2}{z-\frac{1}{4}}$$

$$K_1 = \left.\frac{z}{(4-z)\left(z-\frac{1}{4}\right)}(z-4)\right|_{z=4} = -\frac{16}{15}$$

$$K_2 = \frac{z}{(4-z)\left(z-\frac{1}{4}\right)}\left(z-\frac{1}{4}\right)\bigg|_{z=\frac{1}{4}} = \frac{1}{15}$$

因此

$$X(z) = -\frac{16}{15}\frac{z}{z-4} + \frac{1}{15}\frac{z}{z-\frac{1}{4}}$$

因为收敛域

$$\frac{1}{4} < |z| < 4$$

$X(z)$ 的部分分式中第一项的极点为 $z=4$，因此对应收敛域 $|z|<4$，其原始序列应为反因果序列；第二项的极点为 $z=\frac{1}{4}$，因此对应收敛域 $|z|>\frac{1}{4}$，其原始序列应为因果序列。

所以有

$$x(n) = \frac{16}{15}4^n u(-n-1) + \frac{1}{15}\left(\frac{1}{4}\right)^n u(n)$$

3. 幂级数法（长除法）

因为 $x(n)$ 的 z 变换定义为 z^{-1} 的幂级数

$$X(z) = \sum_{n=-\infty}^{+\infty} x(n)z^{-n} = \cdots + x(-1)z^1 + x(0)z^0 + x(1)z^{-1} + x(2)z^{-2} + \cdots$$

所以，只要在给定的收敛域内将 $X(z)$ 展成幂级数，级数的系数就是序列 $x(n)$。如果收敛域为 $|z|>R_{x1}$，则对应序列为因果序列，将 $X(z)$ 的分子、分母按 z 的降幂（或 z^{-1} 的升幂）排列，再利用长除法将 $X(z)$ 展成幂级数；如果收敛域为 $|z|<R_{x2}$，则对应序列为反因果序列，将 $X(z)$ 的分子、分母按 z 的升幂（或 z^{-1} 的降幂）排列，再利用长除法将 $X(z)$ 展成幂级数。

【例 6-9】已知象函数 $X(z) = \dfrac{z^2}{(4-z)\left(z-\dfrac{1}{4}\right)}$，$\dfrac{1}{4}<|z|<4$，用幂级数法求原序列 $x(n)$。

解：因为 $X(z)$ 的收敛域为环状，所以 $x(n)$ 必为双边序列。首先将 $X(z)$ 部分分式展开

$$X(z) = -\frac{16}{15}\frac{z}{z-4} + \frac{1}{15}\frac{z}{z-\frac{1}{4}}$$

$$= \frac{1}{15}\left(\frac{16z}{4-z} + \frac{z}{z-\frac{1}{4}}\right)$$

极点 $z=\dfrac{1}{4}$ 对应因果序列，极点 $z=4$ 对应反因果序列。对上式右边两项分别用长除法如下

$$\begin{array}{r}4z+z^2+\dfrac{1}{4}z^3+\dfrac{1}{16}z^4+\dfrac{1}{64}z^5+\cdots\\[4pt] 4-z{\overline{\smash{\big)}\,16z}}\\[2pt] \underline{16z-4z^2}\\ 4z^2\\ \underline{4z^2-z^3}\\ z^3\\ \underline{z^3-\dfrac{1}{4}z^4}\\ \dfrac{1}{4}z^4\\ \underline{\dfrac{1}{4}z^4-\dfrac{1}{16}z^5}\\ \dfrac{1}{16}z^5\\ \vdots\end{array}\qquad\begin{array}{r}1+\dfrac{1}{4}z^{-1}+\dfrac{1}{16}z^{-2}+\dfrac{1}{64}z^{-3}+\cdots\\[4pt] z-\dfrac{1}{4}{\overline{\smash{\big)}\,z}}\\[2pt] \underline{z-\dfrac{1}{4}}\\ \dfrac{1}{4}\\ \underline{\dfrac{1}{4}-\dfrac{1}{16}z^{-1}}\\ \dfrac{1}{16}z^{-1}\\ \underline{\dfrac{1}{16}z^{-1}-\dfrac{1}{64}z^{-2}}\\ \dfrac{1}{64}z^{-2}\\ \vdots\end{array}$$

$$X(z)=\cdots+\frac{1}{64}z^5+\frac{1}{16}z^4+\frac{1}{4}z^3+z^2+4z+1+\frac{1}{4}z^{-1}+\frac{1}{16}z^{-2}+\frac{1}{64}z^{-3}+\cdots$$

从而得

$$x(n)=\frac{16}{15}4^n u(-n-1)+\frac{1}{15}\left(\frac{1}{4}\right)^n u(n)$$

6.5 利用 z 变换求差分方程

z 变换是分析线性离散系统的有力工具,其与离散时间傅里叶变换相比,条件要求更为宽松。z 变换能够将描述离散系统的差分方程变成代数方程,从而使求解过程简化。

描述 N 阶离散线性时不变系统的时域数学模型一般形式是

$$\sum_{k=0}^{N}a_k y(n-k)=\sum_{r=0}^{M}b_r x(n-r) \tag{6-34}$$

将等式两端取单边 z 变换,并利用 z 变换的移序性可得

$$\sum_{k=0}^{N}a_k z^{-k}\left[Y(z)+\sum_{l=-k}^{-1}y(l)z^{-l}\right]=\sum_{r=0}^{M}b_r z^{-r}\left[X(z)+\sum_{m=-r}^{-1}x(m)z^{-m}\right] \tag{6-35}$$

对式(6-35)所示代数方程,导出 $Y(z)$ 的表达式后进行反变换,从而得到全响应 $y(n)$。

【例 6-10】 已知二阶离散系统的差分方程为

$$y(n)-y(n-1)-2y(n-2)=x(n)+2x(n-2)$$

系统的起始状态为 $y(-1)=2$,$y(-2)=-\dfrac{1}{2}$,$x(n)=u(n)$。求系统的零输入响应 $y_{zi}(n)$,零状态响应 $y_{zs}(n)$,全响应 $y(n)$。

解：对差分方程两边进行 z 变换

$$Y(z) - z^{-1}\left[Y(z) + y(-1)z\right] - 2z^{-2}\left[Y(z) + y(-2)z^2 + y(-1)z\right] =$$
$$X(z) + 2z^{-2}\left[X(z) + x(-2)z^2 + x(-1)z\right]$$

整理得

$$Y(z) = \frac{\left[y(-1) + 2y(-2)\right]z^2 + 2y(-1)z}{z^2 - z - 2} + \frac{z^2 + 2}{z^2 - z - 2}X(z)$$

上式右边第一项只与 $y(-1)$、$y(-2)$ 有关，与激励无关，为零输入响应分量 $Y_{zi}(z)$；第二项只与激励 $X(z)$ 有关，与 $y(-1)$，$y(-2)$ 无关，为零状态响应分量 $Y_{zs}(z)$。

$$Y_{zi}(z) = \frac{\left[y(-1) + 2y(-2)\right]z^2 + 2y(-1)z}{z^2 - z - 2} = \frac{z^2 + 4z}{(z-2)(z+1)} = \frac{2z}{z-2} - \frac{z}{z+1}$$

$$Y_{zs}(z) = \frac{z^2 + 2}{z^2 - z - 2}X(z) = \frac{z^3 + 2z}{(z-2)(z+1)(z-1)} = \frac{2z}{z-2} + \frac{1}{2}\frac{z}{z+1} - \frac{3}{2}\frac{z}{z-1}$$

对上面两式分别进行 z 反变换

$$y_{zi}(n) = \left[2(2)^n - (-1)^n\right]u(n)$$

$$y_{zs}(n) = \left[2(2)^n + \frac{1}{2}(-1)^n - \frac{3}{2}\right]u(n)$$

全响应

$$y(n) = y_{zi}(n) + y_{zs}(n) = \left[4(2)^n - \frac{1}{2}(-1)^n - \frac{3}{2}\right]u(n)$$

【例 6-11】 已知二阶离散系统的差分方程为

$$y(n) + 4y(n-1) + 3y(n-2) = 4x(n) + 2x(n-1)$$

系统的初始状态为 $y(0) = 9$，$y(1) = -33$，$x(n) = (-2)^n u(n)$。求系统的零输入响应 $y_{zi}(n)$，零状态响应 $y_{zs}(n)$，全响应 $y(n)$。

解：首先设系统零状态，对方程取 z 变换，有

$$Y_{zs}(z) + 4z^{-1}Y_{zs}(z) + 3z^{-2}Y_{zs}(z) = 4X(z) + 2z^{-1}X(z)$$

整理得

$$Y_{zs}(z) = \frac{4z^2 + 2z}{z^2 + 4z + 3}X(z) = \frac{4z^2 + 2z}{z^2 + 4z + 3} \cdot \frac{z}{z+2}$$

上式两边同时除以 z，并做部分分式展开得

$$\frac{Y_{zs}(z)}{z} = \frac{4z^2 + 2z}{(z+1)(z+2)(z+3)} = \frac{1}{z+1} - \frac{12}{z+2} + \frac{15}{z+3}$$

因此

$$Y_{zs}(z) = \frac{z}{z+1} - \frac{12z}{z+2} + \frac{15z}{z+3}$$

取 z 反变换，有

$$y_{zs}(n) = \left[(-1)^n - 12(-2)^n + 15(-3)^n\right]u(n)$$

令 $n = 0$，1，代入上式，得

$$y_{zs}(0) = 4, \quad y_{zs}(1) = -22$$

因此
$$y_{zi}(0) = y(0) - y_{zs}(0) = 9 - 4 = 5$$
$$y_{zi}(1) = y(1) - y_{zs}(1) = -33 - (-22) = -11$$

由于本例方程的特征根为 -1,-3,设系统零输入响应为
$$y_{zi}(n) = C_{zi1}(-1)^n + C_{zi2}(-3)^n \quad (n \geq 0)$$

将 $y_{zi}(0) = 5$, $y_{zi}(1) = -11$ 代入上式,解得
$$C_{zi1} = 2, \quad C_{zi2} = 3$$

所以
$$y_{zi}(n) = \left[2(-1)^n + 3(-3)^n\right]u(n)$$

综上所述
$$y(n) = y_{zi}(n) + y_{zs}(n) = \left[3(-1)^n - 12(-2)^n + 18(-3)^n\right]u(n)$$

本例还可由差分方程、已知的 $x(n)$ 及 $y(0)$、$y(1)$ 条件,递推出 $y(-1)$、$y(-2)$,再按例 6-10 的过程求解。

6.6 z 变换与拉普拉斯变换、傅里叶变换的关系

傅里叶变换、拉普拉斯变换与 z 变换的关系并不是孤立的,它们之间有着密切的联系,在一定条件下可以相互转换。

1. z 变换与拉普拉斯变换的关系

本章 6.2 节中已经给出了,若令 $z = e^{Ts}$ 或 $s = \dfrac{1}{T}\ln z$,则理想采样信号的拉普拉斯变换与 z 变换可以相互转换。下面研究 s 平面和 z 平面之间的映射关系。

将复变量 s 表示成直角坐标形式
$$s = \sigma + j\Omega$$

将复变量 z 表示成极坐标形式
$$z = \rho e^{j\omega}$$

将它们代入 $z = e^{Ts}$,$s = \dfrac{1}{T}\ln z$ 中,得

$$\begin{cases} \rho = e^{\sigma T} \\ \omega = \Omega T \end{cases} \tag{6-36}$$

由式（6-36）可以看出,s 平面的左半平面（$\sigma < 0$）映射到 z 平面的单位圆内部（$\rho < 1$）;s 平面的右半平面（$\sigma > 0$）映射到 z 平面的单位圆外部（$\rho > 1$）;s 平面的 jΩ 轴（$\sigma = 0$）映射到 z 平面的单位圆（$\rho = 1$）;s 平面上的实轴（$\Omega = 0$）映射到 z 平面的正实轴（$\omega = 0$）;原点（$\sigma = 0$,$\Omega = 0$）映射到 z 平面的 $z = 1$ 点（$\rho = 1$,$\omega = 0$）。其映射关系如图 6-2 所示。

另外,由 $\omega = \Omega T$ 可知,当 Ω 由 $-\dfrac{\pi}{T}$ 增长到 $\dfrac{\pi}{T}$ 时,z 平面上的幅角 ω 由 $-\pi$ 增长到 π,

即 s 平面为 $\dfrac{2\pi}{T}$ 的一条水平带映射到 z 平面相当于幅角转一周。因此,从 s 平面到 z 平面的映射是多值的。

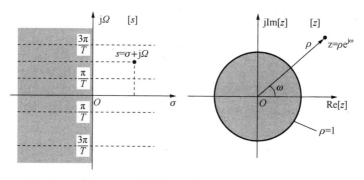

图 6-2　s 平面和 z 平面之间的映射关系

2. z 变换与傅里叶变换的关系

傅里叶变换是拉普拉斯变换在虚轴 $s = \mathrm{j}\Omega$ 的特例,因而映射到 z 平面上为单位圆 $z = \mathrm{e}^{\mathrm{j}\omega} = \mathrm{e}^{\mathrm{j}\Omega T}$,说明采样序列在单位圆上的 z 变换对应于理想采样信号的傅里叶变换。

另外在 4.3 节中介绍了离散时间傅里叶变换 DTFT,其定义为

$$X(\mathrm{e}^{\mathrm{j}\omega}) = \sum_{n=-\infty}^{+\infty} x(n)\mathrm{e}^{-\mathrm{j}\omega n}$$

而 z 变换的定义为

$$X(z) = \sum_{n=-\infty}^{+\infty} x(n) z^{-n}$$

比较二者的定义式可以看出,若令 $z = \mathrm{e}^{\mathrm{j}\omega}$,则 DTFT 与 z 变换可以相互转换,$z = \mathrm{e}^{\mathrm{j}\omega}$ 表示 z 平面上的单位圆,说明序列在单位圆上的 z 变换就是序列的离散时间傅里叶变换 DTFT。

6.7　离散系统的系统函数

离散系统的系统函数在离散系统分析中的地位、作用和应用与连续系统的系统函数在连续系统分析中的地位、作用和应用完全对应和类似,因此本节有些结论直接给出,不再详细赘述说明。

1. 系统函数的定义

在零初始条件下,线性定常离散系统的零状态响应为

$$y(n) = x(n) * h(n) \tag{6-37}$$

式中,$y(n)$ 为输出;$x(n)$ 为激励;$h(n)$ 为系统单位冲激响应。对式(6-37)两边进行 z 变换,得

$$Y(z) = X(z)H(z) \tag{6-38}$$

系统函数定义为

$$H(z) = \mathrm{ZT}[h(n)] = \dfrac{Y(z)}{X(z)} \tag{6-39}$$

2. 系统函数的性质

① 系统函数是复变量 z 的复函数（一般是有理分式）；
② 系统函数只与系统自身的结构、参数有关；
③ 系统函数与系统的差分方程有直接关系；
④ 系统函数是系统的单位冲激响应序列的 z 变换。

3. 系统的零极点

将系统函数 $H(z)$ 的分子分母多项式分别因式分解，设全为单根，即

$$H(s) = \frac{b_m(z-z_1)(z-z_2)\cdots(z-z_m)}{a_n(z-\lambda_1)(z-\lambda_2)\cdots(z-\lambda_m)} = H_0 \frac{\prod_{i=1}^{m}(z-z_i)}{\prod_{j=1}^{n}(z-\lambda_j)} \tag{6-40}$$

其中，$z_1, z_2, \cdots, z_m$ 称为系统的零点，$\lambda_1, \lambda_2, \cdots, \lambda_n$ 称为系统的极点，极点也称为系统的自然频率或固有频率。将 $H(z)$ 的零点和极点画在 z 平面上，零点用"○"表示，极点用"×"表示，就构成了零极点图，在描述离散系统特性方面，系统函数 $H(z)$ 与零极点图是等价的。

【例 6-12】 已知某离散系统差分方程为
$$y(n) + y(n-1) + 4y(n-2) + 4y(n-3) = x(n) + 8x(n-3)$$
求系统函数 $H(z)$，绘制零极点图。

解：对零状态下的差分方程两边同时求 z 变换，有
$$(1 + z^{-1} + 4z^{-2} + 4z^{-3})Y(z) = (1 + 8z^{-3})X(z)$$

根据系统函数定义

$$H(z) = \frac{Y(z)}{X(z)} = \frac{(1 + 8z^{-3})}{(1 + z^{-1} + 4z^{-2} + 4z^{-3})}$$
$$= \frac{z^3 + 8}{z^3 + z^2 + 4z + 4}$$
$$= \frac{(z+2)(z-1-\mathrm{j}\sqrt{3})(z-1+\mathrm{j}\sqrt{3})}{(z+1)(z-\mathrm{j}2)(z+\mathrm{j}2)}$$

零极点图如图 6-3 所示。

4. 系统零极点分布与单位冲激响应的对应关系

由于 $h(n) \leftrightarrow H(z)$，$H(z)$ 与零极点等价，说明系统的单位冲激响应可由系统的零极点惟一确定。可以看出极点能够确定 $h(n)$ 的形式即运动模态，零点极点能够共同确定各模态的幅度 K_i。在 6.6 节已经讨论了 z 变换与拉式变换的关系，因此，在这里完全可以借助 $z \sim s$ 平面的映射关系，将 s 域极点分析结论直接用于 z 域分析中。极点分布与 $h(n)$ 的对应关系见表 6-4 和如图 6-4 所示。

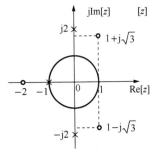

图 6-3 例 6-12 零极点图

表 6-4 极点分布与单位冲激响应形式的对应关系

连续系统		离散系统	
极点位置	$h(t)$ 特点	极点位置	$h(n)$ 特点
虚轴上	等幅	单位圆上	等幅
左半平面	衰减	单位圆内	衰减
右半平面	增幅	单位圆外	增幅

由表 6-4 和图 6-4 可以看出，若 $H(z)$ 的极点落在 z 平面单位圆内部，则有 $\lim\limits_{n\to\infty}h(n)=0$；若 $H(z)$ 的极点落在 z 平面单位圆外部，有 $\lim\limits_{n\to\infty}h(n)=\infty$；若一阶极点落于单位圆上，则对应 $h(n)$ 等幅振荡或等幅不变；若是二阶极点落于虚轴上，则有 $\lim\limits_{n\to\infty}h(n)=\infty$。在系统理论研究中，按照 $h(n)$ 呈现衰减还是增长两种情况下将系统划分为稳定系统和不稳定系统。显然，只需根据 $H(z)$ 的极点是否全部落在单位圆内部来判断系统的稳定性。稳定性的分析在 6.9 节中还会详细介绍。

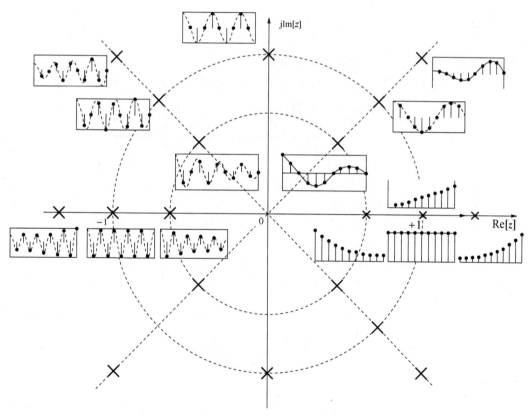

图 6-4 极点分布与 $h(n)$ 的对应关系

5. 激励与系统的零极点分布与自由响应、强迫响应的对应关系

响应 $y(n)$ 由两部分组成，第一部分是由外激励极点决定的响应称为强迫响应；第二部分是由系统极点决定的响应称为自由响应。

【例 6-13】 已知某 LTI 离散系统差分方程为
$$6y(n)-5y(n-1)+y(n-2)=x(n)$$

已知 $y(-1)=6$，$y(-2)=-30$，$x(n)=10\cos\left(\dfrac{\pi}{2}n\right)u(n)$，求单位冲激响应 $h(n)$，零输入响应 $y_{zi}(t)$、零状态响应 $y_{zs}(t)$、自由响应 $y_h(t)$、强迫响应 $y_p(t)$。

解：（1）对零状态下的差分方程两边同时求 z 变换，有
$$(6-5z^{-1}+z^{-2})Y(z)=X(z)$$
根据系统函数定义
$$H(z)=\frac{Y(z)}{X(z)}=\frac{1}{(6-5z^{-1}+z^{-2})}$$
$$=\frac{z^2}{6z^2-5z+1}$$
$$=\frac{1}{2}\frac{z}{z-\dfrac{1}{2}}-\frac{1}{3}\frac{z}{z-\dfrac{1}{3}}$$

由 $h(n)\leftrightarrow H(z)$，得
$$h(n)=\frac{1}{2}\left(\frac{1}{2}\right)^n u(n)-\frac{1}{3}\left(\frac{1}{3}\right)^n u(n)$$

（2）对差分方程进行 z 变换时带入起始值，有
$$6Y(z)-5z^{-1}\left[Y(z)+y(-1)z\right]+z^{-2}\left[Y(z)+y(-2)z^2+y(-1)z\right]=X(z)$$
$$Y(z)=\underbrace{\frac{[-5y(-1)+y(-2)]+y(-1)z^{-1}}{6-5z^{-1}+z^{-2}}}_{\text{零输入响应}}+\underbrace{\frac{1}{6-5z^{-1}+z^{-2}}X(z)}_{\text{零状态响应}}$$
$$=\frac{-60+6z^{-1}}{6-5z^{-1}+z^{-2}}+\frac{1}{6-5z^{-1}+z^{-2}}\cdot\frac{10z^2}{z^2+1}$$
$$=\frac{-60z^2+6z}{6z^2-5z+1}+\frac{10z^4}{(6z^2-5z+1)(z^2+1)}$$
$$=\frac{-z^2+z}{\left(z-\dfrac{1}{2}\right)\left(z-\dfrac{1}{3}\right)}+\frac{10z^4}{6\left(z-\dfrac{1}{2}\right)\left(z-\dfrac{1}{3}\right)(z^2+1)}$$
$$=\underbrace{3\frac{z}{z-\dfrac{1}{2}}-4\frac{z}{z-\dfrac{1}{3}}}_{\text{零输入响应}}+\underbrace{\frac{z}{z-\dfrac{1}{2}}-\frac{1}{3}\frac{z}{z-\dfrac{1}{3}}+\frac{z^2+z}{z^2+1}}_{\text{零状态响应}}$$

取逆变换，得
$$y(n)=\underbrace{3\left(\frac{1}{2}\right)^n-4\left(\frac{1}{3}\right)^n}_{\text{零输入响应}y_{zi}(t)}+\underbrace{\left(\frac{1}{2}\right)^n-\frac{1}{3}\left(\frac{1}{3}\right)^n+\sqrt{2}\cos\left(\frac{\pi}{2}n-\frac{\pi}{4}\right)}_{\text{零状态响应}y_{zs}(t)}$$

系统的响应还可分为由系统极点决定的自由响应和由激励极点决定的强迫响应，本例系统的极点为 $\dfrac{1}{2}$、$\dfrac{1}{3}$，因此可将响应分类成如下形式。

$$y(n) = \underbrace{3\left(\frac{1}{2}\right)^n - 4\left(\frac{1}{3}\right)^n + \left(\frac{1}{2}\right)^n - \frac{1}{3}\left(\frac{1}{3}\right)^n}_{\text{自由响应}y_h(t)} + \underbrace{\sqrt{2}\cos\left(\frac{\pi}{2}n - \frac{\pi}{4}\right)}_{\text{强迫响应}y_p(t)}$$

另外还可以看出，本例的自由响应也是瞬态响应，而强迫响应也是稳态响应。如果响应中有随 n 增大而增长的项，系统的响应仍可分为自由响应和强迫响应，但不便再分为瞬态响应和稳态响应了。

6. 系统函数与系统频率特性（响应）的对应关系

若系统因果（说明 $n<0$ 时，$h(n)=0$）稳定（说明 z 变换的收敛域包含单位圆，详见 6.9 节），则系统的频率特性（响应）$H(\mathrm{e}^{\mathrm{j}\omega}) = H(z)\big|_{z=\mathrm{e}^{\mathrm{j}\omega}} = \left|H(\mathrm{e}^{\mathrm{j}\omega})\right|\mathrm{e}^{\mathrm{j}\varphi(\omega)}$，这也是因果 LTI 离散系统，傅里叶变换与 z 变换之间的关系表达式，其中 $\left|H(\mathrm{e}^{\mathrm{j}\omega})\right|$ 称为系统的幅频特性，$\varphi(\omega)$ 称为系统的相频特性，二者统称系统的频率特性，这与 4.3 节中介绍的频率特性是一致的。与连续系统中频率特性的地位和作用类似，在离散系统中经常需要对输入信号的频谱进行处理，因此有必要研究离散系统在正弦序列激励下系统稳态响应的求解，并说明离散系统频率特性的意义。

对于稳定的因果离散系统，设系统函数为 $H(z)$，激励是正弦序列
$$x(n) = X\sin(\omega n), \quad (n \geq 0)$$

其 z 变换为
$$X(z) = \frac{Xz\sin\omega}{z^2 - 2z\cos\omega + 1} = \frac{Xz\sin\omega}{(z-\mathrm{e}^{\mathrm{j}\omega})(z-\mathrm{e}^{-\mathrm{j}\omega})}$$

因此，系统响应的 z 变换为
$$Y(z) = \frac{Xz\sin\omega}{(z-\mathrm{e}^{\mathrm{j}\omega})(z-\mathrm{e}^{-\mathrm{j}\omega})} \cdot H(z)$$

因为系统稳定（所有极点均落在 z 平面单位圆里边），所有系统的极点不会与 $X(z)$ 的极点 $\mathrm{e}^{\mathrm{j}\omega}$ 和 $\mathrm{e}^{-\mathrm{j}\omega}$ 重合，于是有

$$Y(z) = \frac{az}{z-\mathrm{e}^{\mathrm{j}\omega}} + \frac{bz}{z-\mathrm{e}^{-\mathrm{j}\omega}} + \sum_{m=1}^{M}\frac{K_m z}{z-z_m} \tag{6-41}$$

式中，z_m 是 $\dfrac{H(z)}{z}$ 的极点，待定系数 a、b 的求解按下式计算：

$$a = \left[\frac{Y(z)}{z}(z-\mathrm{e}^{\mathrm{j}\omega})\right]_{z=\mathrm{e}^{\mathrm{j}\omega}} = X\frac{H(\mathrm{e}^{\mathrm{j}\omega})}{2\mathrm{j}}$$

$$b = \left[\frac{Y(z)}{z}(z-\mathrm{e}^{-\mathrm{j}\omega})\right]_{z=\mathrm{e}^{-\mathrm{j}\omega}} = -X\frac{H(\mathrm{e}^{-\mathrm{j}\omega})}{2\mathrm{j}}$$

注意到 $H(\mathrm{e}^{\mathrm{j}\omega})$ 与 $H(\mathrm{e}^{-\mathrm{j}\omega})$ 复数共轭，令：

$$H(\mathrm{e}^{\mathrm{j}\omega}) = \left|H(\mathrm{e}^{\mathrm{j}\omega})\right|\mathrm{e}^{\mathrm{j}\varphi}$$

$$H(\mathrm{e}^{-\mathrm{j}\omega}) = \left|H(\mathrm{e}^{\mathrm{j}\omega})\right|\mathrm{e}^{-\mathrm{j}\varphi}$$

代入式（6-41）得

$$Y(z) = \frac{X \cdot |H(e^{j\varphi})|}{2j} \left(\frac{ze^{j\varphi}}{z - e^{j\omega}} - \frac{ze^{-j\varphi}}{z - e^{-j\omega}} \right) + \sum_{m=1}^{M} \frac{K_m z}{z - z_m}$$

取逆变换得

$$y(n) = \frac{X \cdot |H(e^{j\varphi})|}{2j} \left[e^{j(n\omega+\varphi)} - e^{-j(n\omega+\varphi)} \right] + \sum_{m=1}^{M} K_m (z_m)^n$$

对于稳定系统，其 $H(z)$ 的极点全部位于单位圆内，因此只有 $|z_m| < 1$，这样，当 $n \to \infty$ 时，由 $H(z)$ 的极点所对应的各指数衰减序列均趋于零。所以稳态响应 $y_{ss}(n)$ 为

$$y_{ss}(n) = \frac{X \cdot |H(e^{j\varphi})|}{2j} \left[e^{j(n\omega+\varphi)} - e^{-j(n\omega+\varphi)} \right]$$

$$= X|H(e^{j\varphi})|\sin(n\omega + \varphi)$$

由上述过程可以说明，对于因果稳定系统，若激励为正弦序列，则系统的稳态响应也是正弦序列。

7. 几种特殊系统的系统函数及其特点

1）全通系统

如果一个离散系统的幅频特性对所有频率均等于常数，则称这种系统为全通系统。幅频特性为常数与频率无关，说明对任意频率的信号都能均匀通过，只是对不同频率的信号产生了不同的相移，在传输系统中常用于进行相位校正，也称为相位补偿器。

2）最小相位系统

如果一个系统的全部极点和全部零点均位于单位圆里边，则称该系统为最小相位系统。最小相位系统的相移要比非最小相位系统的相移小。最小相位系统可以保证其逆系统存在。

6.8 离散系统的模拟图、框图、信号流图与 Mason 公式

离散系统的模拟图、框图和信号流图与连续系统的类似，Mason 公式用法也与连续系统中的使用一致，所以本节不再赘述，现举例说明。

【例 6-14】已知某离散系统时域模拟如图 6-5 所示，试绘制 z 域模拟图、信号流图并求解系统函数 $H(z)$。

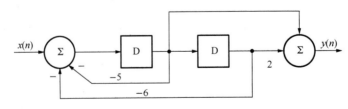

图 6-5 例 6-14 时域模拟

解：根据 z 变换的性质（叠加性、齐次性、移序性）可由离散系统时域模拟图绘制 z 域模拟图，如图 6-6 所示，特别是移序器，其系统函数为 z^{-1}，因此只需将 D 换成 z^{-1}。

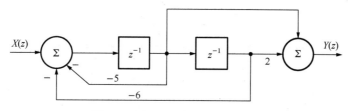

图 6-6　图 6-5 对应的 z 域模拟图

信号流图如图 6-7 所示。

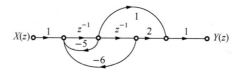

图 6-7　图 6-6 对应的信号流图

根据 Mason 公式可求解系统函数 $H(z)$，$H(z) = \dfrac{1}{\Delta}\sum\limits_{k} P_k \Delta_k$。

$$\Delta = 1 - \sum_i L_i + \sum_{m,n} L_m L_n - \sum_{p,q,r} L_p L_q L_r + \cdots = 1 - [-5z^{-1} - 6z^{-2}] = 1 + 5z^{-1} + 6z^{-2}$$

$$\sum_k P_k \Delta_k = 2z^{-2} + z^{-1}$$

$$H(z) = \frac{1}{\Delta}\sum_k P_k \Delta_k = \frac{2z^{-2} + z^{-1}}{1 + 5z^{-1} + 6z^{-2}} = \frac{z+2}{z^2 + 5z + 6}$$

【例 6-15】　已知某离散系统差分方程为 $y(n+2) + 0.2y(n+1) - 0.24y(n) = x(n+2) + x(n+1)$。（1）求系统函数 $H(z)$；（2）画出直接、级联与并联形式的信号流图。

解：（1）对零状态下的差分方程两边同时求 z 变换，有

$$(z^2 + 0.2z - 0.24)Y(z) = (z^2 + z)X(z)$$

根据系统函数定义

$$H(z) = \frac{Y(z)}{X(z)} = \frac{z^2 + z}{z^2 + 0.2z - 0.24}$$

（2）将 $H(z)$ 写成如下四种形式

$$H(z) = \frac{z^2 + z}{z^2 + 0.2z - 0.24} = \frac{z}{z - 0.4} \cdot \frac{z+1}{z+0.6}$$

$$= 1 + \frac{0.56}{z - 0.4} + \frac{0.24}{z + 0.6} = \frac{1.4z}{z - 0.4} + \frac{-0.4z}{z + 0.6}$$

根据 $H(z)$ 的四种形式即可画出与之对应的信号流图，如图 6-8 所示。

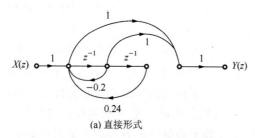

(a) 直接形式

图 6-8　例 6-15 系统四种形式信号流图

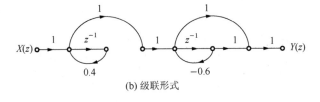

(b) 级联形式

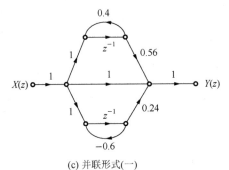

(c) 并联形式(一)

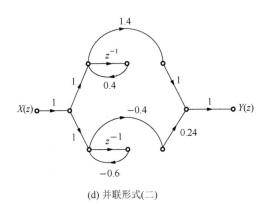

(d) 并联形式(二)

图 6-8　例 6-15 系统四种形式信号流图（续）

6.9　离散系统的稳定性分析

离散系统稳定性的概念与连续系统相同。如果一个线性定常离散系统的单位冲激响应序列趋于零，则系统是稳定的，否则系统不稳定。由 s 域到 z 域的映射关系及连续系统的稳定判据，可知：

① s 左半平面映射为 z 平面单位圆内的区域，对应稳定区域；
② s 右半平面映射为 z 平面单位圆外的区域，对应不稳定区域；
③ s 平面上的虚轴，映射为 z 平面的单位圆周，对应临界稳定情况，属不稳定。

综上所述，线性定常离散系统稳定的充分必要条件是：系统的全部极点均分布在 z 平面上以原点为圆心的单位圆内，或者系统所有特征根的模均小于 1。

当系统阶数较高时，直接求解系统的极点是不方便的，希望寻找间接的稳定判据，这对于研究离散系统结构、参数、采样周期等对系统稳定性的影响，也是必要的。

连续系统中的劳斯稳定判据，实质上是用来判断系统特征方程的根是否都在左半 s 平面。而离散系统的稳定性需要确定系统特征方程的根是否都在 z 平面的单位圆内。因此在 z

域中不能直接套用劳斯判据，必须引入 z 域到 w 域的线性变换，使 z 平面单位圆内的区域，映射成 w 平面上的左半平面，这种新的坐标变换，称为 w 变换。

1. w 变换与 w 域中的劳斯判据

如果令

$$z = \frac{w+1}{w-1} \qquad (6\text{-}42)$$

则有

$$w = \frac{z+1}{z-1} \qquad (6\text{-}43)$$

式（6-42）与（6-43）表明，复变量 z 与 w 互为线性变换，故 w 变换又称为双线性变换。令复变量

$$z = x + jy, \qquad w = u + jv$$

代入式（6-43），得

$$u + jv = \frac{(x^2+y^2)-1}{(x-1)^2+y^2} - j\frac{2y}{(x-1)^2+y^2}$$

显然

$$u = \frac{(x^2+y^2)-1}{(x-1)^2+y^2}$$

由于上式的分母 $(x-1)^2+y^2$ 始终为正，因此可得

① $u=0$ 等价为 $x^2+y^2=1$，表明 w 平面的虚轴对应于 z 平面的单位圆；
② $u<0$ 等价为 $x^2+y^2<1$，表明左半 w 平面对应于 z 平面单位圆内的区域；
③ $u>0$ 等价为 $x^2+y^2>1$，表明右半 w 平面对应于 z 平面单位圆外的区域。

z 平面和 w 平面的这种对应关系，如图 6-9 所示。

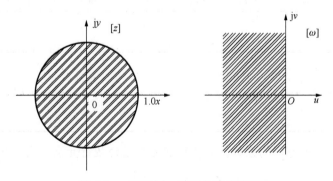

图 6-9 z 平面与 w 平面的对应关系

经过 w 变换之后，判别离散系统的所有极点是否位于 z 平面上的单位圆内，转换为判别相应的连续系统所有极点是否位于左半 w 平面。后一种情况正好与在 s 平面上应用劳斯稳定判据的情况一样，所以根据 w 域中的特征方程系数，可以直接应用劳斯判据判断离散系统的稳定性，称之为 w 域中的劳斯稳定判据。

【例 6-16】 已知离散系统特征多项式 $D(z) = z^2 + (0.632K - 1.368)z + 0.368$，判断使系统稳定的 K 值范围。

解：

令 $z = (w+1)/(w-1)$，得特征方程为

$$\left(\frac{w+1}{w-1}\right)^2 + (0.632K - 1.368)\left(\frac{w+1}{w-1}\right) + 0.368 = 0$$

化简后，得 w 域特征方程

$$0.632Kw^2 + 1.264w + (2.736 - 0.632K) = 0$$

列出劳斯表

w^2	$0.632K$	$2.736 - 0.632K$
w^1	1.264	0
w^0	$2.736 - 0.632K$	

从劳斯表第一列系数可以看出，为保证系统稳定，必须有 $0 < K < 4.33$，故系统稳定的临界增益 $K = 4.33$。

2. 朱利（Jury）稳定判据

朱利判据是直接在 z 域内应用的稳定判据，朱利判据直接根据离散系统特征方程 $D(z) = 0$ 的系数，判别其根是否位于 z 平面上的单位圆内，从而判断系统是否稳定。

设线性定常离散系统的特征方程

$$D(z) = a_0 + a_1 z + a_2 z^2 + \cdots + a_n z^n = 0$$

其中 $a_n > 0$。排出朱利阵列见表 6-5。

表 6-5　朱利阵列

列 行	z^0	z^1	z^2	z^3	$\cdots$	z^{n-k}	$\cdots$	z^{n-1}	z^n
1	a_0	a_1	a_2	a_3	$\cdots$	a_{n-k}	$\cdots$	a_{n-1}	a_n
2	a_n	a_{n-1}	a_{n-2}	a_{n-3}	$\cdots$	a_k	$\cdots$	a_1	a_0
3	b_0	b_1	b_2	b_3	$\cdots$	b_{n-k}	$\cdots$	b_{n-1}	
4	b_{n-1}	b_{n-2}	b_{n-3}	b_{n-4}	$\cdots$	b_{k-1}	$\cdots$	b_0	
5	c_0	c_1	c_2	c_3	$\cdots$	c_{n-k}	$\cdots$	c_{n-2}	
6	c_{n-2}	c_{n-3}	c_{n-4}	c_{n-5}	$\cdots$	c_{k-2}	$\cdots$	c_0	
$\vdots$	$\vdots$	$\vdots$	$\vdots$	$\vdots$					
$2n-3$	q_0	q_1	q_2						

其中第一行是特征方程的系数，偶数行的元素是奇数行元素的反顺序排列，阵列中的元素定义如下

$$b_k = \begin{vmatrix} a_0 & a_{n-k} \\ a_n & a_k \end{vmatrix}; \quad (k = 0, 1, \cdots, n-1)$$

$$c_k = \begin{vmatrix} b_0 & b_{n-k-1} \\ b_{n-1} & b_k \end{vmatrix}; \quad (k = 0, 1, \cdots, n-2)$$

$$d_k = \begin{vmatrix} c_0 & c_{n-k-2} \\ c_{n-2} & c_k \end{vmatrix}; \quad (k = 0, 1, \cdots, n-3)$$

$$\vdots$$

$$q_0 = \begin{vmatrix} p_0 & p_3 \\ p_3 & p_0 \end{vmatrix}; \quad q_1 = \begin{vmatrix} p_0 & p_2 \\ p_3 & p_1 \end{vmatrix}; \quad q_2 = \begin{vmatrix} p_0 & p_1 \\ p_3 & p_2 \end{vmatrix}$$

则线性定常离散系统稳定的充要条件为

$$D(1) > 0, \ D(-1) \begin{cases} > 0, & \text{（当} n \text{为偶数时）} \\ < 0, & \text{（当} n \text{为奇数时）} \end{cases}$$

且以下 $n-1$ 个约束条件成立

$$|a_0| < |a_n|, \quad |b_0| > |b_{n-1}|, \quad |c_0| > |c_{n-2}|, \quad \ldots, \quad |q_0| > |q_2|$$

当以上诸条件均满足时，系统稳定，否则不稳定。

【例 6-17】 已知离散系统特征方程为

$$D(z) = z^4 + 0.2z^3 + z^2 + 0.36z + 0.8 = 0$$

试用朱利判据判断系统的稳定性。

解：根据给定的 $D(z)$ 知：$a_0 = 0.8$，$a_1 = 0.36$，$a_2 = 1$，$a_3 = 0.2$，$a_4 = 1$。
首先检验条件

$$D(1) = 3.36 > 0, \quad D(-1) = 2.24 > 0$$

再计算朱利阵列中的元素 b_k 和 c_k：

$$b_0 = \begin{vmatrix} a_0 & a_4 \\ a_4 & a_0 \end{vmatrix} = -0.36, \quad b_1 = \begin{vmatrix} a_0 & a_3 \\ a_4 & a_1 \end{vmatrix} = 0.088,$$

$$b_2 = \begin{vmatrix} a_0 & a_2 \\ a_4 & a_2 \end{vmatrix} = -0.2, \quad b_3 = \begin{vmatrix} a_0 & a_1 \\ a_4 & a_3 \end{vmatrix} = -0.2,$$

$$|a_0| = 0.8 < a_4 = 1, \quad |b_0| = 0.36 > |b_3| = 0.2$$

朱利阵列如下

	z^0	z^1	z^2	z^3	z^4
1	0.8	0.36	1	0.2	1
2	1	0.2	1	0.36	0.8
3	−0.36	0.088	−0.2	−0.2	
4	−0.2	−0.2	0.088	−0.36	
5	0.0896	−0.07168	0.0896		

因 $|c_0| = 0.0896 = |c_2|$ 不满足 $|c_0| > |c_2|$

由朱利稳定判据，该离散系统不稳定。

习 题 六

6-1 求下列序列的 z 变换，并注明收敛域。

（1） $2^{-n}u(n)$ 　　　　　　　　　　（2） $-2^{-n}u(-n-1)$

（3） $2^{-n}u(-n)$ 　　　　　　　　　　（4） $\left(\dfrac{1}{2}\right)^n u(n)$

（5） $\left(\dfrac{1}{2}\right)^n u(-n)$ 　　　　　　　　　（6） $-\left(\dfrac{1}{2}\right)^n u(-n-1)$

(7) $\left(\dfrac{1}{3}\right)^n u(n) - \left(\dfrac{1}{2}\right)^n u(-n-1)$ 　　(8) $\left(\dfrac{1}{3}\right)^n u(n) + \left(\dfrac{1}{2}\right)^n u(n)$

(9) $\left(\dfrac{1}{2}\right)^n [u(n) - u(n-10)]$ 　　(10) $\sin\left(\dfrac{\pi}{2}n + \dfrac{\pi}{4}\right) u(n)$

6-2　利用 z 变换的性质求下列序列的 z 变换，并注明收敛域。

(1) $\dfrac{1}{2}\left[1 + (-1)^n\right] u(n)$ 　　(2) $u(n) - u(n-6)$

(3) $(-1)^n n u(n)$ 　　(4) $n(n+1) u(n)$

(5) $(n-1) u(n-1)$ 　　(6) $(n-1)^2 u(n-1)$

(7) $\left(\dfrac{1}{2}\right)^n \cos\left(\dfrac{\pi}{2} n\right) u(n)$ 　　(8) $n \sin\left(\dfrac{\pi}{2} n\right) u(n)$

(9) $\dfrac{a^n}{n+1} u(n)$ 　　(10) $\sum_{i=0}^{n} (-1)^i$

6-3　已知 $x(n) = R_N(n) = u(n) - u(n-N)$，$h(n) = a^n u(n)$（$0 < a < 1$），利用 z 变换的时域卷积定理求 $y(n) = x(n) * h(n)$。

6-4　已知因果序列 $x(n) \leftrightarrow X(z)$，试求下列序列的 z 变换。

(1) $\sum_{i=0}^{n} a^i x(i)$ 　　(2) $a^n \sum_{i=0}^{n} x(i)$

6-5　已知因果序列的 z 变换如下，求 $x(0)$、$x(1)$、$x(\infty)$。

(1) $X(z) = \dfrac{1 + z^{-1} + z^{-2}}{(1 - z^{-1})(1 - 2z^{-2})}$

(2) $X(z) = \dfrac{z^2}{(z-2)(z-1)}$

(3) $X(z) = \dfrac{z^{-1}}{1 - 1.5 z^{-1} + 0.5 z^{-2}}$

6-6　已知 $X(z) = \dfrac{3}{1 - \dfrac{1}{2} z^{-1}} + \dfrac{2}{1 - 2 z^{-1}}$，求出对应 $X(z)$ 的各种可能的序列表达式。

6-7　利用三种 z 反变换法，求 $X(z) = \dfrac{10z}{(z-1)(z-2)}$（$|z| > 2$）的逆变换 $x(n)$。

6-8　某 LTI 系统的差分方程为 $y(n) - y(n-1) - 2y(n-2) = x(n)$，已知 $y(-1) = -1$，$y(-2) = \dfrac{1}{4}$，$x(n) = u(n)$，利用 z 变换求系统的零输入响应 $y_{zi}(n)$、零状态响应 $y_{zs}(n)$ 和全响应 $y(n)$。

6-9　某 LTI 系统的差分方程为 $y(n+2) - 0.7 y(n+1) + 0.1 y(n) = 7 x(n+1) - 2 x(n)$，已知 $y(-1) = -4$，$y(-2) = -38$，$x(n) = (0.4)^n u(n)$，利用 z 变换求系统的零输入响应 $y_{zi}(n)$、零状态响应 $y_{zs}(n)$ 和全响应 $y(n)$。

6-10　某 LTI 系统差分方程为 $y(n) - \dfrac{1}{3} y(n-1) = x(n)$

(1) 求系统函数 $H(z)$ 和单位冲激响应 $h(n)$；

（2）若系统的零状态响应为 $y_{zs}(n)=3\left[\left(\dfrac{1}{2}\right)^n-\left(\dfrac{1}{3}\right)^n\right]u(n)$，求激励信号 $x(n)$；

（3）画出系统的零极点分布图；

（4）粗略画出系统的幅频特性曲线。

6-11　移动平均是一种用以滤除噪声的简单数据处理方法，当收到一个测量数据后，计算机就将这一数据与前三次输入数据进行平均。试求这种运算系统的频率特性。

6-12　已知横向数字滤波器的模拟图如图 6-10 所示，试以 $M=8$ 为例，

（1）求系统函数 $H(z)$ 并写出差分方程；

（2）求单位冲激响应 $h(n)$；

（3）画出系统的零极点分布图；

（4）粗略画出系统的幅频特性曲线。

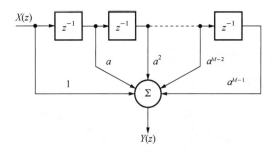

图 6-10　题 6-12

6-13　已知系统函数 $H(z)=\dfrac{z^2-(2a\cos\omega_0)z+a^2}{z^2-(2a^{-1}\cos\omega_0)z+a^{-2}}$　（$a>1$）

（1）画出 $H(z)$ 在 z 平面的零极点分布图；

（2）借助 $s\sim z$ 平面的映射规律，利用 $H(s)$ 的零极点分布特性说明此系统具有全通特性。

6-14　如图 6-11 所示梳状滤波器，求其幅频特性和相频特性，粗略画出 $N=6$ 时的幅频和相频响应曲线。

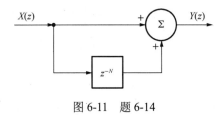

图 6-11　题 6-14

6-15　已知某系统输入信号为 $f=5\text{Hz}$ 的正弦信号，同时夹杂着频率为 50Hz 的工频干扰信号，现以 $f_s=250\text{Hz}$ 的采样速率对其采样后输入至某数字滤波器，该数字滤波器的差分方程为

$$5y(n-2)=x(n)+x(n-1)+x(n-2)+x(n-3)+x(n-4)$$

试判断该滤波器能否将 $f=5\text{Hz}$ 对应的正弦序列完全通过，而将 50Hz 对应的干扰序列滤除。

6-16 语音信号处理技术中，一种描述声道模型的系统函数具有形式

$$H(z) = \frac{1}{1 - \sum_{i=1}^{P} a_i z^{-i}}$$

若取 $P = 8$，试画出此声道模型的结构图。

6-17 已知系统函数如下，试画出其直接形式、级联形式和并联形式的模拟图。

（1） $H(z) = \dfrac{3 + 3.6z^{-1} + 0.6z^{-2}}{1 + 0.1z^{-1} - 0.2z^{-2}}$ （2） $H(z) = \dfrac{z^2}{(z+0.5)^3}$

6-18 已知某离散系统的单位冲激响应为 $h(n) = 0.5^n \left[u(n) + u(n-1) \right]$

（1）求系统函数 $H(z)$，写出系统的差分方程；

（2）画出系统一种时域模拟图；

（3）若激励 $x(n) = \cos\left(\dfrac{\pi}{2}n + 45°\right)u(n)$，求系统正弦稳态响应 $y_{ss}(n)$。

6-19 如图 6-12 所示离散系统。

（1）利用 Mason 公式求系统函数 $H(z)$；

（2）判断系统的稳定性。

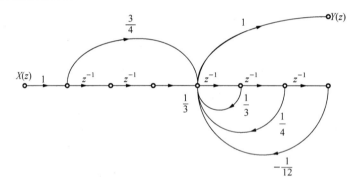

图 6-12 题 6-19

参 考 文 献

[1] 郑君里，应启珩，杨为理. 信号与系统. 2 版. 北京：高等教育出版社，2000.
[2] 吴大正，等. 信号与线性系统分析. 4 版. 北京：高等教育出版社，2005.
[3] 管致中，夏恭恪，孟桥. 信号与线性系统. 4 版. 北京：高等教育出版社，2004.
[4] 王明泉，等. 信号与系统. 北京：科学出版社，2008.
[5] 西蒙·赫金，范维恩. 信号与系统. 2 版. 林秩胜，译. 北京：电子工业出版社，2008.
[6] 奥本海姆，等. 信号与系统. 2 版. 刘树棠，译. 西安：西安交通大学出版社，2002.
[7] 奥本海姆，等. 离散时间信号处理. 2 版. 刘树棠，黄建国，译. 西安：西安交通大学出版社，2001.
[8] 高西全，丁玉美. 数字信号处理. 3 版. 西安：西安电子科技大学出版社，2008.
[9] 范世贵，李辉. 信号与线性系统. 2 版. 西安：西北工业大学出版社，2006.
[10] 姚天任. 数字信号处理（简明版）. 北京：清华大学出版社，2012.
[11] 徐天成，谷亚林，钱玲. 信号与系统. 3 版. 北京：电子工业出版社，2008.
[12] 沈希忠. 数字信号处理. 北京：机械工业出版社，2014.
[13] 马金龙，等. 信号与系统. 2 版. 北京：科学出版社，2010.
[14] 卢京潮. 自动控制原理. 2 版. 西安：西北工业大学出版社，2009.
[15] 张小虹. 信号与系统. 西安：西安电子科技大学出版社，2004.
[16] 吕幼新，张明友. 信号与系统分析. 北京：电子工业出版社，2004.